Integrated Curriculum Development for First-Level Discipline in Intelligent Science and Technology: from Undergraduate to Doctoral Studies

智能科学与技术
一级学科本硕博培养体系

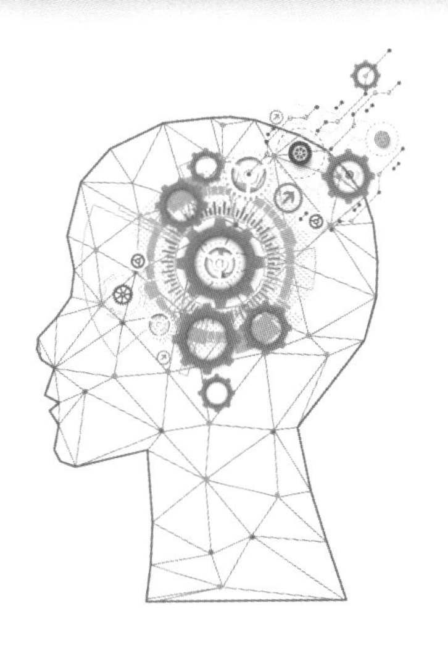

主编 焦李成 李阳阳 侯 彪 石光明 董伟生

参编 唐 旭 张 丹 田小林 缑水平 王 爽

张向荣 侯晓慧

西安电子科技大学出版社

http://www.xduph.com

内 容 简 介

西安电子科技大学人工智能学院面向国家重大战略发展和国际前沿发展需求，深入贯彻十九大和二十大报告精神及《新一代人工智能发展规划》，为推进“新工科”建设，形成“人工智能＋X”复合专业培养新模式，加快建设一流人才队伍，特编写了本书。本书汇总了学院在交叉学科上二十余年的探索和实践，采取“国际化＋西电特色”本硕博一体化人才培养、“国际学术前沿＋国家重大需求”科学研究＋创新实践协同育人和“高水平平台＋高层次人才”的人才培养体系。书中给出了面向智能科学与技术一级学科的本硕博培养体系、特色课程建设方案，附上了国务院学位办和教育部指导性文件，双语教育和全英专业培养采用双语论著，便于国内外同行交流。

本书可供高等院校智能科学与技术一级学科中人工智能专业以及智能科学与技术专业的本科生、硕士生和博士生，教学管理人员，教育研究人员以及国内外教育界相关人士参考。

图书在版编目(CIP)数据

智能科学与技术一级学科本硕博培养体系 / 焦李成等主编 . -- 西安：西安电子科技大学出版社，2024.4
ISBN 978-7-5606-7273-1

Ⅰ . ①智…　Ⅱ . ①焦…　Ⅲ . ①智能技术—人才培养—高等学校　Ⅳ . ①TP18

中国国家版本馆 CIP 数据核字 (2024) 第 082944 号

策　　划　刘芳芳
责任编辑　薛英英
出版发行　西安电子科技大学出版社 (西安市太白南路 2 号)
电　　话　(029)88202421 88201467　　邮　　编　710071
网　　址　www.xduph.com　　电子邮箱　xdupfxb001@163.com
经　　销　新华书店
印刷单位　陕西天意印务有限责任公司
版　　次　2024 年 4 月第 1 版　　2024 年 4 月第 1 次印刷
开　　本　787 毫米 × 1092 毫米　1/16　印张 24.5
字　　数　492 千字
定　　价　79.00 元
ISBN 978-7-5606-7273-1 / TP
XDUP 7575001-1
*** 如有印装问题可调换 ***

前　言
PREFACE

20 世纪 90 年代以来，随着大数据、机器学习和深度学习等技术的兴起，人工智能进入了一个全新的阶段。世界各国在人工智能教育领域投入巨大力量，通过设立人工智能相关专业、专门机构，推动前沿研究，提供相关课程等举措，为培养高水平的人工智能人才积极努力。斯坦福大学的人工智能实验室是全球最早的人工智能研究中心之一；麻省理工学院通过其计算机科学与人工智能实验室致力于推动人工智能前沿研究，并提供相关学术课程；欧洲人工智能卓越中心提供跨国界的平台，促进欧洲各国间人工智能领域的协作与知识交流。

发展人工智能教育不仅是满足科技发展的需要，更是提升国家整体创新能力、推动经济发展、维护国家安全和引领社会变革的战略性举措，我国同样对人工智能及人工智能教育高度关注。

2016 年 3 月，人工智能纳入《国民经济和社会发展第十三个五年规划纲要》；2017 年 7 月，国务院发布了《新一代人工智能发展规划》；2018 年 4 月，教育部推动《高等学校人工智能创新行动计划》，旨在推进“新工科”建设，形成“人工智能 + X”复合专业培养新模式，着力完善学科布局，加速构建卓越人才队伍和高水平创新团队；2020 年 1 月，教育部、国家发展和改革委员会、财政部共同发布《关于“双一流”建设高校促进学科融合加快人工智能领域研究生培养的若干意见》；2022 年 9 月，国务院学位委员会、教育部颁布了《研究生教育学科专业目录 (2022 年)》和《研究生教育学科专业目录管理办法》的第 5 版，强调对科技前沿和关键领域的学科支撑，新增了一级学科或交叉学科，如智能科学与技术、遥感科学与技术、纳米科学与工程等；2023 年 4 月，教育部印发了《人工智能领域研究生指导性培养方案 (试行)》，旨在适应新科技与产业革命发展趋势，服务国家重大战略和经济社会发展，尤其是智能化发展的转型。截至2023年5月，全国已有298所高校开设了智能科学与技术本科专业，440所高校设置了人工智能本科专业。

发展人工智能教育对一个国家具有重要的战略和长远影响，作为这个领域的一分子，我们深知智能教育任重道远。西安电子科技大学在人工智能教育领域耕耘三十余载，自1986年起开始模式识别与智能系统的硕士培养工作，逐步发展为博士点、本科专业以及重点实验室等多层次的人才培养平台，有幸成为行业发展的践行者和探路者。随着人工智能浪潮迭起，学校于2017年成立了教育部直属高校第一个实体性人工智能学院，有幸成为引领智能教育探索与变革的先锋。我们迫切期待能够用自己的智慧和努力，与兄弟院校共同为我国人工智能教育事业的进步添砖加瓦。于是，本书应运而生。

本书在《人工智能学院本硕博培养体系》(清华大学出版社，2019)的基础上，进一步凝练了西电人工智能学院智能科学与技术一级学科本硕博一体化培养的探索与实践经验。近二十年来，我们率先开展并不断创新课程体系，优化培养方案，探索智能科学与技术本硕博一体化贯通式培养模式。尤其是近五年，以“4个面向”——面向世界科技前沿、面向经济主战场、面向国家重大需求、面向人民生命健康为指导，“3个体系”——理论教学体系、实验实践体系、创新创业体系改革为牵引，“2个载体”——创新平台和创新团队创新为基础，以实现“1个目标”——培养高水平的创新型拔尖人才为主线，进一步确立了“智能感知应用”的专业特色，在人才培养中注重多学科交叉，将理论知识与实践相融合、科技前沿与教学相融合的培养理念，保持整体课程群，确保智能科学与技术学科的交叉融合特性。知识体系以西电电子与信息特色为基础，覆盖了电子、信息、计算机和认知等学科，课程设置涉及与智能科学与技术相关的强交叉性的学科。同时我们不断完善和整合梳理，缩减课内讲授学时，增加实践和在线探索，强调导学，实施“智能+信息技术”与教育教学的深度融合，增设海外大师引课，以项目竞赛为驱动，强化实践教学，将双创教育融入人才培养全过程。实施人机协同、AI赋能，开展了一系列数字化转型，推动教育教学不断深化改革，获得了

4项国家级教学成果二等奖和多项省级教学成果奖，为本学科高水平人才自主培养体系建设奠定了坚实的基础。我们希望本书成为西电人工智能教育工作者与广大兄弟院校以及读者交流学习的桥梁，让我们在共同探索中携手进步。

在本书出版之际，特别感谢西安电子科技大学出版社的胡方明社长、臧延新总编、毛红兵副总编、高维岳副社长、李惠萍编审以及策划编辑刘芳芳的帮助与付出；感谢学校各职能部门的领导、同仁们长久以来的关怀和支持；感谢人工智能学院全体师生付出的辛勤劳动及努力；感谢兄弟院校的帮助和关心！

人工智能教育的探索和发展方兴未艾，我们的工作仍有许多不完善之处，本书也绝非尽善尽美，敬请同行专家不吝指正，帮助西电人工智能学院的工作更上一层楼，共同强大我国的人工智能教育体系，推动我国人工智能前沿不断拓展，提高我国在全球科技领域中的实力与影响力。

焦李成

2024年1月24日

目　　录

CONTENTS

第1章 本科生培养

1.1 智能科学与技术专业培养方案

1.1.1 专业介绍

西安电子科技大学人工智能学院智能科学与技术专业是国家级特色专业，自2008年获批以来，本专业已经为我国培养了超过2000名人工智能领域人才，为人工智能产业发展积蓄了一定的力量。本专业建有智能科学与技术教学团队、智能科学与技术人才培养模式创新实验区、智能感知与计算教学示范中心。

智能科学与技术专业依托学校计算机科学与技术和电子信息技术的学科优势，利用智能感知与图像理解领域的研究基础和师资力量，旨在培养以"智能+信息处理"为特色的专业人才。以培养智能算法设计、智能感知与计算、遥感影像解译与目标识别等领域的创新人才为主要方向，学院在人才培养的探索和创新道路上，已经建立了完整的教学体系。本专业固定师资队伍来自"智能感知与图像理解"教育部重点实验室，依托以上平台，以高水平科研和广泛国际交流为手段，学院建立了以具有国际视野的高学历高水平的教师队伍为主，由国际一流专家、学者组成的客座、讲座教授群体为辅的师资队伍。本专业教师队伍中有国家级精品课程负责人2人，省级精品课程负责人2人，国家级特色专业负责人1人，国家级人才培养模式创新实验区负责人1人，国家百优博士论文导师1人，省级教学名师1人，获得宝钢教育基金会"宝钢优秀教师奖"教师1人，"霍英东青年教师奖"获得者2人。师资队伍中的青年教师成长迅速，博士化率达到96%以上，知识水平和层次较高，年龄结构合理。80%以上的青年教师都有自己主持的国家自然科学基金项目，体现了科研与实验教学之间很好的融合和促进。此外，60%的教师有国外留学或访学的经历，具有开阔的国际视野，能确保教学方法和教学内容处于国际前沿。

1.1.2 培养目标

智能科学与技术专业贯彻落实党的教育方针，坚持立德树人，重基础、高起点、求交叉、多实践，培养德智体美劳全面发展、爱国进取、创新思辨的社会主义建设者和接班人，培养具有扎实的数理基础知识、良好的外语水平和优良的综合素质，具备基于控制、电科、计算机等学科知识进行智能信息的获取、传输、处理、优化、控制、组织并完成信息集成的工程实施能力，具备在相应领域从事智能科学与技术工程的研发、管理等工作的能力，具有宽口径、强自适应能力及现代创新意识的行业骨干和高层次人才。

(1) 本专业毕业生应具有高尚的职业道德和社会责任感，能为推动社会进步贡献力量。

(2) 本专业毕业生应具有丰富的智能科学与技术工作经验，能够解决本领域的复杂工程系统问题，进而成长为架构设计师、产品经理、项目经理等。

(3) 本专业毕业生应能够在跨职能、多学科的工程实践团队中工作和交流，具备一定的协调、管理、竞争与合作能力，能够将基本的工程管理原理与经济决策方法应用到实践中。

(4) 本专业毕业生应了解智能科学与技术领域的有关标准、规范、规程，能够跟踪该领域的前沿技术，具有工程创新能力并能将其应用到相关产品及大型智能系统的设计、开发和集成之中。

(5) 本专业毕业生应具有全球意识和国际视野，能够通过继续教育、在线学习、培训或其他终身学习渠道扩大知识面和提升能力。

1.1.3　专业思政育人

根据《高等学校课程思政建设指导纲要》对思政育人的总体要求，以习近平总书记在全国高校思想政治工作会议上提出的四个“正确认识”为指导，结合西安电子科技大学红色基因及办学特色，学院在人才培养中注重宣传国家战略，帮助学生正确认识世界和中国发展大势，树立民族自信，弘扬中国文化，不负时代责任和历史使命，培养学生坚持不懈、脚踏实地的工作品质。学院贯彻以德立身、以德立学、以德施教的教育理念，深入挖掘本专业相关课程和教学方式中蕴含的思想政治教育资源，让学生深入体会辩证唯物主义的科学方法论，掌握事物发展规律，丰富学识，增长见识，塑造社会主义核心价值观，厚植爱国情怀；注重强化对学生的工程伦理教育，培养学生精益求精的大国工匠精神，教育学生“头雁效应”思想，激发学生科技报国的家国情怀和使命担当。

1.1.4　毕业要求

1. 工程知识

智能科学与技术专业毕业的本科生应具备坚实的知识体系，包括从事智能科学与技术专业相关领域工作所需的数学、自然科学、工程基础等专业知识，并能够将这些知识应用于解决智能科学技术相关的工程问题。

指标点 1-1：具备数学及自然科学知识，并能利用其对相关领域工程问题进行表述。

指标点 1-2：能够运用恰当的数学、物理模型对智能科学的软硬件设计、智能算法设计等工程问题进行建模与求解，保证模型的准确性，满足工程计算的实际要求。

指标点 1-3：能够将数学、自然科学、工程基础和智能科学与技术的专业知识及数学模型方法用于工程问题的推导、分析和计算。

指标点 1-4：能运用相关知识和数学模型方法对专业工程问题解决方案进行比较、综合，对解决途径进行评价，并提出改进思路。

2. 问题分析能力

智能科学与技术专业毕业的本科生应能够应用数学、自然科学、工程基础和智能科学与技术的专业知识，识别、表示复杂工程问题，并通过文献查阅等多种方式对其进行分析，获得有效结论。

指标点 2-1：能够运用相关科学原理，识别和判断工程问题的关键环节和参数。

指标点 2-2：能够应用高等数学、物理学的基本概念、原理和智能科学与技术的专业知识对工程问题进行表达和有效分解。

指标点 2-3：针对智能技术领域的复杂工程问题，能够通过分析文献，提出解决方案并进行综合分析以获得有效结论。

3. 设计 / 开发解决方案

智能科学与技术专业毕业的本科生应能够针对智能科学与技术领域的工程问题提出解决方案，设计满足特定需求的系统和模块，并能够在设计环节中体现创新意识；能够综合考虑其对社会、健康、安全、法律、文化及环境的影响。

指标点 3-1：能够掌握本专业涉及的工程设计概念、原理和方法，能够针对工程问题提出合理的解决方案。

指标点 3-2：能够针对特定需求完成系统、模块的软硬件设计。

指标点 3-3：能够综合利用智能科学与技术领域的专业知识和技术，在针对复杂工程问题的系统设计中体现创新意识。

指标点 3-4：能够在系统方案设计环节中考虑多方面、多层次因素的影响，如社会、健康、安全、法律、文化以及环境等因素的影响。

4. 研究能力

智能科学与技术专业毕业的本科生应能够基于科学原理并采用科学方法对智能科学与技术领域的工程问题进行研究，包括设计实验、分析与解释数据，并通过信息综合得到合理有效的结论。

指标点 4-1：能够对智能科学与技术领域的软硬件模块进行理论分析和仿真。

指标点 4-2：能够针对智能系统软硬件设计、智能算法设计等智能科学与技术领域的工程问题设计实验方案，构建实验系统和测试平台，获取实验数据。

指标点 4-3：能够对实验结果进行合理分析、解释，对多个子问题进行关联分析，找出冲突点，进行平衡，并通过实验数据分析、信息综合等手段得到合理有效的结论。

5. 使用现代工具

智能科学与技术专业毕业的本科生应能够针对智能科学与技术领域的复杂工程问题，开发、选择与使用恰当的技术、资源、现代工程工具和信息技术工具，对复杂工程问题进行预测与模拟，并能够理解其局限性。

指标点 5-1：掌握基本的计算机操作和应用，至少掌握一种软件开发语言（如 C、C++ 语言等），并能够运用集成开发环境进行复杂程序设计。

指标点 5-2：能熟练运用文献检索工具获取智能科学领域理论与技术的最新进展。

指标点 5-3：掌握智能科学与技术专业仪器、设备的基本原理、操作方法，能够在复杂、综合性工程中合理选择和使用仪器、设备。

指标点 5-4：具备使用实验设备、计算机软件和现代信息工具对复杂工程问题进行模拟或仿真的能力，理解其使用要求、运用范围和局限性。

6. 工程与社会融合能力

智能科学与技术专业毕业的本科生应能够正确认识智能科学与技术专业系统工程对客观世界和社会的影响，能够基于相关的工程背景知识，合理分析、评估专业工程实践和复杂工程问题解决方案对社会、健康、安全、法律以及文化的影响，并理解应承担的责任。

指标点 6-1：了解智能科学与技术行业的特点与发展历史，以及相关产业的基本方针政策和法律法规，能够正确认识和理解不同社会文化对智能科学与技术专业工程活动的影响。

指标点 6-2：能够基于工程相关背景知识，合理分析、评价专业工程实践和复杂工程问题解决方案对社会、健康、安全、法律以及文化的影响，并理解应承担的责任。

7. 环境和可持续发展

智能科学与技术专业毕业的本科生应了解环境保护和可持续发展的基本方针政策和法律法规，能够理解和评价智能科学与技术领域的专业工程实践对环境、社会可持续发展的影响。

指标点 7-1：了解环境保护和社会可持续发展的内涵和意义。

指标点 7-2：了解环境保护和社会可持续发展的基本方针政策和法律法规，能够正确认识工程问题的专业工程实践对环境和社会的影响。

指标点 7-3：能针对实际复杂工程问题，评价其资源利用率、对文化的冲击等，了解工程实践对环境、社会可持续发展的影响。

8. 职业规范

智能科学与技术专业毕业的本科生应具有人文社会科学素养、正确的政治立场和社会责任感，能够在工程实践中遵守智能科学与技术领域的相关职业道德和规范。

指标点 8-1：具有人文社会科学素养，了解国情，理解社会主义核心价值观，树立正确的政治立场、世界观、人生观和价值观。

指标点 8-2：理解工程技术的社会价值以及工程师的社会责任，在工程实践中能自觉遵守职业道德和规范。

9. 个人和团队工作能力

智能科学与技术专业毕业的本科生应能够在多学科背景的团队中承担个体、团队成员或负责人的角色，能够听取其他团队成员的意见和建议，充分发挥团队协作的优势。

指标点 9-1：能主动与其他学科的成员共享信息，合作共事，独立完成团队分配的工作。

指标点 9-2：能够胜任团队成员或负责人的角色，能够在团队协作中听取其他团队成员的意见和建议，充分发挥团队协作的优势。

10. 沟通能力

智能科学与技术专业毕业的本科生应具备良好的表达能力，能够就工程问题与业界同行及社会公众进行有效沟通和交流，包括撰写报告、设计文稿、陈述发言等；掌握至少一门外语，具有一定的国际视野，能够在跨文化背景下进行沟通和交流。

指标点 10-1：具有良好的口头表达能力，能够清晰、有条理地表达自己的观点，掌握基本的报告、设计文稿的撰写技能。

指标点 10-2：掌握至少一门外语，具备一定的国际视野，并了解基本的国际文化礼仪。

指标点 10-3：能够就复杂工程问题，综合运用口头、书面、报告、图表等多种形式与国内外业界同行及社会公众进行有效沟通和交流。

11. 项目管理

智能科学与技术专业毕业的本科生应理解并掌握工程管理原理与经济决策方法，并能在多学科、跨职能环境中合理应用。

指标点 11-1：理解工程管理与经济决策的重要性，掌握工程管理的基本原理和常用的经济决策方法。

指标点 11-2：能够在多学科、跨职能环境中合理运用工程管理原理与经济决策方法。

12. 终身学习

智能科学与技术专业毕业的本科生应具有自主学习和终身学习的意识，有不断学习和适应发展的能力。

指标点 12-1：了解自主学习的必要性，具有自主学习和终身学习的意识，掌握跟踪本专业学科前沿、发展趋势的基本方法和途径。

指标点 12-2：能够通过文献查询、网络培训等多种渠道进行终身学习，以适应职业发展的需求。

1.1.5　学制与学位

基本学制：四年。
学位：工学学士。

1.1.6　专业分流要求

分流时间：第二学期期末。

专业分流模式：第一年进行大类培养，第二学期期末进行专业分流，专业分流后给予一次转专业机会。对于择优录取的转专业学生，经学分认定后，需自行补全达到毕业要求所缺失的课程（具体依照学校和学院当年相关政策实施）。

1.1.7　专业特色课程

1. 课程名称：人工智能概论 (Introduction to Artificial Intelligence)

学时：56　　　　学分：3.5

人工智能概论是智能科学与技术的专业基础课程。本课程是关于人工智能领域的引导性课程，介绍人工智能的基本理论、方法和技术，教学目的是使学生了解和掌握人工智能的基本概念和方法，为今后更高级课程的学习、为将来在人工智能领域的进一步研究工作和软件实践奠定良好的基础。通过本课程的学习，使得学生掌握人工智能的基本思想和实现方法，掌握基本分析与设计方法，为人工智能在各领域的应用奠定基础，拓宽学生在计算机科学与技术领域的知识广度。

2. 课程名称：计算智能导论 (Introduction to Intelligent Computing)

学时：56　　　　学分：3.5

计算智能是通过模拟自然以实现对复杂问题求解的科学，是生物学、神经科学、认知科学、计算机科学、免疫学、哲学、社会学、数学、信息科学、非线性科学、工程学、音乐、物理学等众多学科相互交叉融合的结果，是人们对自然智能认识和模拟的最新成果。目前计算智能已经成为智能与信息科学中最活跃的研究领域之一，它的深入发展将极大地改变人们认识自然、求解现实问题的能力和水平。计算智能导论课程主要介绍了计算智能的 3 个典型范例，即人工神经网络、进化计算和模糊系统，它们分别建模了以下自然系统：生物神经网络、进化和人类思维过程。通过本课程的学习，要求学生了解并掌握人工神经网络、进化计算和模糊系统等计算智能模型。

3. 课程名称：最优化理论与方法 (Theories and Approaches for Optimization)

学时：40　　　　学分：2.5

最优化理论与方法是在生产实践和科学实验中选取最佳决策，研究在一定限制条件下，选取某种方案以达到最优目标的一门学科，它被广泛应用于空间科学、军事科学、系统识别、通信、工程设计、自动控制、经济管理等各个领域，是工科院校高年级本科生、研究生，应用数学专业学生和优化设计的工程技术人员的一门重要课程。通过本课程的教学，使学生掌握最优化计算方法的基本概念和基本理论，初步学会应用最优化方法解决实际中碰到的各个问题，培养解决实际问题的能力。

4. 课程名称：算法设计与分析 (Algorithms Design Techniques and Analysis)

学时：48　　学分：3

算法设计与分析是计算机科学技术中处于核心地位的一门专业基础课。本课程从讲解算法设计和算法分析的基本概念和方法开始，系统地介绍一些常用的、经典的算法设计技术及复杂性分析的方法，内容包含递归技术、分治、动态规划、贪心算法、图的遍历和回溯法，还讲解了近年来发展迅速的随机算法与逼近算法，以及具有广泛应用背景的网络流与网络匹配问题。学生通过本课程的学习，可掌握算法分析的基本方法及各种经典的算法设计技术。

5. 课程名称：模式识别 (Pattern Recognition)

学时：56　　学分：3.5

模式识别是一门理论与应用并重的技术学科，与人工智能关系密切，其目的是用机器完成人类智能中通过视觉、听觉、触觉等感官去识别外界环境的工作。通过本课程的学习，使学生系统掌握模式识别基本原理和分类器设计的典型方法。本课程内容具体包括：贝叶斯决策理论、线性判别函数、近邻法、特征选择和提取、非监督学习方法、人工神经网络、模糊模式识别方法、支撑矢量机等。同时，通过大作业使学生了解模式识别方法在文本识别、智能图像处理等领域的应用，有助于学生综合能力和整体素质的提高。

6. 课程名称：机器学习 (Machine Learning)

学时：56　　学分：3.5

机器学习是智能科学领域一门非常重要的基础专业课程。通过本课程的学习，使学生对目前主流的机器学习理论、方法、算法与应用有一个较全面的综合认识。本课程内容具体包括：了解机器学习领域的发展及现状；了解和掌握机器学习的基本概念、原理、方法与技术；能够运用机器学习方法来解决实际问题 (如智能博弈程序、图像识别、文本分类与处理等)，能为进一步从事研究、建立有关概念和寻找解决问题的方法打下良好的基础。本课程强调机器学习理论原理的教学，注重从实例入手使学生理解机器学习的概念与原理，从机器学习的基本框架上理解不同机器学习方法之间的异同点。课程同时强调理论与实践动手能力相结合。课程安排 7～8 次课外作业以及 2～3 次课程实验，要求学生能够依据所学的基本原理和方法解决实际问题。

7. 课程名称：图像理解与计算机视觉 (Image Understanding and Computer Vision)

学时：56　　　　学分：3.5

图像理解与计算机视觉是一门涉及多个交叉学科领域的课程。本课程侧重于计算机视觉中的图像基本处理和识别，并对图像分析的基本理论和实际应用进行系统介绍。课程目标是使学生对计算机视觉和图像处理的基本概念、基本原理以及解决问题的基本思想方法有一个较为全面的了解和领会；学习智能图像分析与理解的基本理论和技术，了解各种智能图像理解与计算机视觉技术的相关应用；具备解决智能化检测与识别、控制等应用问题的初步能力。

8. 课程名称：智能数据挖掘 (Intelligent Data Mining)

学时：40　　　　学分：2.5

智能数据挖掘以介绍各类数据仓库和知识发现技术为主，以培养学生的科研能力为辅。本课程主要包括两方面内容，一方面是各类数据挖掘技术的原理、算法和实际应用；另一部分是数据仓库技术的原理，复杂数据类型的规则挖掘，包括关系数据、空间数据、多媒体数据、时序数据、Web 数据等。

1.1.8　最低毕业要求及学分分布

本专业学生最低毕业要求及学分分布如表 1-1 所示。学生毕业前最低应完成 177 学分，并符合学校毕业要求相关规定。

表 1-1　最低毕业要求及学分分布表

课 程 类 别		最低毕业要求		
		课内学分	总学分	占学分比例
通识教育课程	通识教育基础课	46.9	59	33.05%
	通识教育核心课	5.5	7	3.99%
	通识教育选修课	8	8	4.56%
大类基础课程		21.75	24.5	13.68%
专业教育课程	专业核心课	22.5	26	14.81%
	专业选修课	16.5	19.5	11.11%
集中实践环节		0	22	12.54%
拓展提高		0	11	6.27%
合计		121.15	177	100%

注：课内学分不包含集中实践、课内实践、线上环节以及拓展提高学分。

1.1.9 教学进程计划总表

本专业教学进程计划如表 1-2 所示。

表 1-2 智能科学与技术专业教学进程计划总表（四年）

课程类别		课程性质	课程名称	总学分	课内学分	总学时	其中					考核方式	开课学期	应修学分	备注
							面授				线上				
							讲授	实验	上机	实践					
通识教育课程	通识教育基础课	必修	思想道德与法治 Ideological Morality and Rule of Law	3	3	48	44			4		考试	1		
		必修	中国近现代史纲要 Outline of Modern Chinese History	3	3	48	44			4		考试	2		
		必修	马克思主义基本原理 Basic Principles of Marxism	3	3	48	44			4		考试	3		
		必修	毛泽东思想和中国特色社会主义理论体系概论 Introduction to Mao Zedong Thought and the Theory of Socialism With Chinese Characteristics	2	2	32	32					考试	4		
		必修	习近平新时代中国特色社会主义思想概论 Introduction to Xi Jinping Thought on Socialism with Chinese Characteristics in the New Era	3	3	48	44			4		考试	5		
		必修	形势与政策 Situation and Policy Education	2	1	64	32			32		考查	1～8		
		必修	思想政治理论实践课 Practical Course of Ideological and Political Theory	1		16				16		考查	4		
		思想政治理论限选课	党史 Party History	1	0.4	16	6				10	考查	1～6	1	学校限选（四选一）
			新中国史 New China History	1	0.4	16	6				10	考查	1～6		
			改革开放史 Reform and Opening-up History	1	0.4	16	6				10	考查	1～6		
			社会主义发展史 Socialist Development History	1	0.4	16	6				10	考查	1～6		

续表一

课程类别	课程性质		课程名称	总学分	课内学分	总学时	其中					考核方式	开课学期	应修学分	备注
							面授				线上				
							讲授	实验	上机	实践					
通识教育课程	通识教育基础课	必修	军事理论 Military Theory	2	1.5	32	24			8		考试	1		
		必修	军事训练 Military Training	1		2 周				2 周		考查	1		
		必修	大学生心理健康教育 The Psychological Health Education of College Students	1	0.5	16	8			8		考查	2		
		必修	新生研讨课 Freshman Seminar Course	1	1	16	16					考查	1		
		英语分级普通班必修课程	大学英语 (I) College English(I)	2	2	32	32					考试	1		根据英语分级方案实施。英语分级最低应修学分统一按 8 学分加入总和
			大学英语 (II) College English(II)	2	2	32	24				8	考试	2		
			大学英语中级 (I) Intermediate English(I)	2	1.5	32	24				8	考试	3		
			高级英语选修系列课程 (通过国家英语四级后修读)Elective Courses of Advanced English	2	2	32						考试	4		
		英语分级中级班必修课程	大学英语中级 (I) Intermediate English(I)	2	1.5	32	24				8	考试	1		
			大学英语中级 (II) Intermediate English((II)	2	1.5	32	24				8	考试	2		
			高级英语 (I) Advanced English (I)	2	1.5	32	24				8	考试	3		
			高级英语选修系列课程 Extended Courses for Advanced English	2	2	32	32					考试	4		
		英语分级高级班必修课程	高级英语 (I) Advanced English (I)	2	1.5	32	24				8	考试	1		
			高级英语 (II) Advanced English (II)	2	1.5	32	24				8	考试	2		
			高级英语选修系列课程 Extended Courses for Advanced English	2	2	32	32					考试	3～4		

续表二

课程类别		课程性质	课程名称	总学分	课内学分	总学时	其中 讲授	其中 面授 实验	其中 面授 上机	其中 面授 实践	其中 线上	考核方式	开课学期	应修学分	备注
通识教育课程	通识教育基础课	必修	大学体育 (I) 大学体育 (Ⅷ) Physical Education(I)-Physical Education(Ⅷ)	4		120	俱乐部＋自主锻炼模式，根据体育俱乐部教学改革方案实施					考试	1～8		从20级开始实施新方案。每学期0.5学分
		必修	高等数学 A(I) Advanced Mathematics A(I)	5	5	80	80				16	考试	1		理工类专业
		必修	高等数学 A(II) Advanced Mathematics A(II)	5	5	80	80				16	考试	2		
		必修	线性代数 Linear Algebra	2.5	2.5	40	38			4		考试	2		
		必修	概率论与数理统计 Probability Theory and Mathematical Statistics	2.5	2.5	40	40					考试	3		
		必修	大学物理 (I) Physics(I)	3.5	6.5	58	54				4	考试	2		
		必修	大学物理 (II) Physics(II)	3.5		54	50				4	考试	3		
		必修	物理实验 (I) Physical Experiment(I)	1	1	27		27				考查	2		
		必修	物理实验 (II) Physical Experiment(II)	1	1			27				考查	3		
		小计		76	62.1	1283＋2周	918	54		84＋2周	136			59	
	通识教育核心课	必修	工程概论 (I) Introduction to Engineering(I)	1	1	16	16					考查	2	7	电子信息类、计算机类、自动化类专业要求开设
		必修	工程概论 (II) Introduction to Engineering(II)	1	1	16	16					考查	3		
		必修	工程概论 (III) Introduction to Engineering(III)	1	1	16	16					考查	5		
		必修	工程概论 (IV) Introduction to Engineering (IV)	1	1	16	16					考查	7		
		必修	学科导论 Introduction to Discipline	1	1	16	16					考查	2		
		必修	新技术讲座和报告 (研究型) New Technology Seminar and Report	1		16				32		考查	6		
		必修	科技论文写作 Scientific Paper Writing	1	0.5	16	8			16		考查	7		
		小计		7	5.5	112	88			48					

续表三

课程类别	课程性质	课程名称	总学分	课内学分	总学时	其中					考核方式	开课学期	应修学分	备注
						面授				线上				
						讲授	实验	上机	实践					
通识教育课程	通识教育选修课 学校任选	人文社科	8	8	根据学校课程列表选修，每个学生至少选修8学分并覆盖四个模块，学生可选修MOOC形式的课程								8	
	学校任选	自然科学												
	学校任选	国际双创												
	学校任选	美育课程												
	小计		8	8									8	
大类基础课	必修	计算机导论与程序设计 Introduction of Computer and Program Design	4	3.25	64	32		40		12	考试	1	24.5	
	必修	离散数学（Ⅰ） Discrete Mathematics	3.5	3	56	50				6	考试	2		
	必修	电路分析基础 Fundamentals of Circuit Analysis	2	2	32	32					考试	3		
	必修	数据结构 Data Structures	4	3.5	64	44		24		8	考试	3		
	必修	复变函数 Complex Functions	2	2	32	32					考试	3		
	必修	电路、信号与系统实验（Ⅰ、Ⅱ） Circuit Signals and Systems Experiment(Ⅰ、Ⅱ)	1	1	16		32				考查	3～4		
	必修	信号与系统 Signals and Systems	3.5	3.5	56	56					考试	4		
	必修	模拟电子技术基础 Fundamentals of Analog Electronic Technology	2	2	32	32					考试	4		
	必修	数字电路与逻辑设计 Digital Circuits and Logic Design	2.5	2	40	32			16		考试	4		
	小计		24.5	22.25	392	310	32	64	16	26				

续表四

课程类别		课程性质	课程名称	总学分	课内学分	总学时	其中					考核方式	开课学期	应修学分	备注
							面授				线上				
							讲授	实验	上机	实践					
专业教育课程	专业核心课	必修	人工智能概论 Introduction to Artificial Intelligence	3.5	2.5	56	40				16	考试	3	26	
		必修	计算机组织与体系结构 Computer Organization and Architecture	4	3	64	58		12			考试	4		
		必修	算法设计与分析 Algorithms Design Techniques and Analysis	3	3	48	40		16			考试	5		
		必修	微机原理与系统设计 Microcomputer Principle and System Design	3	3	48	40	16				考试	5		
		必修	智能系统专业实验 Specialty Experiment Based on Intelligent System	2	2	32	16	32				考查	6		
		必修	机器学习 Machine Learning	3.5	3	56	40		16		8	考试	5		
		必修	计算智能导论 Introduction to Intelligent Computing	3.5	3	56	40		16		8	考试	6		
		必修	图像理解与计算机视觉 Image Understanding and Computer Vision	3.5	3	56	40				16	考试	6		
		小计		26	22.5	416	314	48	60		48				
	专业选修课	学院任选	图学基础与计算机绘图 Graphics Basics and Computer Drawing	2	2	32	28		8			考试	1	19.5	工科基础类推荐课程
		学院任选（二选一）	Python 程序设计 Python Programming	3	2.5	48	26		28		8	考试	2		计算机类基础推荐课程
			JAVA 程序设计 Java Programming	3	2.5	48	26		28		8	考试	2		计算机类基础推荐课程
		学院任选	数据库与大数据 Data Base and Big Data	3	3	48	32		32			考试	4		计算机类基础推荐课程
		学院任选	最优化理论与方法 Theories and Approaches for Optimization	2.5	2.5	40	32		16			考试	4		智能计算方向推荐课程

续表五

课程类别	课程性质	课程名称	总学分	课内学分	总学时	其中					考核方式	开课学期	应修学分	备注
						面授				线上				
						讲授	实验	上机	实践					
专业教育课程	专业选修课	学院任选	数字信号处理 Digital Signal Processing	3	3	48	42			12		考试	5	19.5	智能感知方向推荐课程
		学院任选	模式识别 Introduction to Pattern Recognition	3.5	3	56	40		16		8	考试	5		智能感知方向推荐课程
		学院任选	集成电路设计导论 Introduction to the Integrated Circuit Design	2	2	32	24	16				考查	5		芯片设计基础推荐课程
		学院任选	智能控制导论 Introduction to Intelligent Control	2.5	2.5	40	32		16			考试	6		智能感知方向推荐课程
		学院任选	操作系统 Operating System	3	3	48	40		16			考试	5		计算机类基础推荐课程
		学院任选	深度学习 Deep Learning	2	2	32	24		16			考查	6		智能计算方向推荐课程
		学院任选	智能数据挖掘 Intelligent Data Mining	2.5	2.5	40	24		32			考查	6		智能计算方向推荐课程
		学院任选	计算机视觉及其应用 Computer Vision and Application	2	2	32	24		16			考查	6		智能感知方向推荐课程
		学院任选	智能信息感知技术 Intelligent Information Perception Technology	2	2	32	32					考试	6		智能感知方向推荐课程
		学院任选	智能网络与云计算技术 New Intelligent Internet Technology	2	2	32	32					考查	7		智能计算方向推荐课程
		学院任选	量子计算智能 Quantum Computing Intelligence	2	2	32	32					考查	7		智能计算方向推荐课程
		小计		40	38.5	640	490	16	224	12	24				

续表六

课程类别	课程性质	课程名称	总学分	课内学分	总学时	其中 面授 讲授	实验	上机	实践	线上	考核方式	开课学期	应修学分	备注
集中实践环节	必修	程序设计基础课程设计 Course Design of Programming Fundamental	1		1 周				1 周		考查	2	22	
	必修	专业基础实践 Professional Basic Practice	1		16				32		考查	4		
	必修	专业综合实践 Professional Comprehensive Practice	1		16				32		考查	6		
	必修	毕业设计 Undergraduate Thesis	16		16 周				16 周		考查	7～8		
	必修	生产实习 Production Practice	3		3 周				3 周		考查	6		
	小计		22		20 周 + 32				20 周 + 64					
拓展提高 素质能力拓展课程	必修	新生网上前置教育 Pre-enrollment Online Education	1		16					16	考查	1	1	
	必修	写作与沟通 Writing and Communication	1		16					16	考查	1～6	9	
	必修	劳动教育 Labor Education	1		16	8				8	考查	1～8		
	必修	劳动教育实践 Labor Practicing	1		16				32		考查	1～6		
	必修	“红色筑梦”实践基础 I Quality Development and Comprehensive Practice Basis I	0.5		8				8	4	考查	4		
	必修	“红色筑梦”实践基础 II Quality Development and Comprehensive Practice Basis II	1		16	2			24	2	考查	5		
	必修	创业基础 Entrepreneurial Base	2		32	8				24	考查	3～4		
	必修	大学生职业发展 Career Development of Undergraduate	1		16	4			8	8	考查	1		
	必修	就业指导 Careers Guidance	1.5		24	16			16		考查	6		

续表七

课程类别		课程性质	课程名称	总学分	课内学分	总学时	其中					考核方式	开课学期	应修学分	备注
							面授				线上				
							讲授	实验	上机	实践					
拓展提高	达标模块	必修	实验实践能力达标测试 Experiment and Practise Ability Test	0.5								考查	2～8	9	
		必修	国家英语四级 College English Test Band 4	0.3								考试	2～8		
			校内英语四级 Intramural College English Test Band 4									考试	8	1	国家英语四级通过后不修校内英语四级
		必修	体育能力达标测试 Athletic Ability Standard Test	0.2								考查	1～8		
		小计		11		144	32			84	70			11	

注：1. 大学英语系列课程采用分级教学，分普通班、中级班和高级班，具体实施以英语分级方案为准。

2. 达标模块包括实验实践能力达标测试、国家英语四级 / 校内英语四级、体育能力达标测试，三门课均为必修，且全部通过之后计 1 学分。

1.2 人工智能专业培养方案

1.2.1　专业介绍

人工智能专业依托学校计算机科学与技术和电子信息技术的学科优势，利用学院在智能感知与图像理解领域的研究基础和师资力量，旨在培养以“智能＋信息处理”为特色的专业人才。本专业以培养智能算法设计、类脑感知与计算等领域的创新人才为主要方向，在人才培养的探索和创新道路上，学院已经建立了完善的教学体系。本专业固定师资队伍来自“智能感知与图像理解”教育部重点实验室，依托以上平台，学院以高水平科研和广泛国际交流为手段，建立了以具有国际视野的高学历高水平的教师队伍为主，由国际一流专家和学者组成客座、讲座教授群体为辅的师资队伍。本专业教师队伍中有国家级精品课程负责人 2 人，省级精品课程负责人 2 人，国家级特色专业负责人 1 人，国家级人才培养模式创新实验区负责人 1 人，国家百优博士论文导师 1 人，省级教学名师 1 人，获得宝钢教育基金会“宝钢优秀教师奖”教师 1 人，“霍英东青年教师奖”获得者 2 人。师资队伍中的青年教师成长迅速，博士化率达到 96% 以上，知识水平和层次较高，年龄结构合理。80% 以上的青年教师都有自己主持的国家自然科学基金项目，体现了科研与实验教学之间很好的融合和促进。此外，60% 的教师有国外留学或访学经历，具有开阔的国际视野，确保教学方法和教学内容处于国际前沿。

1.2.2 培养目标

本专业贯彻落实党的教育方针，坚持立德树人，面向国家新一代人工智能发展的重大需求，培养具有扎实的数理、计算机系统与人工智能理论基础，掌握人工智能的基本方法、应用工程与技术，熟悉与人工智能相关的交叉学科知识，具备科学素养、实践能力、创新能力、系统思维能力、产业视角与国际视野，未来有潜力成长为国际一流工程师、科学家和企业家，能在我国人工智能学科与产业技术发展中发挥领军作用的优秀人才。

人工智能专业毕业的本科生应达到以下要求：

(1) 熟悉人工智能领域的法律法规、标准与规范，具有高尚的职业道德和社会责任感，能够在人工智能领域的工程设计中综合考虑对环境、社会、文化的影响。

(2) 针对实际需求，能分辨、分析、研究并解决与人工智能专业相关的基础科学问题，可适应独立和团队工作环境，承担人工智能以及相关学科领域的科学研究工作。

(3) 具有开阔的国际视野、良好的沟通能力以及一定的国际竞争与合作能力，具有良好的职业素养和较强的社会服务意识，能在设计、研发或科研团队中担任组织管理角色。

(4) 具有通过继续教育或其他终身学习途径不断拓展知识面以适应技术和职业发展需求的能力。

1.2.3 专业思政育人

根据《高等学校课程思政建设指导纲要》对思政育人的总体要求，结合西安电子科技大学红色基因及办学特色，本专业相关课程注重强化对学生的工程伦理教育，培养学生精益求精的大国工匠精神，培育学生头雁效应思想，激发学生科技报国的家国情怀和使命担当。

1.2.4 毕业要求

1. 工程知识

人工智能专业毕业的本科生应掌握本专业所需的数学、自然科学、工程基础和人工智能的专业知识，能将上述知识用于解决人工智能系统软硬件设计、图像处理算法设计等相关领域的复杂工程问题。

指标点 1-1：能运用数学、自然科学、工程基础和专业知识，表述人工智能科学领域的复杂工程问题。

指标点 1-2：能够运用恰当的数学、物理模型对人工智能系统软硬件设计、图像处理算法设计等复杂工程问题进行建模，保证模型的准确性，满足工程计算的实际要求。

指标点 1-3：能够将数学、自然科学、工程基础和人工智能的专业知识用于复杂工程问题的推导和计算。

指标点 1-4：能运用数学、自然科学、工程基础和专业知识对复杂工程问题的解决途径进行评价，并提出改进思路。

2. 问题分析能力

人工智能专业毕业的本科生应能够应用数学、自然科学、工程基础和人工智能的专业知识，识别、表达和有效地分解复杂工程问题，并通过文献查阅等多种方式对其进行分析，以获得有效结论。

指标点 2-1：能够应用高等数学、物理学的基本概念、原理和人工智能的专业知识对复杂工程问题进行识别和有效分解。

指标点 2-2：能够识别和表达复杂工程问题的关键环节和参数，对分解后的问题进行分析。

指标点 2-3：掌握科技文献、资料的分类，能够通过图书馆、数据库、网上检索等多种方式快速、准确地检索相关信息，具备借助文献研究对复杂工程问题进行识别、表达、分析的能力。

3. 设计 / 开发解决方案

人工智能专业毕业的本科生应能够针对人工智能领域的复杂工程问题提出解决方案，设计满足特定需求的系统和模块，并能够在设计环节中体现创新意识；能够综合考虑其对社会、健康、安全、法律、文化及环境的影响。

指标点 3-1：能够掌握本专业涉及的工程设计概念、原则和方法，能够针对复杂工程问题提出合理的解决方案。

指标点 3-2：能够针对特定需求完成系统、模块的软硬件设计。

指标点 3-3：能够综合利用人工智能领域的专业知识和新技术，在针对复杂工程问题的系统设计中体现创新意识。

指标点 3-4：能够在系统方案设计环节中考虑多方面、多层次因素的影响，如社会、健康、安全、法律、文化以及环境等因素。

4. 研究能力

人工智能专业毕业的本科生应能够基于科学原理并采用科学方法对人工智能领域的复杂工程问题进行研究，包括设计实验、分析与解释数据并通过信息综合得到合理有效的结论。

指标点 4-1：能够对人工智能领域的软硬件模块进行理论分析和仿真。

指标点 4-2：能够针对智能信息系统软硬件设计、图像处理算法设计等人工智能领域的复杂工程问题，设计实验方案、构建实验系统和测试平台、获取实验数据。

指标点 4-3：能够对实验结果进行合理分析、解释，并对多个子问题进行关联分析，找出冲突点，进行平衡，并通过实验数据分析、信息综合等手段得到合理有效的结论。

5. 使用现代工具

人工智能专业毕业的本科生应能够针对人工智能领域的复杂工程问题，开发、选择与使用恰当的技术、资源、现代工程工具和信息技术工具，包括对复杂工程问题的预测与模拟，并能够理解其局限性。

指标点 5-1：掌握基本的计算机操作和应用，至少掌握一种软件开发语言（如 C、C++ 语言等），并能够运用集成开发环境进行复杂程序设计。

指标点 5-2：能熟练运用文献检索工具获取人工智能领域理论与技术的最新进展。

指标点 5-3：掌握人工智能专业仪器、设备的基本原理及操作方法，能够在复杂、综合性工程中合理选择和使用仪器、设备。

指标点 5-4：具备使用实验设备、计算机软件和现代信息工具对复杂工程问题进行模拟或仿真的能力，理解其使用要求、运用范围和局限性。

6. 工程与社会融合能力

人工智能专业毕业的本科生应能够结合相关的工程知识进行合理分析，评价专业工程实践和复杂工程问题解决方案对社会、健康、安全、法律以及文化的影响，并理解应承担的责任。

指标点 6-1：具有工程实践经历，能够通过实践、实习过程了解工程实践和复杂工程问题的解决方案对社会、健康、安全、法律以及文化的影响。

指标点 6-2：能够结合相关的工程知识，通过在思政、人文、社科类课程中学习的知识，综合分析和评价专业工程实践和复杂工程问题的解决方案对社会、健康、安全、法律以及文化的影响，并理解应承担的责任。

7. 环境和可持续发展

人工智能专业毕业的本科生应了解环境保护和可持续发展的基本方针、政策和法律、法规，能够理解和评价人工智能领域的专业工程实践对环境、社会可持续发展的影响。

指标点 7-1：理解环境保护和社会可持续发展的内涵和意义。

指标点 7-2：了解环境保护和社会可持续发展的基本方针政策和法律法规，能够正确认识针对复杂工程问题的专业工程实践对环境和社会的影响。

指标点 7-3：能够针对实际复杂工程问题，评价其资源利用率、对文化的冲击等，了解工程实践对环境、社会可持续发展的影响。

8. 职业规范

人工智能专业毕业的本科生应具有人文社会科学素养、正确的政治立场和社会责任感，能够在工程实践中遵守人工智能领域的相关职业道德和规范。

指标点 8-1：具有人文社会科学素养，了解国情，理解社会主义核心价值观，树立正确的政治立场、世界观、人生观和价值观。

指标点 8-2：理解工程技术的社会价值以及工程师的社会责任，在工程实践中能自觉遵守职业道德和规范。

9. 个人和团队工作能力

人工智能专业毕业的本科生应能够在多学科背景的团队中承担个体、团队成员或负责人的角色，能够听取其他团队成员的意见和建议，充分发挥团队协作的优势。

指标点 9-1：能主动与其他学科的成员共享信息，合作共事，独立完成团队分配的工作。

指标点 9-2：能够胜任团队成员或负责人的角色，能在团队协作中听取其他团队成员的意见和建议，充分发挥团队协作的优势。

10. 沟通能力

人工智能专业毕业的本科生应具备良好的表达能力，能够就复杂工程问题与业界同行及社会公众进行有效沟通和交流，包括撰写报告、设计文稿、陈述发言等；掌握至少一门外语，具有一定的国际视野，能够在跨文化背景下进行沟通和交流。

指标点 10-1：具有良好的口头表达能力，能够清晰、有条理地表达自己的观点，掌握基本的报告、设计文稿的撰写技能。

指标点 10-2：掌握至少一门外语，具备一定的国际视野，并了解基本的国际文化礼仪。

指标点 10-3：能够就复杂工程问题，综合运用口头、书面、报告、图表等多种形式与国内外业界同行及社会公众进行有效沟通和交流。

11. 项目管理

人工智能专业毕业的本科生应理解并掌握工程管理原理与经济决策方法，并能在多学科、跨职能环境中合理应用。

指标点 11-1：理解工程管理与经济决策的重要性，掌握工程管理的基本原理和常用的经济决策方法。

指标点 11-2：能够在多学科、跨职能环境中合理运用工程管理原理与经济决策方法。

12. 终身学习

人工智能专业毕业的本科生应具有自主学习和终身学习的意识，有不断学习和适应发展的能力。

指标点 12-1：了解自主学习的必要性，具有自主学习和终身学习的意识，掌握跟踪本专业学科前沿、发展趋势的基本方法和途径。

指标点 12-2：能够通过文献查询、网络培训等多种渠道进行终身学习，以适应职业发展的需求。

1.2.5 学制与学位

基本学制：四年。

学位：工学学士。

1.2.6 大类分流要求

分流时间：第二学期期末。

专业分流模式：第一学年进行大类培养，第二学期期末进行专业分流，专业分流后给予一次转专业的机会。对于择优录取的转专业学生，经学分认定后，需自行补全达到毕业要求所缺失的课程(具体依照学校和学院当年相关政策实施)。

1.2.7 专业特色课程

1. 课程名称：人工智能概论 (Introduction to Artificial Intelligence)

学时：56　　　　学分：3.5

人工智能概论是人工智能的专业基础课程。本课程是关于人工智能领域的引导性课程，介绍人工智能的基本理论、方法和技术，目的是使学生了解和掌握人工智能的基本概念和方法，为今后的更高级课程的学习、为将来在人工智能领域的进一步研究工作和软件实践奠定良好的基础。通过本课程的学习，使得学生掌握人工智能的基本思想和实现方法，掌握基本分析与设计方法，为人工智能在各领域的应用奠定基础，拓宽学生在计算机科学与技术领域的知识广度。

2. 课程名称：机器学习 (Machine Learning)

学时：56　　　　学分：3.5

机器学习是智能科学领域一门非常重要的基础专业课程。通过本课程的学习，使学生对目前主流的机器学习理论、方法、算法与应用有一个较全面的综合认识。本课程内容具体包括：了解机器学习领域的发展及现状；了解和掌握机器学习的基本概念、原理、方法与技术；能够运用机器学习方法来解决实际问题(如智能博弈程序、图像识别、文本分类与处理等)，能为进一步从事研究、建立有关概念和寻找解决问题的方法打下良好的基础。本课程强调机器学习理论原理的教学，注重从实例入手使学生理解机器学习的概念与原理，从机器学习的基本框架上理解不同机器学习方法之间的异同点。课程同时强调理论与实践动手能力相结合。课程安排 7～8 次课外作业以及 2～3 次课程实验，要求学生能够依据所学的基本原理和方法解决实际问题。

3. 课程名称：知识工程 (Knowledge Engineering)

学时：32　　　　学分：2

知识工程是人工智能的原理和方法，为那些需要专家知识才能解决的应用难题提供求解的手段。恰当运用专家知识的获取和表达、推理过程的构成与解释，是设计基于知识的系统的重要技术问题。知识工程是以知识为基础的系统，就是通过智能软件建立的专家系统。知识工程可以看成是人工智能在知识信息处理方面的发展，研究如何用计算机表示知识，进行问题的自动求解。知识工程的研究使人工智能的研究从理论转向应用，从基于推理的模型转向基于知识的模型，包括对整个知识信息处理过程的研究，知识工程已成为一门新兴的边缘学科。

4. 课程名称：计算智能导论 (Introduction to Intelligent Computing)

学时：32　　　　学分：2

计算智能是通过模拟自然对复杂问题求解的学科，是生物学、神经科学、认知科学、计算机科学、免疫学、哲学、社会学、数学、信息科学、非线性科学、工程学、音乐、物理学等众多学科相互交叉融合的结果，是人们对自然智能认识和模拟的最新成果。目前计算智能已经成为智能与信息科学中最活跃的研究领域之一，它的深入发展将极大地改变人们认识自然、求解现实问题的能力和水平。计算智能导论主要介绍了计算智能的 3 个典型范例，即人工神经网络、进化计算和模糊系统，它们分别建模了三个自然系统：生物神经网络、进化和人类思维过程。通过本课程的学习，要求学生了解并掌握人工神经网络、进化计算和模糊系统等计算智能模型。

5. 课程名称：模式识别 (Introduction to Pattern Recognition)

学时：56　　　　学分：3.5

模式识别是一门理论与应用并重的技术学科，与人工智能关系密切，其目的是用机器完成人类智能中通过视觉、听觉、触觉等感官去识别外界环境的工作。通过本课程的学习，使学生系统掌握模式识别基本原理和分类器设计的典型方法。课程内容具体包括：贝叶斯决策理论、线性判别函数、近邻法、特征选择和提取、非监督学习方法、人工神经网络、模糊模式识别方法、支撑矢量机等。同时，通过大作业使学生了解模式识别方法在文本识别、智能图像处理等领域的应用，有助于学生综合能力和整体素质的提高。

6. 课程名称：脑科学基础 (Brain Science)

学时：32　　　　学分：2

脑科学基础是一门神经生物学与脑科学等多学科交叉的课程，其任务是研究神经系统的结构和功能，甚至最复杂的大脑高级认知功能，可促进人工神经网络、人工智能技术和计算机科学的发展。通过本课程的学习，使学生了解神经系统的结构与功能及其相互关系，理解脑如何感知外界信息及控制运动、生物电传导路径及信号传递、信号在中枢系统中的整合，以及感知、行为、认知、语言等大脑的高级功能是如何形成。本课程不仅能为学生学习相关课程和今后从事专业工作奠定理论基础，还能激励学生利用脑科学理论探索新的人工智能理论，并为开发人工智能技术和实践方法提供新思路。

1.2.8　最低毕业要求及学分分布

本专业学生毕业前最低应完成 173 学分，并符合学校毕业要求相关规定。最低毕业要求及学分分配如表 1-3 所示。

表 1-3　最低毕业要求及学分分配表

课 程 类 别		最低毕业要求		
		课内学分	总学分	占学分比例
通识教育课程	通识教育基础课	46.9	59	33.82%
	通识教育核心课	5.5	6	3.50%
	通识教育选修课	8	8	4.66%
大类基础课程		21.75	24.5	13.99%
专业教育课程	专业核心课	20.5	23.5	13.70%
	专业选修课	18.3	19	11.08%
集中实践环节		0	22	12.83%
拓展提高		0	11	6.41%
合计		120.95	173	100%

注：课内学分不包含集中实践、课内实践、线上环节以及拓展提高学分。

1.2.9　教学进程计划总表

人工智能专业教学进程计划总表如表 1-4 所示。

表 1-4　人工智能专业教学进程计划总表（四年）

课程类别		课程性质	课程名称	总学分	课内学分	总学时	其中					考核方式	开课学期	应修学分	备注
							面授				线上				
							讲授	实验	上机	实践					
通识教育课程	通识教育基础课	必修	思想道德与法治 Ideological Morality and Rule of Law	3	3	48	44			4		考试	1		
		必修	中国近现代史纲要 Outline of Modern Chinese History	3	3	48	44			4		考试	2		
		必修	马克思主义基本原理 Basic Principles of Marxism	3	3	48	44			4		考试	3		
		必修	毛泽东思想和中国特色社会主义理论体系概论 Introduction to Mao Zedong Thought and the Theory of Socialism With Chinese Characteristics	2	2	32	32					考试	4		
		必修	习近平新时代中国特色社会主义思想概论 Introduction to Xi Jinping Thought on Socialism with Chinese Characteristics in the New Era	3	3	48	44			4		考试	5		
		必修	形势与政策 Situation and Policy Education	2	1	64	32			32		考查	1～8		
		必修	思想政治理论实践课 Practical Course of Ideological and Political Theory	1		16				16		考查	4		
		思想政治理论限选课	党史 Party History	1	0.4	16	6				10	考查	1～6	1	学校限选（四选一）
			新中国史 New China History	1	0.4	16	6				10	考查	1～6		
			改革开放史 Reform and Opening-up History	1	0.4	16	6				10	考查	1～6		
			社会主义发展史 Socialist Development History	1	0.4	16	6				10	考查	1～6		
		必修	军事理论 Military Theory	2	1.5	32	24			8		考试	1		
		必修	军事训练 Military Training	1		2 周				2 周		考查	1		

续表一

课程类别		课程性质	课程名称	总学分	课内学分	总学时	其中					考核方式	开课学期	应修学分	备注
							面授				线上				
							讲授	实验	上机	实践					
通识教育课程	通识教育基础课	必修	大学生心理健康教育 The Psychological Health Education of College Students	1	0.5	16	8			8		考查	2		
		必修	新生研讨课 Freshman Seminar Course	1	1	16	16					考查	1		
		英语分级普通班必修课程	大学英语 (I) College English(I)	2	2	32	32					考试	1		此处列出为2021级英语分级教学实施方案，英语分级最低应修学分统一按8学分加入总和
			大学英语 (II) College English(II)	2	2	32	24				8	考试	2		
			大学英语中级 (I) Intermediate English(I)	2	1.5	32	24				8	考试	3		
			高级英语选修系列课程 (通过国家英语四级后修读) Elective Courses of Advanced English	2	2	32						考试	4		
		英语分级中级班必修课程	大学英语中级 (I) Intermediate English(I)	2	1.5	32	24				8	考试	1		
			大学英语中级 (II) Intermediate English(II)	2	1.5	32	24				8	考试	2		
			高级英语 (I) Advanced English (I)	2	1.5	32	24				8	考试	3		
			高级英语选修系列课程 Extended Courses for Advanced English	2	2	32	32					考试	4		
		英语分级高级班必修课程	高级英语 (I) Advanced English (I)	2	1.5	32	24				8	考试	1		
			高级英语 (II) Advanced English(II)	2	1.5	32	24				8	考试	2		
			高级英语选修系列课程 Extended Courses for Advanced English	2	2	32	32					考试	3～4		
		必修	大学体育 (I)～ 大学体育 (Ⅷ) Physical Education(I)- Physical Education(Ⅷ)	4		120	俱乐部 + 自主锻炼模式，根据体育俱乐部教学改革方案实施					考试	1～8		从20级开始实施新方案。每学期0.5学分

续表二

<table>
<tr><th colspan="2" rowspan="3">课程类别</th><th rowspan="3">课程性质</th><th rowspan="3">课程名称</th><th rowspan="3">总学分</th><th rowspan="3">课内学分</th><th rowspan="3">总学时</th><th colspan="5">其　中</th><th rowspan="3">考核方式</th><th rowspan="3">开课学期</th><th rowspan="3">应修学分</th><th rowspan="3">备注</th></tr>
<tr><th colspan="4">面授</th><th rowspan="2">线上</th></tr>
<tr><th>讲授</th><th>实验</th><th>上机</th><th>实践</th></tr>
<tr><td rowspan="16">通识教育课程</td><td rowspan="9">通识教育基础课</td><td>必修</td><td>高等数学 A(I)
Advanced Mathematics A(I)</td><td>5</td><td>5</td><td>80</td><td>80</td><td></td><td></td><td></td><td>16</td><td>考试</td><td>1</td><td></td><td rowspan="2">理工类专业</td></tr>
<tr><td>必修</td><td>高等数学 A(II)
Advanced Mathematics A(II)</td><td>5</td><td>5</td><td>80</td><td>80</td><td></td><td></td><td></td><td>16</td><td>考试</td><td>2</td><td></td></tr>
<tr><td>必修</td><td>线性代数
Linear Algebra</td><td>2.5</td><td>2.5</td><td>40</td><td>38</td><td></td><td></td><td>4</td><td></td><td>考试</td><td>2</td><td></td><td></td></tr>
<tr><td>必修</td><td>概率论与数理统计
Probability Theory and Mathematical Statistics</td><td>2.5</td><td>2.5</td><td>40</td><td>40</td><td></td><td></td><td></td><td></td><td>考试</td><td>3</td><td></td><td></td></tr>
<tr><td>必修</td><td>大学物理 (I)
Physics(I)</td><td>3.5</td><td rowspan="2">6.5</td><td>58</td><td>54</td><td></td><td></td><td></td><td>4</td><td>考试</td><td>2</td><td></td><td></td></tr>
<tr><td>必修</td><td>大学物理 (II)
Physics(II)</td><td>3.5</td><td>54</td><td>50</td><td></td><td></td><td></td><td>4</td><td>考试</td><td>3</td><td></td><td></td></tr>
<tr><td>必修</td><td>物理实验 (I)
Physical Experiment(I)</td><td>1</td><td>1</td><td rowspan="2">27</td><td></td><td>27</td><td></td><td></td><td></td><td>考查</td><td>2</td><td></td><td></td></tr>
<tr><td>必修</td><td>物理实验 (II)
Physical Experiment(II)</td><td>1</td><td>1</td><td></td><td>27</td><td></td><td></td><td></td><td>考查</td><td>3</td><td></td><td></td></tr>
<tr><td colspan="2">小计</td><td>76</td><td>62.1</td><td>1283 +
2 周</td><td>918</td><td>54</td><td></td><td>84 +
2 周</td><td>136</td><td></td><td></td><td>59</td><td></td></tr>
<tr><td rowspan="7">通识教育核心课</td><td>必修</td><td>工程概论 (I)
Introduction to Engineering(I)</td><td>1</td><td>1</td><td>16</td><td>16</td><td></td><td></td><td></td><td></td><td>考查</td><td>2</td><td rowspan="6">6</td><td rowspan="4">电子信息类、计算机类、自动化类要求开设</td></tr>
<tr><td>必修</td><td>工程概论 (II)
Introduction to Engineering(II)</td><td>1</td><td>1</td><td>16</td><td>16</td><td></td><td></td><td></td><td></td><td>考查</td><td>3</td></tr>
<tr><td>必修</td><td>工程概论 (III)
Introduction to Engineering(III)</td><td>1</td><td>1</td><td>16</td><td>16</td><td></td><td></td><td></td><td></td><td>考查</td><td>5</td></tr>
<tr><td>必修</td><td>工程概论 (IV)
Introduction to Engineering (IV)</td><td>1</td><td>1</td><td>16</td><td>16</td><td></td><td></td><td></td><td></td><td>考查</td><td>7</td></tr>
<tr><td>必修</td><td>学科导论
Introduction to Discipline</td><td>1</td><td>1</td><td>16</td><td>16</td><td></td><td></td><td></td><td></td><td>考查</td><td>2</td><td></td></tr>
<tr><td>必修</td><td>科技论文写作
Scientific Paper Writing
（专业技术交流课程）</td><td>1</td><td>0.5</td><td>16</td><td>8</td><td></td><td></td><td>16</td><td></td><td>考查</td><td>7</td><td></td></tr>
<tr><td colspan="2">小计</td><td>6</td><td>5.5</td><td>96</td><td>88</td><td></td><td></td><td>16</td><td></td><td></td><td></td><td></td><td></td></tr>
</table>

续表三

课程类别	课程性质	课程名称	总学分	课内学分	总学时	其中 面授 讲授	实验	上机	实践	线上	考核方式	开课学期	应修学分	备注
通识教育课程 通识教育选修课	学校任选	人文社科	8	8	根据学校课程列表选修，每个学生至少选修 8 学分并覆盖四个模块，鼓励选修 MOOC 形式的课程								8	
	学校任选	自然科学												
	学校任选	国际双创												
	学校任选	美育课程												
	小计		8	8									8	
大类基础课	必修	计算机导论与程序设计 Introduction of Computer and Program Design	4	3.25	64	32		40		12	考试	1	24.5	
	必修	离散数学（Ⅰ） Discrete Mathematics	3.5	3	56	50				6	考试	2		
	必修	电路分析基础 Fundamentals of Circuit Analysis	2	2	32	32					考试	3		
	必修	数据结构 Data Structures	4	3.5	64	44		24		8	考试	3		
	必修	复变函数 Complex Functions	2	2	32	32					考试	3		
	必修	电路、信号与系统实验（Ⅰ、Ⅱ） Circuit Signals and Systems Experiment（Ⅰ、Ⅱ）	1	1	16		32				考查	3～4		
	必修	信号与系统 Signals and Systems	3.5	3.5	56	56					考试	4		
	必修	模拟电子技术基础 Fundamentals of Analog Electronic Technology	2	2	32	32					考试	4		
	必修	数字电路与逻辑设计 Digital Circuits and Logic Design	2.5	2	40	32			16		考试	4		
	小计		24.5	22.25	392	310	32	64	16	26				

续表四

课程类别		课程性质	课程名称	总学分	课内学分	总学时	其中					考核方式	开课学期	应修学分	备注
							面授				线上				
							讲授	实验	上机	实践					
专业教育课程	专业核心课	必修	人工智能概论 Introduction to Artificial Intelligence	3.5	2.5	56	40				16	考试	3	23.5	
		必修	计算机组织与体系结构 Computer Organizationand Architecture	4	3	64	58		12			考试	4		
		必修	脑科学基础 Brain Science	2	2	32	32					考试	4		
		必修	微机原理与系统设计 Microcomputer Principle and System Design	3	3	48	40	16				考试	5		
		必修	机器学习 Machine Learning	3.5	3	56	40		16		8	考试	5		
		必修	认知计算 Cognitive Computing	2	2	32	32					考试	5		
		必修	模式识别 Introduction to Pattern Recognition	3.5	3	56	40		16		8	考试	5		
		必修	人工智能系统实验 Specialty Experiment of Artificial Intelligent	2	2	32	16	32				考查	6		
		小计		23.5	20.5	376	298	48	44		32				
	专业选修课	学院任选	图学基础与计算机绘图 Graphics Basics and Computer Drawing	2	1.5	32	28		8			考试	1	19	
		学院任选（二选一）	Python 程序设计 Python Programming	3	2.5	48	26		28		8	考试	2		
			JAVA 程序设计 Java Programming	3	2.5	48	26		28		8	考试	2		
		学院任选	最优化理论与方法 Theories and Approaches for Optimization	2.5	2.5	40	32		16			考试	4		
		学院任选	数字信号处理 Digital Signal Processing	3	3	48	42			16		考试	5		
		学院任选	集成电路设计导论 Introduction to the Integrated Circuit Design	2	2	32	24	16				考查	5		
		学院任选	知识工程 Knowledge Engineering	2	2	32	32					考查	5		

续表五

课程类别	课程性质	课程名称	总学分	课内学分	总学时	其中 面授 讲授	实验	上机	实践	线上	考核方式	开课学期	应修学分	备注
专业教育课程 专业选修课	学院任选	算法设计与分析 Algorithms Design Techniques and Analysis	3	3	48	40		16			考试	5	19	
	学院任选	操作系统 Operating System	3	3	48	40		16			考试	5		
	学院任选	深度学习 Deep Learning	2	2	32	24		16			考查	6		
	学院任选	智能控制导论 Introduction to Intelligent Control	2.5	2.5	40	32		16			考试	6		
	学院任选	计算智能导论 Introduction to Intelligent Computing	2	2	32	32					考试	6		
	学院任选	数据库 Data Base	2	2	32	32					考试	6		
	学院任选	图像处理与机器视觉 Image Processing and Machine Vision	2	2	32	32					考查	6		
	学院任选	自然语言处理 Natural Language Processing	2	2	32	32					考试	6		
	学院任选	信息论 Information Theory	2	2	32	32					考试	6		
	学院任选	智能网络与云计算技术 New Intelligent Internet Technology	2	2	32	32					考查	7		
	小计		40	38.5	640	538	16	144	16	16				
集中实践环节	必修	程序设计基础课程设计 Course Design of Programming Fundamental	1		1周				1周		考查	2	22	
	必修	专业基础实践 Professional Basic Practice	1		16				32		考查	4		
	必修	专业综合实践 Professional Comprehensive Practice	1		16				32		考查	6		
	必修	毕业设计 Undergraduate Thesis	16		16周				16周		考查	7～8		
	必修	生产实习 Production Practice	3		3周				3周		考查	6		
	小计				20周+32				20周+64					

续表六

课程类别		课程性质	课程名称	总学分	课内学分	总学时	其中					考核方式	开课学期	应修学分	备注
							面授				线上				
							讲授	实验	上机	实践					
拓展提高	素质能力拓展课程	必修	新生网上前置教育 Pre-enrollment Online Education	1		16					16	考查	1	1	
		必修	写作与沟通 Writing and Communication	1		16					16	考查	1～6	9	
		必修	劳动教育 Labor Education	1		16	8				8	考查	1～8		
		必修	劳动教育实践 Labor Practicing	1		16				32		考查	1～6		
		必修	“红色筑梦”实践基础 I Quality development and Comprehensive Practice Basis I	0.5		8				8	4	考查	4		
		必修	“红色筑梦”实践基础 II Quality Development and Comprehensive Practice Basis II	1		16	2			24	2	考查	5		
		必修	创业基础 Entrepreneurial Base	2		32	8				24	考查	3～4		
		必修	大学生职业发展 Career Development of Undergraduate	1		16	4			8	8	考查	1		
		必修	就业指导 Careers Guidance	1.5		24	16			16		考查	6		
	达标模块	必修	实验实践能力达标测试 Experiment and Practise Ability Test	0.5								考查	2～8		
		必修	国家英语四级 College English Test Band 4	0.3								考试	2～8	1	国家英语四级通过后不修校内英语四级
			校内英语四级 Intramural College English Test Band 4									考试	8		
		必修	体育能力达标测试 Athletic Ability Standard Test	0.2								考查	1～8		
		小计		11		160	38			88	78			11	

注：1. 大学英语系列课程采用分级教学，分普通班、中级班和高级班，具体实施以英语分级方案为准。

2. 达标模块包括实验实践能力达标测试、国家英语四级 / 校内英语四级、体育能力达标测试，三门课均为必修，且全部通过之后计 1 学分。

1.3 图灵人工智能科学实验班培养方案

1.3.1　专业介绍

图灵人工智能科学实验班（以下简称“图灵班”）于2019年秋季开始创办并招生，图灵班贯彻和落实党的教育方针，坚持立德树人，培养爱国进取、创新思辨、厚基础、宽口径、精术业、强实践的人工智能领域拔尖人才，使其具有坚实的数理基础知识、宽广的国际化视野和把握学科前沿的创新创业能力。图灵班配备更加优越的学习和实践资源，鼓励学生参加人工智能相关学科竞赛和科研活动，提供更多到国内外著名高校和科研单位进行学习和实践的机会，从而更好地掌握电子、计算机、生物、通信和控制等多学科交叉知识，成长为人工智能相关领域的行业骨干及引领者。

学院依托“智能感知与图像理解”教育部重点实验室，以高水平科研和广泛国际交流为手段，建立了以具有国际视野的高学历、高水平教师队伍为主，国际一流专家和学者组成客座、讲座教授群体为辅的课程教学和学业导师队伍。其中，专任教师中，欧洲科学院外籍院士、俄罗斯自然科学院外籍院士1人，入选国家高层次人才15人次，入选省部级高层次人才14人次，省级教学名师1人等，青年教师博士化率达到96%以上，80%以上的青年教师主持有国家自然科学基金项目，60%以上的教师有国外留学或访学经历。图灵班实施小班化教学，秉承“因材施教、分类培养”的教育理念，按照师生比1∶2为每位学生配备学业导师，指导学生进行人工智能方向的科研训练，实现了科研与实践教学之间的融合和促进，确保了教学方法和教学内容处于国际前沿。

1.3.2　培养目标

本专业贯彻落实党的教育方针，坚持立德树人，培养爱国进取、创新思辨、厚基础、宽口径、精术业、强实践的人工智能领域拔尖人才，具有坚实的数理基础知识、宽广的国际化视野和把握学科前沿的创新创业能力，掌握电子、计算机、生物、通信和控制等多学科交叉知识，成长为人工智能相关领域的行业骨干及引领者。

本专业毕业生五年之后应达到以下目标：

(1) 具有高尚的职业道德和社会责任感，能够在工程设计中综合考虑对环境、社会、文化的影响。

(2) 能够在跨职能、多学科的工程实践团队中发挥骨干和引领作用，具备较强的协调、管理、竞争与合作能力，能够将工程管理原理与经济决策方法应用到实践中。

(3) 熟悉人工智能领域的有关标准、规范、规程，能够跟踪并拓展该领域的前沿技术，具有较强的工程创新能力并将其应用到相关产品的设计、开发和集成中。

(4) 具有全球意识和国际视野，能通过科研实践探索和其他学习深造渠道不断更新和提升知识结构和能力。

(5) 融会贯通数理基础知识和人工智能工程领域的专业知识，具有丰富的专业技术工作经验，能够解决智能系统设计与集成、智能信息处理等相关领域的复杂工程技术问题，可成长为行业骨干及引领者。

1.3.3 专业思政育人

根据《高等学校课程思政建设指导纲要》对思政育人总体要求，结合西安电子科技大学红色基因及办学特色，本专业相关课程注重强化学生工程伦理教育，培养学生精益求精的大国工匠精神，培育学生头雁效应思想，激发学生科技报国的家国情怀和使命担当。

1.3.4 毕业要求

1. 工程知识

图灵班的毕业生应掌握本专业所需的数学、自然科学、工程基础和人工智能的专业知识，能将上述知识用于解决人工智能系统软硬件设计、图像处理算法设计等相关领域的复杂工程问题。

指标点 1-1：能运用数学、自然科学、工程基础和专业知识，表述人工智能科学领域的复杂工程问题。

指标点 1-2：能够运用恰当的数学、物理模型对人工智能系统软硬件设计、图像处理算法设计等复杂工程问题进行建模，保证模型的准确性，满足工程计算的实际要求。

指标点 1-3：能够将数学、自然科学、工程基础和人工智能的专业知识用于复杂工程问题的推导和计算。

指标点 1-4：能运用数学、自然科学、工程基础和专业知识对复杂工程问题的解决途径进行评价，并提出改进思路。

2. 问题分析能力

图灵班的毕业生应能够应用数学、自然科学、工程基础和人工智能的专业知识，识别、表达和有效地分解复杂工程问题，并通过文献查阅等多种方式对其进行分析，以获得有效结论。

指标点 2-1：能够应用高等数学、物理学的基本概念、原理和人工智能的专业知识对复杂工程问题进行识别和有效分解。

指标点 2-2：能够识别和表达复杂工程问题的关键环节和参数，对分解后的问题进行分析。

指标点 2-3：掌握科技文献、资料的分类；能够通过图书馆、数据库、网上检索等多种方式快速、准确地检索相关信息，具备借助文献研究对复杂工程问题进行识别、表达、分析的能力。

3. 设计 / 开发解决方案

图灵班的毕业生应能够针对人工智能领域复杂工程问题提出解决方案，设计满足特定需求的系统和模块，并能够在设计环节中体现创新意识；能够综合考虑其对社会、健康、安全、法律、文化及环境的影响。

指标点 3-1：能够掌握本专业涉及的工程设计概念、原则和方法，能够针对复杂工程问题提出合理的解决方案。

指标点 3-2：能够针对特定需求完成系统、模块的软件设计、硬件设计。

指标点 3-3：综合利用人工智能领域的专业知识和新技术，在针对复杂工程问题的系统设计中体现创新意识。

指标点 3-4：能够在系统方案设计环节中考虑多方面、多层次因素的影响，如社会、健康、安全、法律、文化以及环境等因素。

4. 研究能力

图灵班的毕业生应能够基于科学原理并采用科学方法对人工智能领域的复杂工程问题进行研究，包括设计实验、分析与解释数据、并通过信息综合得到合理有效的结论。

指标点 4-1：能够对人工智能领域的软件、硬件模块进行理论分析和仿真。

指标点 4-2：能够针对智能信息系统软硬件设计、图像处理算法设计等人工智能领域的复杂工程问题设计实验方案、构建实验系统和测试平台、获取实验数据。

指标点 4-3：能够对实验结果进行合理分析、解释，并对多个子问题进行关联分析，找出冲突点，进行平衡，通过实验数据分析、信息综合等手段得到合理有效的结论。

5. 使用现代工具

图灵班的毕业生应能够针对人工智能领域的复杂工程问题，开发、选择与使用恰当的技术、资源、现代工程工具和信息技术工具，包括对复杂工程问题的预测与模拟，并能够理解其局限性。

指标点 5-1：掌握基本的计算机操作和应用，至少掌握一种软件开发语言 (如 C、C++

语言等），并能够运用集成开发环境进行复杂程序设计。

指标点 5-2：能熟练运用文献检索工具获取人工智能领域理论与技术的最新进展。

指标点 5-3：掌握人工智能专业仪器、设备的基本原理、操作方法，能够在复杂、综合性工程中合理选择和使用仪器、设备。

指标点 5-4：具备使用实验设备、计算机软件和现代信息工具对复杂工程问题进行模拟或仿真的能力，理解其使用要求、运用范围和局限性。

6. 工程与社会融合能力

图灵班的毕业生应能够结合相关的工程知识进行合理分析，评价专业工程实践和复杂工程问题解决方案对社会、健康、安全、法律以及文化的影响，并理解应承担的责任。

指标点 6-1：具有工程实践经历，通过实践、实习过程了解工程实践和复杂工程问题的解决方案对社会、健康、安全、法律以及文化的影响。

指标点 6-2：能够结合相关的工程知识，通过思政、人文、社科类课程的学习的知识，综合分析和评价专业工程实践和复杂工程问题的解决方案对社会、健康、安全、法律以及文化的影响，并理解应承担的责任。

7. 环境和可持续发展

图灵班的毕业生应了解环境保护和可持续发展的基本方针、政策和法律、法规，能够理解和评价人工智能领域的专业工程实践对环境、社会可持续发展的影响。

指标点 7-1：理解环境保护和社会可持续发展的内涵和意义。

指标点 7-2：了解环境保护和社会可持续发展的基本方针、政策和法律、法规，能够正确认识针对复杂工程问题的专业工程实践对环境和社会的影响。

指标点 7-3：能针对实际复杂工程问题，评价其资源利用率、对文化的冲击等工程实践对环境、社会可持续发展的影响。

8. 职业规范

图灵班的毕业生应具有人文社会科学素养、正确的政治立场和社会责任感，能够在工程实践中遵守人工智能领域的相关职业道德和规范。

指标点 8-1：具有人文社会科学素养，了解国情，理解社会主义核心价值观，树立正确的政治立场、世界观、人生观和价值观。

指标点 8-2：理解工程技术的社会价值以及工程师的社会责任，在工程实践中能自觉遵守职业道德和规范。

9. 个人和团队工作能力

图灵班的毕业生应能够在多学科背景的团队中承担个体、团队成员或负责人的角色，能够听取其他团队成员的意见和建议，充分发挥团队协作的优势。

指标点 9-1：能主动与其他学科的成员共享信息，合作共事，独立完成团队分配的工作。

指标点 9-2：能够胜任团队成员或负责人的角色，能在团队协作中听取其他团队成员的意见和建议，充分发挥团队协作的优势。

10. 沟通能力

图灵班的毕业生应具备良好的表达能力，能够就复杂工程问题与业界同行及社会公众进行有效沟通和交流，包括撰写报告和设计文稿、陈述发言等；掌握至少一门外语，具有一定的国际视野，能够在跨文化背景下进行沟通和交流。

指标点 10-1：具有良好的口头表达能力，能够清晰、有条理地表达自己的观点，掌握基本的报告、设计文稿的撰写技能。

指标点 10-2：掌握至少一门外语，具备一定的国际视野，并了解基本的国际文化礼仪。

指标点 10-3：能够就复杂工程问题，综合运用口头、书面、报告、图表等多种形式与国内外业界同行及社会公众进行有效沟通和交流。

11. 项目管理

图灵班的毕业生应理解并掌握工程管理原理与经济决策方法，并能在多学科、跨职能环境中合理应用。

指标点 11-1：理解工程管理与经济决策的重要性，掌握工程管理的基本原理和常用的经济决策方法。

指标点 11-2：能够在多学科、跨职能环境中合理运用工程管理原理与经济决策方法。

12. 终身学习

图灵班的毕业生应具有自主学习和终身学习的意识，有不断学习和适应发展的能力。

指标点 12-1：了解自主学习的必要性，具有自主学习和终身学习的意识，掌握跟踪本专业学科前沿、发展趋势的基本方法和途径。

指标点 12-2：能够通过文献查询、网络培训等多种渠道进行终身学习，以适应职业发展的需求。

1.3.5 培养模式

为更好地结合学生个人特点及发展需求为学生提供学业指导和专业生涯规划，学院为一至三年级图灵班学生按照 2∶1 配备具有较高学术水平且具有实践经验的学业导师，帮助学生更好地认知试点班培养模式，进一步明确课程学习和科学研究方向，强化创新实践的意识和能力，提升拔尖创新人才综合素养；引导学生紧跟国际人工智能领域研究进展，提升学生学术视野和跨文化交流能力，促进创新型成果研究，力求实现学生知识、能力、素质的全方位发展。

学院依托人工智能头部企业联合培养基地，建立校企联培工作组委会，对接产业实际需求，对学生进行产教协同联合培养，切实落实产教协同育人的工作，构成以科研项目为牵引的紧密型校企导师联合指导机制，促进学生实践能力与创新能力的锻炼与提升，实现学生的个性化培养。

面向人工智能交叉学科特征，以及拔尖创新人才培养需求，我们实行本 - 硕 - 博贯通式培养模式，有效引入学术研究和科研实践资源，拓展学生知识的广度和深度；丰富国际联合培养方式，借助中外合作办学的国际化优势平台，与合作院校和其他国际名校合作，为选拔的优秀学生提供多渠道的深度访学机会，拓宽学生的国际视野，提升学术创新能力，着力培养具有创新精神、全球视野和国际竞争力的高层次工程科技创新人才。

1.3.6　学制与学位

本科学制：四年。

学位：工学学士。

本硕博贯通式培养学制，在硕士基础学制六年、博士基础学制八年的基础上，实行弹性制，最长修读年限按照学校相关要求执行，分别授予工学硕士、博士学位。

1.3.7　专业分流机制

为保证图灵班人才培养质量，在每学年结束后，按照《人工智能学院图灵人工智能科学实验班管理办法》，根据学生学习及各方面表现情况实行分流退出。

转入普通班学习的学生，须按人工智能专业培养方案要求，修够相应课程学分。

1.3.8　专业特色课程

1. 课程名称：人工智能概论 (Introduction to Artificial Intelligence)

学时：56　　　　学分：3.5

人工智能概论是人工智能的专业基础课程。本课程是关于人工智能领域的引导性课程，介绍人工智能的基本理论、方法和技术，目的是使学生了解和掌握人工智能的基本概念和方法，为今后的更高级课程的学习、为将来在人工智能领域的进一步研究工作和软件实践奠定良好的基础。通过本课程的学习，使得学生掌握人工智能的基本思想和实现方法，掌握基本分析与设计方法，为人工智能在各领域的应用奠定基础，拓宽学生在计算机科学与技术领域的知识广度。

2. 课程名称：机器学习 (Machine Learning)

学时：56　　　　学分：3.5

机器学习是智能科学领域一门非常重要的基础专业课程。通过本课程的学习，使学生对目前主流的机器学习理论、方法、算法与应用有一个较全面的综合认识。课程内容具体包括：了解机器学习领域的发展及现状；了解和掌握机器学习的基本概念、原理、方法与技术；能够运用机器学习方法来解决实际问题(如智能博弈程序，图像识别，文本分类与处理等)；能为进一步从事研究、建立有关概念和寻找解决问题的方法打下良好的基础。本课程强调机器学习的理论原理的教学，注重从实例入手使学生理解机器学习的概念与原理，从机器学习的基本框架上理解不同机器学习方法之间的异同点。课程同时强调理论与实践动手能力相结合。课程安排7～8次课外作业以及2～3次课程实验，要求学生能够依据所学的基本原理和方法解决实际问题。

3. 课程名称：知识工程 (Knowledge Engineering)

学时：32　　　　学分：2

知识工程是人工智能的原理和方法，对那些需要专家知识才能解决的应用难题提供求解的手段。恰当运用专家知识的获取、表达和推理过程的构成与解释，是设计基于知识的系统的重要技术问题。知识工程是以知识为基础的系统，就是通过智能软件而建立的专家系统。知识工程可以看成是人工智能在知识信息处理方面的发展，研究如何由计算机表示知识，进行问题的自动求解。知识工程的研究使人工智能的研究从理论转向应用，从基于推理的模型转向基于知识的模型，包括了整个知识信息处理的研究，知识工程已成为一门新兴的边缘学科。

4. 课程名称：计算智能导论 (Introduction to Intelligent Computing)

学时：32　　　　学分：2

计算智能是模拟自然以实现对复杂问题求解的学科，是生物学、神经科学、认知科学、计算机科学、免疫学、哲学、社会学、数学、信息科学、非线性科学、工程学、音乐、物理学等众多学科相互交叉融合的结果，是人们对自然智能认识和模拟的最新成果。目前计算智能已经成为智能与信息科学中最活跃的研究领域之一，它的深入发展将极大地改变人们认识自然，求解现实问题的能力和水平。计算智能导论课程主要介绍了计算智能的3个典型范例，即人工神经网络、进化计算和模糊系统，它们分别建模了三个自然系统：生物神经网络、进化、和人类思维过程。通过本课程的学习，要求学生了解并掌握人工神经网络、进化计算和模糊系统等计算智能模型。

5. 课程名称：模式识别 (Introduction to Pattern Recognition)

学时：56　　　　学分：3.5

模式识别是一门理论与应用并重的技术学科，与人工智能关系密切，其目的是用机器完成人类智能中通过视觉、听觉、触觉等感官去识别外界环境的工作。通过本课程的学习，使学生系统掌握模式识别基本原理和分类器设计的典型方法。课程内容具体包括：贝叶斯决策理论，线性判别函数，近邻法，特征选择和提取，非监督学习方法，人工神经网络，模糊模式识别方法，支撑矢量机。同时，通过大作业使学生了解模式识别方法在文本识别、智能图像处理等领域的应用，有助于学生综合能力和整体素质的提高。

6. 课程名称：认知科学与计算 (Cognitive Science and Computing)

学时：32　　　　学分：2

通过本课程的学习，要求学生系统地掌握认知心理学里的基本内容和其在人工智能中所对应的思想和算法，了解认知计算的主要应用领域，课程主要内容包括：认知模型的概述，生物神经网络，学习方法，记忆理论，感知和注意机制，心理情绪，决策过程等。

1.3.9 毕业最低要求及学分分布

图灵班学生毕业前最低应完成 175.5 学分，并符合学校毕业要求相关规定。毕业最低要求及学分分配如表 1-5 所示。

表 1-5　毕业最低要求及学分分配表

课程类别		最低毕业要求		
		课内学分	总学分	占学分比例
通识教育课程	通识教育基础课	52.9	66	35.87%
	通识教育核心课	5.5	6	3.38%
	通识教育选修课	8	8	4.51%
大类基础课程		21.5	23	13.55%
专业教育课程	专业核心课	18.5	21.5	14.4%
	专业选修课	16.5	17	9.6%
集中实践环节		0	23	12.42%
拓展提高		0	11	6.21%
合计		122.9	175.5	100%

1.3.10 教学进程计划总表

图灵班教学进程计划总表 (本科阶段) 如表 1-6 所示。

表 1-6 图灵班教学进程计划总表（本科阶段）

课程类别		课程性质	课程名称	总学分	课内学分	总学时	其中					考核方式	开课学期	应修学分	备注
							面授				线上				
							讲授	实验	上机	实践					
通识教育课程	通识教育基础课	必修	思想道德与法治 Ideological Morality and Rule of Law	3	3	48	44			4		考试	1		
		必修	中国近现代史纲要 Outline of Modern Chinese History	3	3	48	44			4		考试	2		
		必修	马克思主义基本原理 Basic Principles of Marxism	3	3	48	44			4		考试	3		
		必修	毛泽东思想和中国特色社会主义理论体系概论 Introduction to Mao Zedong Thought and the Theory of Socialism With Chinese Characteristics	2	2	32	32					考试	4		
		必修	习近平新时代中国特色社会主义思想概论 Introduction to Xi Jinping Thought on Socialism with Chinese Characteristics in the New Era	3	3	48	44			4		考试	5		
		必修	形势与政策 Situation and Policy Education	2	1	64	32			32		考查	1～8		20 级开始统一课号，高年级不再区分学院
		必修	思想政治理论实践课 Practical Course of Ideological and Political Theory	1		16				16		考查	4		
		思想政治理论限选课	党史 Party History	1	0.4	16	6				10	考查	1～6	1	学校限选（四选一）
			新中国史 New China History	1	0.4	16	6				10	考查	1～6		
			改革开放史 Reform and Opening-up History	1	0.4	16	6				10	考查	1～6		
			社会主义发展史 Socialist Development History	1	0.4	16	6				10	考查	1～6		

续表一

课程类别		课程性质	课程名称	总学分	课内学分	总学时	其中					考核方式	开课学期	应修学分	备注
							面授				线上				
							讲授	实验	上机	实践					
通识教育课程	通识教育基础课	必修	军事理论 Military Theory	2	1.5	32	24			8		考试	1		
		必修	军事训练 Military Training	1		2周				2周		考查	1		开课学期根据当年情况确定
		必修	大学生心理健康教育 The Psychological Health Education of College Students	1	0.5	16	8			8		考查	2		
		必修	新生研讨课 Freshman Seminar Course	1	1	16	16					考查	1		
		必修	创新大学英语 (I) Innovative College English(I)	2	1.5	32	24				8	考试	1		
		必修	创新大学英语 (II) Innovative College English(II)	2	1.5	32	24				8	考试	2		
		必修	创新大学英语 (III) Innovative College English(III)	2	1.5	32	24				8	考试	3		
		必修	高级英语选修系列课程 Elective Courses of Advanced English	2	2	32	32					考试	4		
		必修	大学体育 (I)~大学体育(Ⅷ) Physical Education(I)-Physical Education(Ⅷ)	4		120	俱乐部+自主锻炼模式，根据体育俱乐部教学改革方案实施					考试	1~8		从20级开始实施新方案。每学期0.5学分
		必修	高等数学 K(I) Advanced Mathematics K(I)	5.5	5.5	88	88				16	考试	1		理工类专业
		必修	高等数学 K(II) Advanced Mathematics K(II)	5.5	5.5	88	88				16	考试	2		
		必修	高等代数 (I) Higher Algebra(I)	4	4	64	64					考试	1		
		必修	高等代数 (II) Higher Algebra(II)	4	4	64	64					考试	2		
		必修	概率论与数理统计 Probability Theory and Mathematical Statistics	2.5	2.5	40	40					考试	3		

续表二

课程类别		课程性质	课程名称	总学分	课内学分	总学时	其中					考核方式	开课学期	应修学分	备注
							面授				线上				
							讲授	实验	上机	实践					
通识教育课程	通识教育基础课	必修	大学物理 R(I) University Physics R(I)	3.5	2.5	58	40				18	考试	2		
		必修	大学物理 R(II) University Physics R(I)	4	2.5	60	42				18	考试	3		
		必修	物理实验 (I) Physical Experiment(I)	1	1	27		27				考查	2		
		必修	物理实验 (II) Physical Experiment(II)	1	1			27				考查	3		
		小计		66	52.9	1169 + 2 周	842	54		80 + 2 周	132			66	
	通识教育核心课	必修	工程概论 (I) Introduction to Engineering(I)	1	1	16	16					考查	2	6	电子信息类、计算机类、自动化类专业要求开设
		必修	工程概论 (II) Introduction to Engineering(II)	1	1	16	16					考查	3		
		必修	工程概论 (III) Introduction to Engineering(III)	1	1	16	16					考查	5		
		必修	工程概论 (IV) Introduction to Engineering (IV)	1	1	16	16					考查	7		
		必修	学科导论 Introduction to Discipline	1	1	16	16					考查	2		
		必修	科技论文写作 Scientific Paper Writing	1	0.5	16	8			16		考查	7		
		小计		6	5.5	96	88			16					
	通识教育选修课	学校任选	人文社科	8	8	根据学校课程列表选修，每个学生至少选修 8 学分并覆盖四个模块，美育课程须修够 2 学分								8	
		学校任选	自然科学												
		学校任选	国际双创												
		学校任选	美育课程												
		小计		8	8									8	
大类基础课程		必修	计算机导论与程序设计 Introduction of Computer and Program Design	4.5	4.5	72	32		40		20	考试	1	23	
		必修	离散数学（Ⅰ） Discrete Mathematics	3.5	3	56	50				6	考试	2		

续表三

课程类别	课程性质	课程名称	总学分	课内学分	总学时	其中					考核方式	开课学期	应修学分	备注
						面授				线上				
						讲授	实验	上机	实践					
大类基础课程	必修	电路分析基础 Fundamentals of Circuit Analysis	2	2	32	32					考试	3	23	
	必修	数据结构 Data Structures	4	3.5	64	44		24		8	考试	3		
	必修	电路、信号与系统实验(Ⅰ、Ⅱ) Circuit Signals and Systems Experiment(Ⅰ、Ⅱ)	1	1	16		32				考查	3～4		
	必修	信号与系统 Signals and Systems	3.5	3.5	56	56					考试	4		
	必修	模拟电子技术基础 Fundamentals of Analog Electronic Technology	2	2	32	32					考试	4		
	必修	数字电路与逻辑设计 Digital Circuits and Logic Design	2.5	2	40	32			16		考试	4		
	小计		23	21.5	368	278	32	64	16	34				
专业教育课程 专业核心课	必修	人工智能概论 Introduction to Artificial Intelligence	3.5	2.5	56	40				16	考试	3	21.5	
	必修	计算机组织与体系结构 Computer Organization and Architecture	4	3	64	58		12			考试	4		
	必修	微机原理与系统设计 Microcomputer Principle and System Design	3	3	48	40	16				考试	5		
	必修	机器学习 Machine Learning	3.5	3	56	40		16		8	考试	4		
	必修	认知科学与计算 Cognitive Science and Computing	2	2	32	32					考试	5		
	必修	模式识别 Introduction to Pattern Recognition	3.5	3	56	40		16		8	考试	5		
	必修	人工智能实验 Specialty Experiment of Artificial Intelligent	2	2	32	16	32				考查	6		
	小计		21.5	18.5	344	266	48	44		32				

续表四

课程类别		课程性质	课程名称	总学分	课内学分	总学时	其中					考核方式	开课学期	应修学分	备注
							面授				线上				
							讲授	实验	上机	实践					
专业教育课程	专业选修课	学院任选	图学基础与计算机绘图 Graphics Basics and Computer Drawing	2	2	32	28		8			考试	1	17	
		学院任选（二选一）	Python 程序设计 Python Programming	3	2.5	48	26		28		8	考试	2		
			JAVA 程序设计 Java Programming	3	2.5	48	26		28		8	考试	2		
		学院任选	最优化理论与方法 Theories and Approaches for Optimization	2.5	2.5	40	32		16			考试	4		
		学院任选	数字语音信号处理 Digital Speech Signal Processing	3	3	48	42			12		考试	5		
		学院任选	知识工程 Knowledge Engineering	2	2	32	32					考查	5		
		学院任选	集成电路与智能芯片设计 Integrated Circuit and AI Chip Design	3	2.5	48	36			24		考试	5		
		学院任选	算法设计与分析 Algorithms Design Techniques and Analysis	3	3	48	40		16			考试	5		
		学院任选	量子计算智能 Quantum Computing Intelligence	2	2	32	32					考查	6		
		学院任选	智能语音识别 Intelligent Speech Recognition	2	2	32	24		16			考查	5		
		学院任选	深度学习 Deep Learning	2	2	32	24		16			考查	4		
		学院任选	操作系统 Operating System	3	3	48	40		16			考试	5		
		学院任选	计算智能导论 Introduction to Intelligent Computing	2	2	32	32					考试	6		
		学院任选	智能数据挖掘 Intelligent Data Mining	2.5	2.5	40	24		32			考查	6		
		学院任选	数据库 Data Base	2	2	32	32					考试	6		

续表五

课程类别	课程性质		课程名称	总学分	课内学分	总学时	其中					考核方式	开课学期	应修学分	备注
							面授				线上				
							讲授	实验	上机	实践					
专业教育课程	专业选修课	学院任选	智能控制 Introduction to Intelligent Control	2.5	2.5	40	32		16			考试	6	17	
		学院任选	图像处理与机器视觉 Image Processing and Machine Vision	2	2	32	32					考查	6		
		学院任选	自然语言处理 Natural Language Processing	2	2	32	32					考试	6		
		学院任选	信息论 Information Theory	2	2	32	32					考试	6		
		学院任选	智能网络与云计算技术 New Intelligent Internet Technology	2	2	32	32					考查	7		
		学院任选	人工智能硬件综合实践 Integrated Practice of Artificial Intelligence Hardware (选修)	2		32				64		考查	6		
		学院任选	无人系统综合实践	2		32				64		考查	6		
		小计		51.5	46	824	630		192	164	16				
集中实践环节		必修	程序设计基础课程设计 Course Design of Programming Fundamental	1		1周				1周		考查	2	23	
		必修	专业基础实践 Professional basic practice	1		16				32		考查	4		
		必修	人工智能创新实践 (I) AI Innovative Practice(I)	1	0	16				32		考查	5		
		必修	人工智能创新实践 (II) AI Innovative Practice(II)	1	0	16				32		考查	6		
		必修	毕业设计 Undergraduate Thesis	16		16周				16周		考查	7~8		
		必修	生产实习 Production Practice	3		3周				3周		考查	6		
		小计		23		20周 +48				20周 +96					

续表六

课程类别		课程性质	课程名称	总学分	课内学分	总学时	其中					考核方式	开课学期	应修学分	备注
							面授				线上				
							讲授	实验	上机	实践					
拓展提高	素质能力拓展课程	必修	新生网上前置教育 Pre-enrollment Online Education	1		16					16	考查	1	1	
		必修	写作与沟通 Writing and Communication	1		16					16	考查	1～6	9	
		必修	劳动教育 Labor Education	1		16	8				8	考查	1～8		
		必修	劳动教育实践 Labor Practicing	1		16				32		考查	1～6		
		必修	“红色筑梦”实践基础 I Quality development and Comprehensive Practice Basis I	0.5		8				8	4	考查	4		
		必修	“红色筑梦”实践基础 II Quality development and Comprehensive Practice Basis II	1		16	2			24	2	考查	5		
		必修	创业基础 Entrepreneurial Base	2		32	8				24	考查	3～4		
		必修	大学生职业发展 Career Development of Undergraduate	1		16	4			8	8	考查	1		
		必修	就业指导 Careers Guidance	1.5		24	16			16		考查	6		
	达标模块	必修	实验实践能力达标测试 Experiment and Practise Ability Test	0.5								考查	2～8	1	
		必修	国家英语四级 College English Test Band 4	0.3								考试	2～8		
			校内英语四级 Intramural College English Test Band 4									考试	8		国家英语四级通过后不修校内英语四级
		必修	体育能力达标测试 Phsical Ability Standard Test	0.2								考查	1～8		
		小计		11		160	38			88	78			11	

注：达标模块包括实验实践能力达标测试、国家英语四级／校内英语四级、体育能力达标测试，三门课均为必修，且全部通过之后计 1 学分。

图灵班教学进程计划总表(硕博阶段)如表1-7所示。

表1-7 图灵班教学进程计划总表(硕博阶段)

课程类别	课程性质	课程名称	总学分	总学时	考核方式	开课学期	应修学分
学位课-学科基础课	选修	计算智能I	3	48	考试	7~8	
学位课-学科基础课	选修	模式识别(研究生课)	3	48	考试	8	
学位课-专业课	选修	非线性表征学习与优化	2	32	考查	8	
学位课-专业课	选修	SAR图像处理与解译	2	32	考试	8	
学位课-专业课	选修	复杂网络与群体智能	2	32	考查	8	
学位课-专业课	选修	非线性信号与图像处理	2	32	考查	8	
学位课-专业课	选修	自然计算	2	32	考试	7~8	
学位课-专业课	选修	机器学习与深度学习理论	2	32	考查	8	
学位课-专业课	选修	智能目标识别分类技术	2	32	考查	8	
学位课-专业课	选修	视觉感知与目标跟踪	2	32	考查	7~8	
非学位课-任选课	选修	雷达图像处理与理解	2	32	考查	8	
非学位课-任选课	选修	图像稀疏表示及应用	1	16	考查	8	
非学位课-任选课	选修	复杂数字系统设计方法	2	32	考查	8	
非学位课-任选课	选修	多源信息融合	2	32	考查	8	
非学位课-任选课	选修	量子计算优化与学习	2	32	考查	8	
非学位课-任选课	选修	统计学习理论应用	2	32	考查	8	

人工智能与模式识别全英文专业培养方案 (Artificial Intelligence and Pattern Recognition Full-English Teaching Major Training Program)

西安电子科技大学以人工智能时代国家战略人才需求为指导,以发达国家人才培养模式为参考,与人工智能和模式识别领域海外知名高校合作,成立“人工智能与模式识别全英专业”,本专业隶属于西安电子科技大学人工智能学院,该学院系教育部直属高校首个致力于人工智能领域高端人才培养、创新成果研发和高层次团队培育的实体性学院。学校努力培养人工智能与模式识别领域的国家拔尖人才，打造精英教育。

Guided by the national strategic talent demand in the era of Artificial Intelligence, and taking the talent training mode of developed countries as the reference, Xidian University cooperates with well-known overseas universities in the field of Artificial Intelligence and Pattern Recognition and establishes "Artificial Intelligence and Pattern Recognition Full-English Teaching Major". This major is affiliated to the Institute of Artificial Intelligence of Xidian University, which is the first institute that directly under the Ministry of Education and dedicated to the cultivation of high-level talents in the field of Artificial Intelligence, the research and development of innovative achievements and the cultivation of high-level teams. The university strives to cultivate top talents in the field of Artificial Intelligence and Pattern Recognition and create elite education.

1.4.1 培养定位

此全英专业的培养定位是：以"国际学术前沿 + 国家重大需求""科学研究 + 创新实践协同育人"和"高水平平台 + 高层次人才"为目标的新工科精英教育。

Training objectives: the new engineering elite education with the goal of "International Academic Frontier + National Major Demand" "Scientific Research + Innovation Practice Collaborative Education" and "High Level Platform + High Level Talents".

随着人工智能进入了2.0时代，智能制造已成为"中国制造2025"的主动方向，人工智能正逐渐成为一种产业。对于高校，人工智能、智能制造、机器人、云计算等这些专业不同于传统的工科方向，都属于原来没有的专业，是学科交叉的产物，即最近刚刚被提出来的新兴工科专业——新工科。无论是从产业变革大趋势来看，还是从中国发展新经济大需求来看，都需要大批新兴工科人才支撑，但我国却面临着人工智能人才严重不足的状况，在国际产业竞争中处于劣势。而西安电子科技大学于1990年成立我国第一个神经网络研究中心，2003年成立智能信息处理研究所，2004年设立智能信息处理博士点，2005年获准设立"智能科学与技术"本科专业，并建立智能信息处理创新团队，同年，智能感知与计算实验教学中心建立，2008年"智能科学与技术"专业被评为国家级特色专业。人工智能专业依托西电优势学科"电子科学与技术""信息与通信工程"和"计算机科学与技术"，这三个学科在2017年全国第四轮一级学科评估中获历年最好成绩，"电子科学与技术"并列全国第一。信息处理技术是解决国民经济建设、国家安全与社会发展中一系列重大需求和关键问题的共性基础，西安电子科技大学始终深耕这一领域，秉承崇尚学术的宗旨，紧跟国际学术前沿，逐浪人工智能潮头；始终坚持服务于国家和国防重大需求，紧密结合实际，攻克关键技术。自我国人工智能发展之初，西电就致力于人工智能技术的传播和发展，撰写了多本智能技术专著，此后，西电在智能领域的科研队伍一路披荆斩棘，达到了国际领先的学术水平，近 5 年内 3 次荣获国家自然科学奖二等奖，取得了骄人的成绩；建有智能科学与技术教学团队、智能科学与技术人才培养模式创新实验区、智能感知与计算教学示范中心。到目前为止，西电已经为我国培养了超过 2000 名人工智能领域人才，为人工智能这个产业发展积累了一定的力量。人工智能学院依托智能感知和图像理解教育部重点实验室、智能信息处理研究所、航天电子信息研究所和国家“111”引智基地招收和培养本科生和硕、博研究生，在多个研究方向上国内一流和国际领先，如计算智能、遥感影像理解和智能图像重建等。通过与国内外一流的研究型大学、科研机构和高科技企业合作办学，提供先进的教学实验和科研平台，为学生打下深厚的理论基础，同时培养学生科技创新和自主创业能力，为我国各个行业如政府、企业和国防等领域培养大批人工智能方向的本硕博多层次人才为目标。

With Artificial Intelligence entering the 2.0 era, smart manufacturing become the active direction of “Made in China 2025”, and Artificial Intelligence is gradually becoming an industry. For colleges and universities, Artificial Intelligence, intelligent manufacturing, robotics, cloud computing and other specialties are different from the traditional engineering direction. They are all products of interdisciplinary disciplines, namely, the newly proposed emerging engineering major—new engineering. Whether it is from the general trend of industrial changes or from the perspective of the great demand of China’s development of new economy, a large number of emerging engineering talents are needed to support it. However, China faces a serious shortage of Artificial Intelligence talents and is at a disadvantage in the international industry competition. Xidian University established the first Neural Network Research Center in China in 1990, the Intelligent Information Processing Institute in 2003, the Intelligent Information Processing Doctoral Program in 2004, and the “Intelligent Science and Technology” undergraduate program and an intelligent information processing innovation team in 2005. In the same year, the Intelligent Perception and Computing Experimental Teaching Center was established. In 2008, the “Intelligent Science and Technology” program was rated as a national-level specialty. The major of Artificial Intelligence relies on Xidian’s dominant disciplines “Electronic Science and Technology” “Information and Communication Engineering” and “Computer Science and Technology”. These three disciplines have won the best results in the fourth round of the national first-level discipline assessment in 2017, and “Electronic Science and Technology” ranks first in China. Information processing technology is the common foundation for solving a series of major needs and key issues in national economic construction, national security and social development. Xidian University has always been deeply engaged in this field, adhering to the tenet of advocating academics, keeping up with international academic frontiers and moving forward in the trend of artificial intelligence. We will always adhere to the major needs of the country and national defense, closely combined with reality, and conquer key technologies. Since the beginning of the development of Artificial Intelligence in China, Xidian University has devoted itself to the dissemination and development of Artificial Intelligence technology, and has written a number of specials on intelligent technology. Since then, Xidian's research team in the field of intelligence has made great efforts all the way and reached the international leading academic level. In the past five years, it has won the second prize of the National Natural Science Award three times and made remarkable achievements. It has a teaching team for intelligent science and technology, an innovative experimental area for intelligent science and technology talents training mode, and a demonstration center for intelligent perception and computing teaching. So far, Xidian University has trained more than 2,000 talents in the field of Artificial Intelligence for China. It has accumulated a certain strength for the development of Artificial Intelligence. The Institute of Artificial Intelligence, relies on the Key Laboratory of Intelligent Perception and Image Understanding, the Institute of Intelligent Information Processing, the Institute of Aerospace Electronic Information, and the National "111" Intelligence Base, recruits and trains undergraduates, graduate and doctoral students. Leading domestic and international first-class on multiple research direction, such as computational intelligence, intelligent remote sensing image understanding and image reconstruction, etc. By cooperating with first-class research universities, scientific research institutions and high-tech enterprises at home and abroad, we provide advanced teaching experiments and scientific research platforms to lay a solid theoretical foundation for students. At the same time, it will cultivate students' ability of scientific and technological innovation and self-employment, which aims at cultivating a large number of talents in the field of artificial intelligence for various industries such as government, enterprises and national defense in China.

1.4.2 培养模式

此全英专业的培养模式是：“国际先进＋西电特色”的本硕博一体化贯通培养体系，采取导师制、小班化、个性化和国际化的培养模式。

Training model: "The international advanced + Xidian characteristics" integrated training system for undergraduates, master and doctoral students, and adopting the tutorial system, small class, personalized and international training mode.

本专业每年招收30名学生，高考时零批次录取，主要由优秀的理工科保送生、自主选拔优秀生和高考优异生三部分组成，培养过程将按照本硕博一体化统筹，在选拔和培养环节实行全程动态流动。在选拔模式上，为最大限度选拔优秀学生，除通过高考第一次选拔外，对于特别优秀的大一新生，可以在学年末申请进入该专业。为充分尊重学生个性化发展需要，该专业将实行分流制：学生进入该专业后，可在一年后分流一次，进入普通班；三年后分流一次，流到普通班本科毕业；五年后分流一次，按照硕士毕业。课程设置支持学生在全校选择专业毕业，全校选择硕士导师，提早进入一对一导师制。硕博贯通式培养模式统筹安排硕士和博士培养阶段，学生在整个研究生培养阶段只制定一个培养计划，即以学术型博士为培养目标的贯通式培养计划，硕博贯通研究生在第一学年基本可修完硕博阶段所有课程。学科在统筹梳理课程体系、优化课程内容的基础上，将课程学分进行了大幅压缩。对课程学分的压缩并不意味着减轻教学在研究生培养中的分量，而是对课堂讲授内容进行整合优化，把培养目标和学位要求作为课程体系设计的根本依据，强化课程的前沿性、系统性。同时，通过设置学科基础文献阅读、学术活动、学术讲座、基金撰写、社会实践、“两助一辅”等环节，促进课程学习和科研训练的有机结合，加强对学生科研能力的培养。

The program will recruit 30 students each year, with zero batch admission during the college entrance examination. It is mainly composed of excellent science and engineering students recommended for admission, excellent students selected independently and excellent students in the college entrance examination. The training process will be based on the integration of undergraduates, master and doctoral students, and it will be carried out dynamically in the selection and training process. In terms of selection mode, in order to maximize the selection of outstanding students, except for the first selection through the college entrance examination, freshmen who are especially outstanding can apply for this major at the end of the school year. In order to fully respect the individualized development needs of students, this major will implement a diversion system: after entering the major, students will be divided after a year and some of them enter the regular class. After three years, they will be divided once again and flow to the regular class as graduating students. Five years later, they will be divided again and graduate with master's degree. The curriculum system supports students to choose majors for graduation and master tutors to enter the one-to-one tutorial system in advance. The integrated cultivating system of master and doctoral students will arrange their whole training stage. Students should only make one training plan in the whole graduate student training stage, which aims at cultivating academic doctoral students. The master and doctoral students can complete all the courses in the first academic year. Based on the overall arrangement of the curriculum system and the optimization of the curriculum content, the course Credits have been greatly compressed. The compression of course Credits does not mean to reduce the weight of teaching in postgraduate training. Instead, it integrates and optimizes the content of classroom teaching, and regards the training objectives and degree requirements as the fundamental basis for the design of the curriculum system, and strengthens the cutting-edge and systemic nature of the curriculum. At the same time, through the establishment of subject-based literature collection reading, academic activities, academic lectures, fund writing, social practice, “two aids and one supplement” etc., promote the organic combination of curriculum learning and scientific research training, and strengthen the cultivation of students’ scientific research capabilities.

1.4.3 培养方案

此全英专业的培养方案是：用产学合作、产教融合、科教协同、本硕博衔接与协同的新工科方式，呈阶梯式、有针对性地完成学生“会做、敢想、能创新”的培养。

Training program: with the new engineering methods of industry-learning cooperation, industry-teaching integration, science and education coordination, and the connection and coordination of undergraduate, master and doctoral degree, the students will be trained of “can do, dare to think and can innovate” in a step-by-step and targeted manner.

西安电子科技大学信息和电子学科优势突出，学校的学科设置与专业变迁历程就是中国电子信息学科的发展史。人工智能涉及电子科学与技术、计算机科学与技术、软件工程、信息与通信工程、控制科学与工程、数学、物理学、管理科学与工程等多个一级学科。目前，学校建有计算机应用、计算机系统结构、计算机软件与理论、通信与信息系统、信息对抗、电磁场与微波技术、信号与信息处理、电路与系统等学科，建有智能科学与技术、计算机科学与技术、网络工程、信息对抗技术、信息工程、通信工程、电子信息工程、电磁场与无线技术等专业，系统地覆盖了人工智能涉及的领域。在全国第五轮一级学科评估中，电子科学与技术全国排名 A+，信息与通信工程全国排名 A+，计算机科学与技术全国排名 A。工程学进入 ESI 全球前 1‰，计算机科学位列全球 ESI 第 10，这些都为人工智能专业的科学研究和人才培养提供了有力的支撑。全面实现教学 2.0，并向教学 3.0 迈进，培养适于“互联网 +”时代的创新人才是学院教学工作的宗旨。教学团队依托电子信息技术与计算机的学科优势确立“智能 + 信息处理”的专业特色，强调创新和国际视野的人才培养，以解决问题贯通知识结构的教学，理论知识与实践完全融合，科技前沿与教学融合，实现学生知识结构适于创新与“互联网 +AI”的需求。具体工作措施有：

(1) 建立以竞赛引导创新为特色的新工科学生培养体系。

(2) 建立本硕博衔接与协同的培养模式，智能新工科人才辈出。

(3) 科研融入教学，打造创新实践环境。

(4) 学生培养国际化，拓展国际视野：新增国际交流必修环节，提升研究生培养的国际化水平。

此次贯通式培养方案将“国际合作与交流”纳入必修环节。该环节设置专门学分，依据参加高水平大学国家公派研究生项目 (CSC 项目)、国 (境) 外联合培养项目、国 (境) 外短期出访、国际组织实习、高水平国际学术会议报告、选修国外高校在线课程等进行学分认定。同时，赋予学院充分自主权，在学校制订的指导意见基础上根据学科特点制订更为具体的标准和要求。

利用智能感知与计算国际合作联合实验室、教育部创新团队、国家“111”创新引智基地、“智能感知与图像理解”教育部重点实验室和“国际智能感知与先进计算研究中心”的有利条件，以及国家、教育部和学校的人才政策，加强优秀创新团队建设，建立具有国际视野的高学历高水平的教师队伍，强化本科生进行国际交流和访问，鼓励学生赴国外一流高校或机构进行课程学习、毕业设计，赴国际组织 / 企业 / 实验室实习。团队更积极地将高水平的科研转化为高水平的学科教学和本科生能力培养，取得了省级教学创新团队、省级教学成果一等奖等奖项，拥有国家精品课程“图像理解与计算机视觉”“数字信号处理”和“省级人才培养模式创新试验区”等，在科研成果的反哺下，智能科学与技术专业已成为学生成长的沃土。

The university has outstanding information and electronic discipline. The discipline setting and major course change of the school is also the development history of China’s electronic information discipline. Artificial Intelligence involves multiple first-level disciplines such as electronic science and technology, computer science and technology, software engineering, information and communication engineering, control science and engineering, mathematics, physics, management science and engineering. At present, the school has established majors of computer applications, computer system architecture, computer software and theory, communication and information systems, information confrontation, electromagnetic field and microwave technology, signal and information processing, circuits and systems, and has intelligent science and technology, computer science and technology, network engineering, information defense technology, information engineering, communication engineering, electronic information engineering, electromagnetic field and wireless technology etc., which covers the fields involved in Artificial Intelligence. In the fourth round of the first-level discipline evaluation in the country, electronic science and technology ranked A+, information and communication engineering ranked A, and computer science and technology ranked A-. Engineering is listed in the top 1‰ of ESI and computer science is listed in the top 50, which providing strong support for scientific research and talent cultivation of artificial intelligence. We will fully realize teaching 2.0 and move forward to teaching 3.0 to cultivate innovative talents suitable for the "Internet plus" era. The teaching team relies on the disciplinary advantages of electronic information technology and computer to establish the professional characteristics of "smart + information processing", emphasizes the cultivation of talents in innovation and international vision, and realizes the demand that students' knowledge structure is suitable for innovation and "Internet +AI" by the teaching method of combining problem-solving with knowledge structure, integrating theoretical knowledge and practice, and the frontier of science and technology, meaures including:

(1) Establishing a new engineering student training system featuring competition-led innovation.

(2) Establishing a training model for the connection and collaboration of the undergraduates, master and doctoral students, and bring forth a large number of intelligent new engineering talents.

(3) Integrating scientific research into teaching and creating innovative practice links.

(4) International cultivation of students, and expanding their international vision: Increase the compulsory part of international exchanges and enhance the internationalization level of postgraduate training.

This through-training program will incorporate "international cooperation and exchange" into compulsory links. Special Credits will be provided in this link, and the Credits will be recognized according to the participation in the national government-sponsored graduate student program (CSC program) of high-level universities, the joint training program abroad (overseas), the short-term overseas visits abroad (overseas), the internship in international organizations, the report of high-level international academic conferences, and the elective online courses of foreign universities. At the same time, the college is given full autonomy to formulate more specific standards and requirements based on the guidance formulated by the school and subject characteristics.

Utilizing the advantages of intelligent perception and the joint lab of computation international cooperation, the innovation team of the Ministry of Education, the National "111" Innovation Intelligence Base, the "Intelligence Perception and Image Understanding" Key Laboratory of the Ministry of Education and the "International Center for Intelligent Perception and Advanced Computing Research" Conditions, as well as the talent policies of the state, the Ministry of Education and schools, strengthen the construction of outstanding innovation teams, establish a high-educated and high-level teaching staff team with international vision, strengthen undergraduate students for international exchanges and visits, and encourage students to go to top universities or institutions abroad to study courses and graduation design, and also practice in international organizations/companies/laboratories. The team is more active in transforming high-level scientific research into high-level subject teaching and undergraduate ability training. It has won provincial first-class teaching innovation team and provincial first-class teaching achievement awards. It has a national quality course "Image Understanding and Computer Vision". "Digital signal processing" and "provincial talent training model innovation pilot zone", etc., under the feedback of scientific research results, intelligent science and technology has become a fertile ground for student growth.

1.4.4 培养课程

培养课程：进行面向人工智能学科的本硕课程一体化设计，学生学习阶段安排全程一对一导师。

Training courses: Integrated design of the undergraduate and postgraduate courses for artificial intelligence science, with one-on-one tutor.

学院构建了"国际化 + 西电特色"本硕博一体化人才培养、"国际学术前沿 + 国家重大需求""科学研究 + 创新实践协同育人"和"高水平平台 + 高层次人才"的具有西电特色的本硕博一体化人才培养育人体系，已有百余名校友成长为我国人工智能领域学术界和工业界的领军人物。结合学院的科研方向开设特色课程。课程设置将实行课程组负责制，全程采取一对一导师制，每名学生在读期间均有一名教授亲自指导，学生在本科阶段就可以参与到导师的研究项目之中。同时学期灵活设置，聘请国内外高校优秀教授参与授课。第一学年以通用基础必修课为主，开展系统集成实践训练，通过一系列人工智能科学大师讲座，引导学生独立思考和主动学习。第二、三学年以培养目标所需的基础课程为主，开展系列前沿研究报告，提供实验室，学生学习进入系统研究训练阶段，鼓励并帮助学生进行自主创新研究。第四学年以专业课程为主，学生参与团队项目研究，接触大科学工程，学校和研究所共同培养和开展国际交流学习，进入研究生或直博生过渡阶段。

1. 培养目标

学院实施智能特色的专业人才培养方案，通过教学实践逐步培养学生的创新思维和创造能力，提升研究型人才的专业素质，以适应信息智能化发展的需求。构建智能 +、互联网 + 与信息技术有机结合的新工科人才培养模式。培养学生具有较强的知识自我更新和不断创新的能力；培养高质量研究型、创新型拔尖人才，为国家的智能科学与技术领域的科学研究和技术研发输送尖端人才；研究和跟踪国内外最新的智能科技人才培养模式动态，探索建立适合我国国情的智能科学与技术人才培养模式。针对人工智能专业凸显的多学科交叉、知识更新速度快等特点，对智能科学与技术人才培养模式改革提出了高起点、重基础、求交叉、多实践的建设理念和思路，依托“智能感知与图像理解”教育部重点实验室、“智能信息处理”国家111创新引智基地和“智能感知与图像理解”教育部创新团队等一系列国内首批、国际领先的科研平台，以高水平科研和广泛的国际交流为手段，把高水平的科研积极转化为高水平的本科生能力培养，将智能科学与技术专业打造成为学生成长的“沃土”。在人才培养中，做到：

(1) “以学生志趣为导向，以互联网 + 教育为手段”的培养理念。在人才培养中，做到“一个中心”“两个结合”，即以学生为中心，把理论知识传授和实践能力培养相结合，实践教学与科研相结合，逐渐形成独具特色的创新人才培养模式。

(2) “三个一流”的教学理念。坚持一流的科研成果为本科教学服务的理念；一流的设备服务于本科实践教学的理念；一流的学生早接触科学前沿的理念。

(3) 提高“四个能力”的培养目标。注重学生在实践中主动获取知识的能力、分析解决实际问题的能力、初步的创新能力和基本的工程组织管理能力。引导学生在实践中自主学习和创新，促使学生尽早适应时代、服务社会、创造未来。

2. “智能 + 电子信息”特色的课程体系

学院依托自身电子信息技术与计算机的学科优势，结合在计算智能、机器学习以及智能信息处理领域国际领先的科学研究和本科生培养经验，形成具有鲜明特色的“智能 + 电子信息”新工科培养体系。

课程设置主要体现了本科贯通硕博的一些关键学科方向，集中在三个基础方向：电子、信息与脑科学方面，此外考虑国际化趋势与要求，专业课程设置为全英语课程，包括全英语教材以及教学模式 (教师队伍和课程内容设置与引进)。

The college has built the undergraduates, master and doctoral students' integrated talent training system with Xidian characteristic: “internationalization + Xidian characteristics”, “international academic frontier + national major demand”, “scientific research + innovation practice cooperative education” and “high-level platform + high-level talents” to train service personnel. More than 100 alumni have grown into leading figures in the academia and industry of Artificial Intelligence in China. In combination with the scientific research direction and characteristic courses of the college, the course setting will be implemented by the person in charge of the course group, and the whole course will adopt the one-to-one tutorial system. Each student will be personally guided by a professor during his/her study, and students can participate in the research projects of the tutor at the undergraduate stage. At the same time, the semester is set flexibly, and excellent professors from domestic and foreign universities are invited to participate in the lectures. In the first academic year, the general basic compulsory courses will be used to carry out systematic integration practice training, and guided students to think independently and learn actively through a series of Artificial Intelligence science master lectures. In the second and third academic years, we will focus on the basic courses required by the training objectives, carry out a series of frontier research reports, and provide laboratories to enter the stage of systematic research and training, and encourage and help students to carry out independent innovation research. The fourth academic year is dominated by professional courses. Students participate in team project research, get in touch with university science and engineering, and jointly cultivate and carry out international exchange and study in school and research institute, and enter the transition stage of postgraduate or direct doctoral students. In the fourth academic year, students are mainly engaged in professional courses. Students participate in team project research, contact with large science projects. Schools and research institutes jointly cultivate and conduct international exchanges and study, and students enter the transition stage of postgraduates or direct doctoral students.

Cultivate the goal to implement the professional talent training program with intelligent characteristics, gradually cultivate students' innovative thinking and creative ability through teaching practice, and enhance the professional quality of research-oriented talents to adapt to the needs of intelligent development of information, which is a new kind of engineering personnel training mode that combines smart +, Internet + and information technology organically. Train students to have strong ability of knowledge self-renewal and continuous innovation; to cultivate high-quality research-oriented and innovative top-notch talents; to provide cutting-edge talents for scientific research and technological research and development in the field of intelligent science and technology of the country; to study and track the latest trends of the training mode of intelligent science and technology talents at home and abroad, and to explore and establish the training mode of intelligent science and technology talents that suitable for China's national conditions. In view of the characteristics of artificial intelligence, such as the prominent interdisciplinary, rapid knowledge update, etc., the reform of intelligent science and technology personnel training mode puts forward the construction concept and idea of high starting point, emphasis on the foundation, pursuit of interdisciplinary, and multi-practice. Relying on the Ministry of Education key laboratory "Intelligent Perception and Image Understanding", National 111 Innovation Intelligence Base "Intelligent Information

Processing" and "Intelligence Sensing and Image Understanding" Ministry of Education Innovation Team and a series of domestic first and international leading research platforms, by means of high level scientific research and extensive international communication, transforming high-level scientific research into a high-level undergraduate ability training actively, and making the major of intelligent science and technology as "fertile soil" for the growth of students.

The training concept of "taking students' interest as the guide and using Internet + education as the means": to achieve "one center" and "two combinations". That is to say, student-centered, combining theoretical knowledge imparting with practical ability training, and combining practice teaching with scientific research, and gradually forming a unique innovative talent training model.

"Three first-class" teaching philosophy: the idea that first-class scientific research achievements serve undergraduate teaching, first-class equipment serves undergraduate practical teaching, and the idea that first-class students have early access to cutting-edge science.

Training objectives of improving the "four abilities": focus on students' ability to acquire knowledge actively in practice, ability to analyze and solve practical problems, initial innovation ability and basic engineering organization and management ability. Guide students to learn and innovate independently in practice, and encourage students to adapt to the times, serve the society and create the future as soon as possible.

"Intelligent + Electronic Information" characteristics curriculum system: relying on the advantages of electronic information technology and computer, combining the world's leading scientific research and undergraduate training experience in the fields of computational intelligence, machine learning and intelligent information processing, forming a new engineering training system with distinctive feature Intelligent + Electronic Information".

The course mainly reflects the undergraduate, master and doctoral key disciplines, which focuses on three basic directions: electronics, information and brain science. In addition, considering the trend and requirements of internationalization, the professional courses are set as All-English teaching courses, including English-only textbooks and teaching models (teacher team and course content setting and introduction).

1.4.5 教学进程计划总表 (Schedule of Teaching Process)

此全英专业教学进程计划总表如表 1-8～表 1-13 所示。

表 1-8 教学进程计划总表——基础课

<table>
<tr><th rowspan="2">课程类别
Course Type</th><th rowspan="2">课程性质
Course Character</th><th rowspan="2">课程名称
Course Name</th><th rowspan="2">学分
Credit</th><th rowspan="2">总学时
Total Credit Hours</th><th colspan="3">其 中
Including</th><th rowspan="2">考核方式
Assessment Methods</th><th rowspan="2">开课学期
Semester</th><th rowspan="2">应修学分
Due Credit</th></tr>
<tr><th>讲授
Teaching</th><th>上机 / 实验
Online/ Experiment</th><th>实践
Practice</th></tr>
<tr><td rowspan="10">基础课
Elementary Courses</td><td>必修
Compulsory Course</td><td>思想道德修养与法律基础
Morals & Ethics & Fundamentals of Law</td><td>3</td><td>48</td><td>32</td><td></td><td>16</td><td>考试
Examination</td><td>1</td><td rowspan="10">53</td></tr>
<tr><td>必修
Compulsory Course</td><td>马克思主义基本原理
Theory of Marxism</td><td>3</td><td>48</td><td>32</td><td></td><td>16</td><td>考试
Examination</td><td>2</td></tr>
<tr><td>必修
Compulsory Course</td><td>中国近现代史纲要
Outline of Modern Chinese History</td><td>3</td><td>48</td><td>48</td><td></td><td></td><td>考试
Examination</td><td>3</td></tr>
<tr><td>必修
Compulsory Course</td><td>毛泽东思想和中国特色社会主义理论体系概论
Introduction to Mao Zedong Thought and the Theory of Socialism with Chinese Characteristics</td><td>3</td><td>48</td><td>48</td><td></td><td></td><td>考试
Examination</td><td>4</td></tr>
<tr><td>必修
Compulsory Course</td><td>大学英语（Ⅰ）
College English(Ⅰ)</td><td>2</td><td>48</td><td>32</td><td></td><td>16</td><td>考试
Examination</td><td>1</td></tr>
<tr><td>必修
Compulsory Course</td><td>大学英语（Ⅱ）
College English(Ⅱ)</td><td>2</td><td>48</td><td>32</td><td></td><td>16</td><td>考试
Examination</td><td>2</td></tr>
<tr><td>必修
Compulsory Course</td><td>大学英语中级（Ⅰ）
Intermediate English(Ⅰ)</td><td>2</td><td>48</td><td>32</td><td></td><td>16</td><td>考试
Examination</td><td>3</td></tr>
<tr><td rowspan="2">选修
（二选一）
Elective Course (Alternative)</td><td>大学英语中级（Ⅱ）
Intermediate English (Ⅱ)
（未通过国家英语四级修读）</td><td>2</td><td>48</td><td>32</td><td></td><td>16</td><td rowspan="2">考试
Examination</td><td rowspan="2">4</td></tr>
<tr><td>高级英语选修系列课程
（通过国家英语四级后修读）
Elective Courses of Advanced English</td><td>2</td><td>32</td><td>32</td><td></td><td></td></tr>
<tr><td>必修
Compulsory Course</td><td>大学体育（Ⅰ）
Physical Education(Ⅰ)</td><td>1</td><td>30</td><td>30</td><td></td><td></td><td>考试
Examination</td><td>1</td></tr>
</table>

续表

课程类别 Course Type	课程性质 Course Character	课程名称 Course Name	学分 Credit	总学时 Total Credit Hours	其中 Including			考核方式 Assessment Methods	开课学期 Semester	应修学分 Due Credit
					讲授 Teaching	上机 / 实验 Online/ Experiment	实践 Practice			
基础课 Elementary Courses	必修 Compulsory Course	大学体育 (Ⅱ) Physical Education(Ⅱ)	1	30	30			考试 Examination	2	53
	必修 Compulsory Course	大学体育 (Ⅲ) Physical Education(Ⅲ)	1	30	30			考试 Examination	3	
	必修 Compulsory Course	大学体育 (Ⅳ) Physical Education(Ⅳ)	1	30	30			考试 Examination	4	
	必修 Compulsory Course	高等数学 A(Ⅰ) Advanced Mathematics A(Ⅰ)	6	98	98			考试 Examination	1	
	必修 Compulsory Course	高等数学 A(Ⅱ) Advanced Mathematics A(Ⅱ)	6	98	98			考试 Examination	2	
	必修 Compulsory Course	线性代数 Linear Algebra	3	58	46	12		考试 Examination	2	
	必修 Compulsory Course	概率论与数理统计 Probability Theory and Mathematical Statistics	3	48	48			考试 Examination	3	
	必修 Compulsory Course	场论与复变函数 Field Theory and Complex Functions	3	48	48			考试 Examination	3	
	必修 Compulsory Course	大学物理 (Ⅰ) College Physics (Ⅰ)	3	52	52			考试 Examination	1	
	必修 Compulsory Course	大学物理 (Ⅱ) College Physics (Ⅱ)	5	82	82			考试 Examination	2	
	必修 Compulsory Course	物理实验 (Ⅰ) Physical Experiment(Ⅰ)	1	27		27		考查 Investigation	2	
	必修 Compulsory Course	物理实验 (Ⅱ) Physical Experiment(Ⅱ)	1	27		27		考查 Investigation	3	
	小计 Subtotal		57	1074	912	66	96			53

表 1-9　智能科学与技术专业教学进程计划总表——专业平台基础课

课程类别 Course Type	课程性质 Course Character	课程名称 Course Name	学分 Credit	总学时 Total Credit Hours	其中 Including			考核方式 Assessment Methods	开课学期 Semester	应修学分 Due Credit
					讲授 Teaching	上机 / 实验 Online/ Experiment	实践 Practice			
专业平台基础课 Core Course on Professional Platform	必修 Compulsory Course	信息论基础 Information Theory Foundation	3	48	48			考试 Examination	1	38.5
	必修 Compulsory Course	高级语言程序设计 High-level Language Programming	3	86	24	62		考试 Examination	2	
	必修 Compulsory Course	电路分析基础 Fundamentals of Circuit Analysis	4	72	56		16	考试 Examination	3	
	必修 Compulsory Course	并行硬件基础 Parallel Hardware Base	3	60	36	24		考试 Examination	3	
	必修 Compulsory Course	信号与系统 Signals and Systems	4	72	56		16	考试 Examination	4	
	必修 Compulsory Course	电路、信号与系统实验（Ⅰ、Ⅱ） Circuit Signals and Systems Experiment（Ⅰ、Ⅱ）	1	32		32		考查 Investigation	3～4	
	必修 Compulsory Course	模拟电子技术基础 Fundamentals of Analog Electronic Technology	4	72	56		16	考试 Examination	4	
	必修 Compulsory Course	数字电路与逻辑设计 Digital Circuits and Logic Design	3	56	40		16	考试 Examination	4	
	必修 Compulsory Course	电子线路实验（Ⅰ、Ⅱ） Electronic Circuit Experiment(Ⅰ、Ⅱ)	2	64		64		考查 Investigation	4/5	
	必修 Compulsory Course	项目管理 Project Management	1.5	40	8		32	考试 Examination	5	

续表

课程类别 Course Type	课程性质 Course Character	课程名称 Course Name	学分 Credit	总学时 Total Credit Hours	其中 Including			考核方式 Assessment Methods	开课学期 Semester	应修学分 Due Credit
					讲授 Teaching	上机 / 实验 Online/ Experiment	实践 Practice			
专业平台基础课 Core Course on Professional Platform	必修 Compulsory Course	微机原理与系统设计 Microcomputer Principle and System Design	4	104	48	40	16	考试 Examination	5	38.5
	必修 Compulsory Course	数字电路与逻辑设计 (EDA) 实验 Digital Circuit and Logic Design (EDA) Experiment	1	26	6	20		考查 Investigation	5	
	必修 Compulsory Course	数字信号处理 Digital Signal Processing	3	62	34	12	16	考试 Examination	6	
	必修 Compulsory Course	新技术讲座（研究型）New Technology Seminar	1	32			32	考查 Investigation	6	
	必修 Compulsory Course	科技论文写作 Scientific Paper Writing	1	24	8		16	考查 Investigation	7	
	小计 Subtotal		38.5	890	380	302	208			38.5

表 1-10　智能科学与技术专业教学进程计划总表——专业课（全英文）

课程类别 Course Type	课程性质 Course Character	课程名称 Course Name	学分 Credit	总学时 Total Credit Hours	其中 Including			考核方式 Assessment Methods	开课学期 Semester	应修学分 Due Credit
					讲授 Teaching	上机 / 实验 Online/ Experiment	实践 Practice			
专业课（全英文）Professional Course (Full-English Teaching)	必修 Compulsory Course	人工智能基础 Fundamentals of Artificial Intelligence	2	32	32			考试 Examination	5	10.5
	必修 Compulsory Course	模式识别 Introduction to Pattern Recognition	2.5	48	32	16		考试 Examination	5	
	必修 Compulsory Course	脑科学基础 Brain Science Foundation	2	40	24	16		考试 Examination	6	

续表一

课程类别 Course Type	课程性质 Course Character	课程名称 Course Name	学分 Credit	总学时 Total Credit Hours	其中 Including 讲授 Teaching	 上机 / 实验 Online/ Experiment	 实践 Practice	考核方式 Assessment Methods	开课学期 Semester	应修学分 Due Credit
专业课（全英文） Professional Course (Full-English Teaching)	必修 Compulsory Course	认知计算导论 Introduction to Cognitive Computing	2	40	32	8		考试 Examination	6	10.5
	必修 Compulsory Course	计算智能及应用 Intelligent Computing and Its Application	2	40	24	16		考试 Examination	6	
	小计 Subtotal		10.5	200	144	56				10.5
	选修 Elective Course	专用集成电路技术 Application-Specific Integrated Circuit Design	2	36	28	8		考查 Investigation	5	
	选修 Elective Course	量子计算智能导论 Introduction to Quantum Computing Intelligence	2	32	32			考查 Investigation	6	
	选修 Elective Course	人工智能前沿技术 Frontiers of Artificial Intelligence	2	32	32			考查 Investigation	6	
	小计 Subtotal		52	972	692	280				
	选修 Elective Course	神经网络与深度学习 Neural Network and Deep Learning	2	40	24	16		考查 Investigation	5	
	选修 Elective Course	最优化理论与方法 Optimization Theory and Method	2	32	32			考试 Examination	5	
	选修 Elective Course	算法分析与设计 Algorithms Design Techniques and Analysis	2	32	32			考试 Examination	5	
	选修 Elective Course	类脑智能计算 Brain-Inspired Intelligent Calculation	2	36	28	8		考查 Investigation	6	
	选修 Elective Course	图像理解与视觉计算 Image Understanding and Computer Vision	2	40	24	16		考查 Investigation	6	

续表二

课程类别 Course Type	课程性质 Course Character	课程名称 Course Name	学分 Credit	总学时 Total Credit Hours	其中 Including			考核方式 Assessment Methods	开课学期 Semester	应修学分 Due Credit
					讲授 Teaching	上机 / 实验 Online/ Experiment	实践 Practice			
专业课（全英文）Professional Course (Full-English Teaching)	选修 Elective Course	高性能并行计算 High-performance Parallel Computing	1.5	30	18	12		考查 Investigation	6	
	选修 Elective Course	智能传感器 Intelligent Sensor	2	36	28	8		考试 Examination	6	
	选修 Elective Course	离散数学 Discrete Mathematics	2	32	32			考试 Examination	5	
	选修 Elective Course	统计分析 Statistical Analysis	2	32	32			考试 Examination	5	
	选修 Elective Course	大数据处理与信息检索 Big Data Processing and Information Retrieval	2	36	28	8		考查 Investigation	6	
	选修 Elective Course	云计算与网络技术 Cloud Computing and Network Technology	2	36	28	8		考试 Examination	6	
	选修 Elective Course	机器学习 Machine Learning	2	40	24	16		考查 Investigation	5	
	选修 Elective Course	情感信息处理导论 Introduction to Emotional Information Processing	2	32	32			考试 Examination	6	
	选修 Elective Course	数据可视化 Data Visualization	1.5	32	16	16		考查 Investigation	6	
	选修 Elective Course	流数据处理 Stream Data Processing	1.5	30	18	12		考查 Investigation	5	
	选修 Elective Course	Python 程序设计 Python Program Design	1.5	32	16	16		考查 Investigation	5	

续表三

课程类别 Course Type	课程性质 Course Character	课程名称 Course Name	学分 Credit	总学时 Total Credit Hours	其中 Including			考核方式 Assessment Methods	开课学期 Semester	应修学分 Due Credit
					讲授 Teaching	上机 / 实验 Online/ Experiment	实践 Practice			
专业课（全英文）Professional Course (Full-English Teaching)	选修 Elective Course	可编程逻辑器件原理与应用 Principle and Application of Programmable Logic Device	1.5	32	16	16		考查 Investigation	6	
	选修 Elective Course	Linux 操作系统 Linux Operating System	1.5	32	16	16		考查 Investigation	5	
	选修 Elective Course	视觉工程实验 Visual Engineering Experiment	1.5	40	8	32		考查 Investigation	6	
	选修 Elective Course	软件工程 Software Engineering	2	40	24	16		考查 Investigation	4	
	选修 Elective Course	图像处理与机器视觉 Image Processing and Machine Vision	2	40	24	16		考试 Examination	6	
	选修 Elective Course	成像感知基础 Basic of Imaging Principle	2	32	32			考试 Examination	6	
	选修 Elective Course	专用集成电路技术 Application-Specific Integrated Circuit Design	2	36	28	8		考查 Investigation	5	
	选修 Elective Course	量子计算智能导论 Introduction to Quantum Computing Intelligence	2	32	32			考查 Investigation	6	
	选修 Elective Course	人工智能前沿技术 Frontiers of Artificial Intelligence	2	32	32			考查 Investigation	6	
	小计 Subtotal		52	972	692	280				

表 1-11　智能科学与技术专业教学进程计划总表——集中实践环节

课程类别 Course Type	课程性质 Course Character	课程名称 Course Name	学分 Credit	总学时 Total Credit Hours	其中 Including			考核方式 Assessment Methods	开课学期 Semester	应修学分 Due Credit
					讲授 Teaching	上机 / 实验 Online/ Experiment	实践 Practice			
集中实践环节 Centralized Practice	必修 Compulsory Course	金工实习 Metalworking Practice	1	2 周 2 weeks			2 周 2 weeks	考查 Investigation	2	11
	必修 Compulsory Course	电装实习 Electrical Assembly Practice	0.5	1 周 1 weeks			1 周 1 weeks	考查 Investigation	5	
	必修 Compulsory Course	毕业设计 Graduation Project	8	16 周 16 weeks			16 周 16 weeks	考查 Investigation	7～8	
	必修 Compulsory Course	生产实习 Production Practice	1.5	3 周 3 weeks			3 周 3 weeks	考查 Investigation	6	
	小计 Subtotal		11	22 周 22 weeks			22 周 22 weeks			11

注：大学英语系列课程采用分级教学，分普通班、中级班和高级班，具体实施以英语分级方案为准。

Note: series courses of college English are taught in different levels, including ordinary classes, intermediate classes and advanced classes. The specific implementation shall be subject to the English grading scheme.

表 1-12　专业能力素质拓展模块基础素质培养部分教学计划安排

课程性质 Course Character	课程名称 Course Name	学分 credit	总学时 Total Credit Hours	其中 Including			考核方式 Assessment Methods	开课学期 Semester	应修学分 Due Credit	备注 Note
				讲授 Teaching	实验 Experiment	实践 Practice				
必修 Compulsory Course	军事理论 Military Theory	2	32	24		8	考试 Examination	1	19	
必修 Compulsory Course	军事训练 Military Training	1	2 周 2 weeks			2 周 2 weeks	考查 Investigation	1		
必修 Compulsory Course	* 创业基础 Entrepreneurial Base		32	32			考查 Investigation	3 或 4 或 5 或 6		考试合格后获得 2 学分 Get 2 Credits after passing the exam

续表一

课程性质 Course Character	课程名称 Course Name	学分 credit	总学时 Total Credit Hours	其中 Including			考核方式 Assessment Methods	开课学期 Semester	应修学分 Due Credit	备注 Note
				讲授 Teaching	实验 Experiment	实践 Practice				
必修 Compulsory Course	专业教育 Professional Education	1	16	16			考查 Investigation	1、3、5、7		
必修 Compulsory Course	形势与政策 Situation and Policy Education	2	64	32			考查 Investigation	1～8		
必修 Compulsory Course	*大学生职业发展 Undergraduate Career Education		16	8		8	考查 Investigation	1		考试合格后获得1学分 Get 1 Credits after passing the exam
必修 Compulsory Course	*大学生心理健康教育 The Psychological Health Education of College Students		16	8		8	考查 Investigation	2		考试合格后获得1学分 Get 1 Credit after passing the exam
必修 Compulsory Course	*就业指导 Career Guidance		24	16		8	考查 Investigation	6	19	考试合格后获得1.5学分 Get 1.5 Credit after passing the exam
必修 Elective Course (Alternative)	*国家英语四级 College English Test Band 4		8				考试 Examination	8		考试合格后获得0.5学分，国家英语四级通过后不修校内英语四级 Get 0.5 Credit after passing the exam, students exempt from taking College English test band 4 after passing CET-4
	*校内英语四级 Intramural College English Test Band 4		8				考试 Examination			
必修 Compulsory Course	新生研讨课 Freshman Seminar Course	1	16	16			考查 Investigation	1		

续表二

课程性质 Course Character	课程名称 Course Name	学分 credit	总学时 Total Credit Hours	其　中 Including			考核方式 Assessment Methods	开课学期 Semester	应修学分 Due Credit	备　注 Note
				讲授 Teaching	实验 Experiment	实践 Practice				
必修 Compulsory Course	科技制作 Scientific Manufacturing	1	16			16	考查 Investigation	8		完成"能力素质拓展模块"考核认定实施办法中规定的学科竞赛、大创计划、论文专利等其中一项 Complete one of the discipline competition, grand innovation plan, paper patent and other items stipulated in the implementation method of assessment and identification of "ability and quality development module"
必修 Compulsory Course	思想政治理论实践课 Practical Course of Ideological and Political Theory	2	64			64	考查 Investigation	3		
必修 Compulsory Course	* 体育能力达标测试 Physical Ability Standard Test		16			16	考查 Investigation	7	19	考试合格后获得1学分 Get 1 Credit after passing the exam
必修 Compulsory Course	* 实验实践能力达标测试 Experiment and Practise Ability Test		32			32	考查 Investigation	2、4、6、8		考试合格后获得2学分 Get 2 Credits after passing the exam
选修 Elective Course	人文素质教育系列课程 Humanistic Quality Education Series Courses	5	80				考试 Examination	3～8		根据学校人文素质选修课选修5学分 Elective 5 Credits according to the school humanities quality elective courses
选修 Elective Course	公共选修类课程 Public Elective Courses	4	64				考试 Examination	3～8		根据学校公共选修课选修4学分 Elective 5 Credits according to the school humanities quality elective courses
小计 Subtotal		19	504 + 2周 504 + 2 weeks	152		160 + 2周 160 + 2 weeks				

表 1-13 人工智能专业创新创业能力模块基础素质培养部分教学计划安排

课程性质 Course Character	课程名称 Course Name	学分 Credit	总学时 Total Credit Hours	其中 Including			考核方式 Assessment Methods	开课学期 Semester	应修学分 Due Credit
				讲授 Teaching	实验 Experiment	实践 Practice			
选修 Elective Course	Hadoop 平台项目开发培训	1	24	8	16		考查 Investigation	7	
选修 Elective Course	智能应用技术基础案例分析	1	24	8	16		考查 Investigation	7	
选修 Elective Course	人工智能中的道德与法律	1	16	16			考查 Investigation	7	
选修 Elective Course	自然语言处理应用实例分析	1	22	10		12	考查 Investigation	7	
选修 Elective Course	视频图像处理基础培训（案例模式）	1	24	8	16		考查 Investigation	7	
选修 Elective Course	推荐系统开发实例分析	1	22	10		12	考查 Investigation	7	
选修 Elective Course	产学研结合案例分析	1	22	10		12	考查 Investigation	7	
选修 Elective Course	科教协同案例分析与实战	1	22	10		12	考查 Investigation	7	
小计 Subtotal		8	176	80	48	48			

注：加 * 课程为必修教学环节（共 9 学分），不计入毕业最低学分但必须考核合格。

Note: The courses with * is compulsory teaching link (9 Credits in total), which is not included in the minimum Credits of graduation but must be qualified.

人工智能相关专业全英文授课本科留学生培养方案 (Training Scheme for Foreign Undergraduate Students Majoring in AI)

1.5.1 培养模式与目标 (Training Model and Objectives)

本专业旨在培养德才兼备、具有基本汉语能力、了解中国文化、掌握本专业的基本理论、基本知识和基本技能，能够参与并促进中国与其所在国之间友好合作关系的工程开发型人才和友好文化交流使者。

本专业的培养目标是：具有扎实的高等数理基础和专业理论基础；具有汉语的听说读写能力；掌握通信理论、通信网络、通信系统、电子技术、信息处理理论、电子信息系统及计算机软、硬件系统的基本知识；具备相关领域分析问题、解决问题的能力与一定的工程实践能力；具有较强的知识更新能力、创新能力和综合设计能力；具有一定的学科前沿知识和良好的从事科学研究及工程开发工作的能力。

This major is designed to cultivate engineering-development talents and friendly ambassadors for cultural exchanges with both excellent academic and moral qualities, have basic Chinese language skills and understand Chinese culture, master basic theories, knowledge and skills of this field, and can participate in and promote friendly cooperative relations between China and their countries.

The training objectives of this major are: having a solid mathematical and physical foundation and professional theoretical basis; having the ability of listening, speaking, reading and writing in Chinese; mastering the basic knowledge of communication theory, communication network, communication system, electronic technology, information processing theory, electronic information system and computer software and hardware systems; having the ability to analyze and solve problems in related fields and a certain engineering practice ability; having strong abilities of renewing knowledge, innovation and integrated design; having certain frontier knowledge and good ability to engage in scientific research and engineering development.

1.5.2 基本要求 (Basic Requirements)

(1) 具有扎实的自然科学和工程技术基础理论，系统地掌握通信、电子信息和计算机领域的技术基础理论知识，以适应相关领域的工作范围。

(2) 掌握专业的基本理论和方法，具备分析和设计电子设备、复杂软件系统、将计算机基础理论应用于信息系统的构建，以及对通信系统及通信网络进行分析、设计、开发、测试和应用的基本能力，懂得应用软件的开发与测试，能够参与大型软件的编写。

(3) 具有中文的听说读写能力，能顺利阅读中英文的专业书刊。

(4) 掌握文献检索、资料查询和运用现代信息技术手段获取相关信息的基本方法。

(5) 具有一定的组织管理能力、较强的表达能力和人际交往的能力，以及良好的团队意识和合作精神。

(6) 具有终身学习和适应环境的能力。

(1) Have a solid basic theory of natural science and engineering technology, systematically master the basic theory of technology in the field of communication, electronic information and computer to take on the work in related fields.

(2) Master professional basic theories and methods, basic abilities of analyzing and designing electronic equipment and complex software systems; apply basic computer theory to the construction of information systems, and the basic abilities of analyzing, designing, developing, testing and applying to communication systems and communication networks; understand the development and testing of application software, and be able to participate in the compilation of large-scale software.

(3) Have the abilities of listening, speaking, reading and writing in Chinese, and can read professional books and periodicals in both Chinese and English smoothly.

(4) Master the basic methods of literature search, data query and access to relevant information by means of modern information technology.

(5) Have a certain organizational management, strong expression, and interpersonal skills, as well as a good spirit of teamwork and cooperation.

(6) Have abilities of lifelong learning and adapting to the environment.

1.5.3 学分要求 (Credit Requirements)

留学生班最低毕业要求总学分为 117.5 学分。中文能力应当至少达到《国际汉语能力标准》四级水平，并符合学校来华留学本科生毕业要求相关规定。

The minimum credit for graduation is 117.5 credits. Chinese language skill should be at least up to the level of Grade 4 of the Chinese Language Proficiency Scales For Speakers of Other Languages, and meet the relevant requirements of the graduation requirements for undergraduates studying in China.

1.5.4 学制与学位 (Educational System and Academic Degree)

基本学制：四年。

学位：工学学士。

Basic Educational System: four years。

Degree: Bachelor of Engineering。

1.5.5 教学进程计划表 (Schedule of Teaching Process)

留学生班实践教学环节安排一览如表 1-14 所示，全英文授课本科教学进程计划如表 1-15～表 1-18 所示。

表 1-14　实践教学环节安排一览表

序号 Number	名称 Name	周数 Weeks	学分 Credit	安排学期 Semester Arrangement	方式 Teaching Mode	备注 Note
1	金工实习 Metalworking Practice	2	2	第二学期 Semester Two	集中 Intensive	
2	电装实习 Electrical Assembly Practice	1	1	第三学期 Semester Three	集中 Intensive	
3	生产实习 Production Practice	2	2	第五学期 Semester Five	分散 Decentralized	或第三学年暑期 Or the Summer of the Third Academic Year
4	工程设计 Engineering Design	1	1	第四学期 Semester Four	分散 Decentralized	
5	课程设计 Course Design	2	2	第六学期 Semester Six	分散 Decentralized	
6	毕业设计 Undergraduate Thesis	21	21	第七、八学期 Semester Seven、Eight	分散 Decentralized	

表 1-15 全英文授课本科教学进程计划表——通识教育课程

课程类别 Course Category		课程性质 Course Nature	课程名称 Course Name	总学分 Total Credit	课内学分 In-class Credits	总学时 Total Credit Hours	其中 Including					考核方式 Assessment Methods	开课学期 Semester	应修学分 Due Credit
							面授 Face-to-face Teaching				线上 Online			
							讲授 Teaching	实验 Experiment	上机 Online	实践 Practice				
通识教育课程 Basic Courses of General Education	通识教育基础课 Basic Courses of General Education	必修 Compulsory	高等数学 A(I)（全英文）Advanced Mathematics A(I)	5	5	80	80					考试 Examination	1	33.5
		必修 Compulsory	高等数学 A(II)（全英文）Advanced Mathematics A(II)	5	4.5	80	72				8	考试 Examination	2	
		必修 Compulsory	线性代数（全英文）Linear Algebra	2.5	2.5	40	38			4		考试 Examination	1	
		必修 Compulsory	大学物理 (I)（全英文）Physics(I)	3.5	6.5	58	54				4	考试 Examination	1	
		必修 Compulsory	大学物理 (II)（全英文）Physics(II)	3.5		54	50				4	考试 Examination	2	
		必修 Compulsory	物理实验 (I)（全英文）Physical Experiment(I)	1	1	27		27				考查 Investigation	2	
		必修 Compulsory	物理实验 (II)（全英文）Physical Experiment(II)	1	1			27				考查 Investigation	3	

续表

课程类别 Course Category		课程性质 Course Nature	课程名称 Course Name	总学分 Total Credit	课内学分 In-class Credits	总学时 Total Credit Hours	其中 Including					考核方式 Assessment Methods	开课学期 Semester	应修学分 Due Credit
							面授 Face-to-face Teaching				线上 Online			
							讲授 Teaching	实验 Experiment	上机 Online	实践 Practice				
通识教育课程 Basic Courses of General Education	通识教育基础课 Basic Courses of General Education	必修 Compulsory	计算机基础 Fundamentals of Computer	2	2	32	32					考试 Examination	1	33.5
		必修 Compulsory	综合汉语（Ⅰ）Comprehensive Chinese(Ⅰ)	4	4	64	64					考试 Examination	1	
		必修 Compulsory	综合汉语（Ⅱ）Comprehensive Chinese(Ⅱ)	2	2	32	32					考试 Examination	2	
		必修 Compulsory	综合汉语（Ⅲ）Comprehensive Chinese(Ⅲ)	2	2	32	32					考试 Examination	3	
		必修 Compulsory	综合汉语（Ⅳ）Comprehensive Chinese(Ⅳ)	2	2	32	32					考试 Examination	4	
		小计 Subtotal		33.5	32.5	531	486	54		4	16			33.5
	通识教育核心课 Core Courses of General	必修 Compulsory	概率论 Probability Theory	3	3	48	48					考试 Examination	3	3
		小计 Subtotal		3	3	48	48							3

表 1-16 全英文授课本科教学进程计划表——大类基础课程

课程类别 Course Category	课程性质 Course Nature	课程名称 Course Name	总学分 Total Credit	课内学分 In-class Credits	总学时 Total Credit Hours	其中 Including					考核方式 Assessment Methods	开课学期 Semester	应修学分 Due Credit
						面授 Face-to-face Teaching				线上 Online			
						讲授 Teaching	实验 Experiment	上机 Online	实践 Practice				
大类基础课程 Basic Courses in General Discipline	必修 Compulsory	电路分析基础 （全英文） Fundamentals of Circuit Analysis	3.5	3	56	48				8	考试 Examination	3	24
	必修 Compulsory	数字电路与逻辑设计 （全英文） Digital Circuits and Logic Design	3	3	48	48					考试 Examination	3	
	必修 Compulsory	电路、信号与系统实验 （Ⅰ、Ⅱ） （全英文） Circuit Signals and Systems Experiment （Ⅰ、Ⅱ）	1	1	16		32				考查 Investigation	3～4	
	必修 Compulsory	信号与系统 （全英文） Signals and Systems	3.5	3	56	48				8	考试 Examination	4	
	必修 Compulsory	C 语言程序设计 C Language Programming	4	4	64	64					考试 Examination	4	

续表

课程类别 Course Category	课程性质 Course Nature	课程名称 Course Name	总学分 Total Credit	课内学分 In-class Credits	总学时 Total Credit Hours	其中 Including					考核方式 Assessment Methods	开课学期 Semester	应修学分 Due Credit
						面授 Face-to-face Teaching				线上 Online			
						讲授 Teaching	实验 Experiment	上机 Online	实践 Practice				
大类基础课程 Basic Courses in General Discipline	必修 Compulsory	复变函数 Complex Variables Functions	2	2	32	32					考试 Examination	4	24
	必修 Compulsory	模拟电子技术基础（全英文）Fundamentals of Analog Electronic Technology	3	3	48	48					考试 Examination	4	
	必修 Compulsory	电子线路实验（Ⅰ、Ⅱ、Ⅲ）（全英文）Electronic Circuit Experiment（Ⅰ、Ⅱ、Ⅲ）	3	3	48		96				考查 Investigation	4～6	
	必修 Compulsory	DSP 实验 DSP E xperiment	1	1	16						考查 Investigation	6	
	小计 Subtotal		24	23	384	288	131						

表 1-17 全英文授课本科教学进程计划表——专业教育课程

课程类别 Course Category		课程性质 Course Nature	课程名称 Course Name	总学分 Total Credit	课内学分 In-class Credits	总学时 Total Credit Hours	其中 Including					考核方式 Assessment Methods	开课学期 Semester	应修学分 Due Credit
							面授 Face-to-face Teaching				线上 Online			
							讲授 Teaching	实验 Experiment	上机 Online	实践 Practice				
专业教育课程 Professional Education Courses	专业核心课 Professional Core Courses	必修 Compulsory	数字信号处理 Digital Signal Processing	3	3	48	48					考试 Examination	6	7
		必修 Compulsory	中国概况（英语）Introduction to China	2	2	32	32					考试 Examination	6	
		选修 Selective	集成电路设计导论（全英文）Introduction to the Integrated Circuit Design	2	2	32	32					考试 Examination	6	
		小计 Subtotal		7	7	112	112							7
	专业选修课 Professional Elective Course	选修 Selective	离散数学 Discrete Mathematics	2	2	32	32					考试 Examination	5	25
		选修 Selective	软件技术基础 Basis of Software Technique	3	3	48	48					考试 Examination	5	
		选修 Selective	计算方法 Computing Method	2	2	32	32					考试 Examination	5	

续表一

课程类别 Course Category		课程性质 Course Nature	课程名称 Course Name	总学分 Total Credit	课内学分 In-class Credits	总学时 Total Credit Hours	其中 Including					考核方式 Assessment Methods	开课学期 Semester	应修学分 Due Credit
							面授 Face-to-face Teaching				线上 Online			
							讲授 Teaching	实验 Experiment	上机 Online	实践 Practice				
专业教育课程 Professional Education Courses	专业选修课 Professional Elective Course	选修 Selective	数据结构与算法分析 Data Structure and Algorithm Analysis	4	4	64	64					考试 Examination	5	25
		选修 Selective	操作系统 Operating System	4	4	64	64					考试 Examination	5	
		选修 Selective	数据库原理 Database Principles	4	4	64	64					考试 Examination	5	
		选修 Selective	随机信号分析 Random Signal Analysis	3	3	48	48					考试 Examination	5	
		选修 Selective	高频电子线路 High-Frequency Electronic Circuit	4	4	64	64					考试 Examination	5	
		选修 Selective	计算机系统与结构 Computer Systems and Architecture	4	4	64	64					考试 Examination	6	

续表二

课程类别 Course Category		课程性质 Course Nature	课程名称 Course Name	总学分 Total Credit	课内学分 In-class Credits	总学时 Total Credit Hours	其中 Including					考核方式 Assessment Methods	开课学期 Semester	应修学分 Due Credit
							面授 Face-to-face Teaching				线上 Online			
							讲授 Teaching	实验 Experiment	上机 Online	实践 Practice				
专业教育课程 Professional Education Courses	专业选修课 Professional Elective Course	选修 Selective	软件工程 Software Engineering									考试 Examination	6	25
		选修 Selective	计算机网络 Computer Network	3	3	48	48					考试 Examination	6	
		选修 Selective	信息论与编码 Informatics & Coding	3	3	48	48					考试 Examination	6	
		选修 Selective	通信原理 Principles of Communication	4	4	64	64					考试 Examination	6	
		选修 Selective	微机原理 Principles of Microcomputer	4	4	64	64					考试 Examination	6	
		选修 Selective	雷达原理 Principles of Radar	3	3	48	48					考试 Examination	6	
		选修 Selective	自动控制技术 Auto-control Technology	3	3	48	48					考试 Examination	6	

续表三

课程类别 Course Category		课程性质 Course Nature	课程名称 Course Name	总学分 Total Credit	课内学分 In-class Credits	总学时 Total Credit Hours	其中 Including					考核方式 Assessment Methods	开课学期 Semester	应修学分 Due Credit
							面授 Face-to-face Teaching				线上 Online			
							讲授 Teaching	实验 Experiment	上机 Online	实践 Practice				
专业教育课程 Professional Education Courses	专业选修课 Professional Elective Course	选修 Selective	数字图像处理 Digital Image Processing	3	3	48	48					考试 Examination	7	25
		选修 Selective	无线网络安全 Wireless Network Security	3	3	48	48					考试 Examination	7	
		选修 Selective	微机信息管理与多媒体技术 Microcomputer Information Management and Multimedia Technology	3	3	48	48					考试 Examination	7	
		选修 Selective	电子信息系统综合实验 Comprehensive Experiment of Electronic Information System	3	3	48	48					考查 Investigation	7	
		选修 Selective	无线通信 Wireless Communications	3	3	48	48					考试 Examination	7	

续表四

课程类别 Course Category		课程性质 Course Nature	课程名称 Course Name	总学分 Total Credit	课内学分 In-class Credits	总学时 Total Credit Hours	其中 Including					考核方式 Assessment Methods	开课学期 Semester	应修学分 Due Credit
							面授 Face-to-face Teaching				线上 Online			
							讲授 Teaching	实验 Experiment	上机 Online	实践 Practice				
专业教育课程 Professional Education Courses	专业选修课 Professional Elective Course	选修 Selective	交换原理与技术 Principles and Techniques of Exchange	3	3	48	48					考试 Examination	7	25
		选修 Selective	计算机通信网 Computer Communication Network	3	3	48	48					考试 Examination	7	
		选修 Selective	电磁场基础 Basis of Electromagnetic Field	2	2	32	32					考试 Examination	7	
		选修 Selective	通信系统综合实验 Comprehensive Experiment of Communication System	3	3	48	48					考查 Investigation	7	
		小计 Subtotal		79	79	1264	1264							25

表 1-18 全英文授课本科教学进程计划表——集中实践环节

课程类别 Course Category	课程性质 Course Nature	课程名称 Course Name	总学分 Total Credit	课内学分 In-class Credits	总学时 Total Credit Hours	其中 Including					考核方式 Assessment Methods	开课学期 Semester	应修学分 Due Credit
						面授 Face-to-face Teaching				线上 Online			
						讲授 Teaching	实验 Experiment	上机 Online	实践 Practice				
集中实践环节 Centralized Practice	必修 Compulsory	金工实习（全英文）Metalworking Practice	2		2 周 2 weeks				2 周 2 weeks		考查 Investigation	2	25
	必修 Compulsory	电装实习（全英文）Electrical Assembly Practice	1		1 周 1 weeks				1 周 1 weeks		考查 Investigation	3	
	必修 Compulsory	工程设计 Engineering Design	1		1 周 1 weeks				1 周 1 weeks		考查 Investigation	4	
	必修 Compulsory	生产实习 Production Practice	3		3 周 3 weeks				3 周 3 weeks		考查 Investigation	5	
	必修 Compulsory	课程设计 Course Design	2		2 周 2 weeks				2 周 2 weeks		考查 Investigation	6	
	必修 Compulsory	毕业设计 Undergraduate Thesis	16		16 周 16weeks				16 周 16weeks		考查 Investigation	7～8	
	小计 Subtotal		25		25 周 25weeks				25 周 25weeks				25

注：每门课程选课人数需达到 5 人以上方可开课。

Note: The number of students in each course should be more than 5.

特色课程教学大纲

1.6.1 Python程序设计和人工智能平台学习

课程名称：Python编程和人工智能平台学习
英文名称：Python Programming and an Introduction to Artificial Intelligence Learning
学分/学时：2/32 + 16
适用专业：智能科学与技术、人工智能
先修课程：无
开课单位：全校

1. 课程的教学目标与任务

针对西安电子科技大学各专业的学科要求，怎样体现计算机学科与专业的关系，Python编程和人工智能平台学习课程如何有效地为后续专业课程提供服务？如何提高学生的计算机学习兴趣，如何高效完成以后学习中对计算机的多方面要求，如何能较好建立学生的计算思维模式？具体任务从以下5个方面进行阐述。

(1) 对于计算机课程中的第一部分基础知识，该项目在操作系统的定义、发展历史以及操作和使用方面，强化了Linux操作系统的介绍和使用方面的学习，为后续深度神经网络平台的学习做好铺垫。学习Linux操作系统下，基本的指令、界面设置以及软件的安装和使用，可以激发学生对开源软件的兴趣。

(2) 关于Python程序设计，打破之前仅仅课堂介绍的学习方式，通过实践课程，进行程序编写和调试。让学生在实践中锻炼编程能力，同时进一步掌握计算机底层运行原理。

(3) 针对计算技术，延拓到如何进行大规模复杂数学问题的求解，如何进行科学计算，算法的复杂度，数据结构中的基本模型和概念，比如MATLAB如何为科研进行有效服务，网络计算如何让我们体会无时不在的移动通信等。加强在Linux系统下，编译环境的配置。学会在Linux环境下，Python集成环境的搭建，加强Python编程的学习，利用shell调试基本的Python代码。

(4) 人工智能平台部分让学生知道人工智能的基本原理，以及开发流程。通过实践课程，锻炼学生在平台上项目开发的能力。同时让学生掌握人工智能新的动向，为后续人工智能课程学习奠定基础。

(5) 华为云平台和升腾系统学习，利用云平台加速操作，实现人工智能快速处理。

2. 课程具体内容及基本要求

1) 计算机导论 (1 学时)

基本要求：

① 计算机的概念以及影响。

② 主流的操作系统介绍，Unix、windows、Linux 以及 Mac OS。

③ 常用的软件介绍；常用的编程语言介绍。

2) Linux 系统的基本指令操作 (1 学时)

(1) 基本要求：

① 常见的 Linux 发行版本。

② Linux 系统安装；shell 指令和使用。

③ Linux 环境下的编程简介。

④ Linux 系统下常用软件的安装和配置。

(2) 重点及难点：

重点：shell 基本指令和操作。

难点：Linux 环境下软件的安装和使用。

3) Python 编程 (2 学时)

(1) 基本要求：

① Python 的版本以及常用集成环境介绍。

② 变量、输入以及输出；控制流结构。

③ 函数。

④ Python 代码调试。

(2) 重点及难点：

重点：Python 代码的编写以及调试。

难点：Python 集成环境的应用。

4) Python 编程小应用 (2 学时)

(1) 基本要求：

① 常用的 Python 工具箱以及调用方式。

② Python 图像处理；Python 网络编程。

③ Python 信号处理。

(2) 重点及难点：

重点：Python 常用工具箱的使用和调用方法。

难点：用 Python 实现简单的代码。

5) 常见的人工智能平台 (1 学时)

(1) 基本要求：

① 人工智能以及深度学习基本知识介绍。

② 卷积神经网络介绍。

③ 常用人工智能平台介绍。

④ 实训：在电脑上配置 Theano 和 TensorFlow。

(2) 重点及难点：

配置 TensorFlow。

6) TensorFlow 学习 (1 学时)

(1) 基本要求：

① TensorFlow 基本结构介绍。

② 常用模块；mnist 数据集识别。

(2) 重点及难点：

重点：程序设计的主要过程。

难点：TensorFlow 实现 mnist 数据集识别。

(3) 作业及课外学习要求：

根据老师留的关键词，检索并阅读与下次专题相关的科技文献。

7) 华为云和升腾系统学习 (4 学时)

基本要求：

使用华为云和升腾系统；实现卷积神经网络。

3. 教学安排及方式

Python 程序设计和人工智能平台学习课程教学安排及方式如表 1-19 所示。

表 1-19 教学安排及方式

序号	课 程 内 容	学 时	教学方式
1	计算机导论	讲授学时	讲授
2	Linux 系统的基本指令操作	讲授学时	讲授
3	Python 编程	实验学时 + 上机学时	实验 + 上机
4	Python 编程小应用	实验学时 + 上机学时	实验 + 上机
5	常见的人工智能平台	研讨学时	研讨
6	TensorFlow 学习	线上学时	线上学时
7	华为云和升腾系统学习	讲授学时	讲授学时

4. 考核及成绩评定方式

最终成绩由平时作业成绩、期末成绩和上机仿真成绩等组合而成。各部分所占比例如下：

平时作业成绩：5%。主要考核对每堂课知识点的复习、理解和掌握程度。

期末考试成绩：60%。主要考核电工及电子技术基础知识的掌握程度。上机考试形式。题型为选择题、填空题、问答题和计算题等。

计算机仿真成绩：35%。主要考核计算机运用能力、获取整理信息的能力以及理论联系实际的能力，学生可根据自己的专业方向及研究兴趣自拟题目或根据任课教师提出的题目，通过自学使用电子电路计算机辅助分析和设计软件图像、视频，并熟练使用网络和多媒体，进行计算机仿真，给出一定形式的仿真结果及说明。

学生的过程成绩提交时间和总评成绩计算说明如表 1-20 所示。

表 1-20 过程成绩提交时间和总评成绩计算说明表

序号	成绩提交时间	名称或说明
C1	第 3 次授课后、第 4 次授课前	平时 1
C2	第 6 次授课后、第 7 次授课前	平时 2
……	……	……
Cn		论文成绩
总评成绩 = C1*0.3 + C2*0.2 + ……Cn*n		

注：表 1-20 用于说明授课过程中分项成绩提交时间，教师应在规定的时间内提交对应成绩，提前或逾期无法提交，一旦提交无法修改。大纲可以根据需要自行定义提交成绩的次数、时间和名称或说明，总评成绩计算必须与考核和成绩评定方式中描述得一致。

5. 教材及参考书目

[1] David I. Schneider．Python 程序设计．北京：机械工业出版社，2016.

[2] Christopher Negus．Linux 宝典．9 版．北京：清华大学出版社，2016.

[3] Nick McClure．TensorFlow 机器学习实战指南．北京：机械工业出版社，2017.

[4] Rand E.Bryant．深入理解计算机系统．3 版．北京：电子工业出版社，2017.

6. 说明

与相关课程的分工衔接：无。

其他说明：无。

1.6.2 最优化理论与方法

课程名称：最优化理论与方法

英文名称：Optimization Theory and Methods

学分 / 学时：2.5/40

适用专业：智能科学与技术、人工智能

先修课程：高等数学、线性代数

开课院系：人工智能学院

1. 课程的教学目标与任务

“最优化理论与方法”是在生产实践和科学实验中选取最佳决策，研究在一定限制条件下，选取某种方案，以达到最优目标的一门学科，广泛应用于空间科学、军事科学、系统识别、通信、工程设计、自动控制、经济管理等各个领域，是工科院校高年级本科生、研究生、应用数学专业学生和优化设计的工程技术人员的一门重要课程。

最优化技术与计算机技术融为一体，对最优化技术的理论作适当深度的讨论，重点在于对概念和方法的论述；在应用方面，着重强调方法与应用的有机结合。包括最优化问题总论、最优化问题数学基础、线性规划及其对偶问题、一维搜索法、常用无约束最优化方法、常用约束最优化方法、动态规划、多目标优化、现代优化算法简介、最优化问题程序设计方法等。通过本课程教学，使学生掌握最优化计算方法的基本概念和基本理论，初步学会处理应用最优化方法解决实际中碰到的各个问题，培养解决实际问题的能力。

2. 课程的教学目标与毕业要求

(1) 本课程授课教师应能运用数学方法研究各种系统的优化途径及方案，为决策者提供科学决策的依据。其目的在于针对所研究的系统，求得一个合理运用人力、物力和财力的最佳方案，发挥和提高系统的效能及效益，最终达到系统的最优目标。因此，它对学生的工程知识将是特殊的、鼓励创新的，是其他课程不可替代的。

(2) 本课程授课教师应能在人工智能算法核心知识的讲授中拓展人工智能算法、人工智能优化、人工智能大数据等前沿工程应用内容，突出工科应用特色和学科交叉特色。

(3) 本课程授课教师应能通过课程多维度混合式教学法，达到培养学生自学能力、问题发现能力以及综合创新能力。

3. 课程具体内容及基本要求

1) 最优化方法和最优化模型

最优化方法定义、最优化问题的数学模型与分类；根据问题特点 (无约束最优化与约束最优化)，根据函数类型 (线性规划，非线性规划)；最优化方法 (解析法，直接法)，最优解与极值点。

(1) 基本要求：

本课程学习毕，学生应了解最优化方法的发展历史、研究现状及发展过程中的几个研究路径，掌握最优化方法的基本概念。

(2) 重点及难点：

重点：最优化方法概念。

难点：最优化方法的认知观。

(3) 作业及课外学习要求：

本课程上课学生应阅读相关课外文献。

2) 最优化问题的数学基础

最优化问题的数学基础内容：多元函数泰勒公式的矩阵形式，古典极值理论问题，二次函数求梯度公式，凸集，凸函数，凸规划，几个重要的不等式。

(1) 基本要求：

① 理解多元函数泰勒公式的矩阵形式，古典极值理论问题的概念。

② 掌握二次函数求梯度公式，凸集，凸函数，凸规划，几个重要的不等式。

(2) 重点及难点：

重点：多元函数泰勒公式的矩阵形式。

难点：梯度表示法、凸集，凸函数，凸规划。

(3) 作业及课外学习要求：

本课程上课学生应阅读相关课外文献。

3) 常用的一维搜索方法

常用的一维搜索方法包括一维搜索法 (最优化的基础)，“成功 - 失败”法的思想与算法，黄金分割法 (0.618 法) 的思想与算法，二次插值法，三次插值法，Powell 法等方法的思想与算法。

(1) 基本要求：

① 掌握一维搜索的方法。

② 理解相关方法的思想与算法。

(2) 重点及难点：

重点：一维搜索方法的思想。

难点：相关方法的原理。

4) 无约束最优化方法

无约束最优化方法是最优化方法中的基本方法，包括最速下降法的思想与算法步骤，牛顿法的思想与算法步骤，共轭方向法的思想与算法步骤，共轭梯度法的思想与算法步骤，变尺度法 (DFP 法和 BFGS 法) 的思想与算法步骤。

(1) 基本要求：

① 掌握无约束最优化的方法。

② 理解相关方法的思想与算法。

(2) 重点及难点：

重点：无约束最优化的思想。

难点：相关方法的原理。

5) 约束最优化方法

约束最优化方法可以将通常约束问题转化为无约束问题求解，包括序列无约束极小化方法 (SUMT 外点法与内点法) 的思想与算法步骤，内点的求法，其他罚函数法，Frank-Wolfe 法的思想与算法步骤。

(1) 基本要求：

① 了解序列无约束极小化方法 (SUMT 外点法与内点法) 的思想与算法步骤，并能够熟练应用此方法解决实际问题。理解内点的求法与其他罚函数法；算法步骤并能够熟练应用解题。

② 理解相关方法的思想与算法。

(2) 重点及难点：

重点：约束最优化的思想。

难点：相关方法的原理。

4. 教学安排及方式

最优化理论与方法课程内容分为理论教学 (32 学时) 和实践教学 (8 学时)。教学安排及方式如表 1-21 所示。

表 1-21 教学安排及方式

序号	课 程 内 容	学时	教学方式
1	(一) 绪论	4	讲授
2	(二) 最优化问题的数学基础	4	讲授
3	(三) 线性规划及其对偶问题	4	讲授
4	(四) 一维搜索方法	4	讲授
5	(五) 最速下降法	4	讲授
6	(六) 无约束最优化方法	6	讲授
7	(七) 约束最优化方法	6	讲授
8	(八) 实验一：图解法	2	研讨 + 实验
9	(九) 实验二：黄金分割法	2	研讨 + 实验
10	(十) 实验三：最速下降法	2	研讨 + 实验
11	(十一) 实验四：拟牛顿法	2	研讨 + 实验

5. 考核及成绩评定方式

1) 考核与评价方式及成绩评定

课程考核通过课堂参与情况、作业、实验、期末考试几部分综合评价形成。各部分所占比例如下：

课堂参与情况：10%，主要考核对每堂课知识点的复习、理解和掌握程度。根据到课率、随堂测试情况评定。

平时作业：10%，主要考核学生对每堂课知识点的复习、理解和掌握程度。每章课程讲授完后均需线上提交本单元的作业。

实验：30%，主要考查学生完成实验的动手能力，分析处理实验数据和撰写实验报告的能力。

期末考试成绩：50%，闭卷考试形式，主要考核课程的知识的掌握程度，以基本概念、基本分析、设计和计算方法的掌握程度为主。书面考试形式的题型为选择题，填空题，问答题，分析、计算题等。

2) 考核与评价标准

课堂参与情况评分标准：

课堂参与情况注重考查学生在整个学习过程中的努力程度，传达给学生“老师更加看重你在学习过程中的积极主动性，而不会关心你的基础是否优秀”，来激发学生学习积极性。这部分成绩可以由课堂管理软件提供。

(1) 平时成绩考核与评价标准如表 1-22 所示。

表 1-22　平时成绩考核与评价标准

基本要求	评价标准				成绩比例/%
	优秀	良好	合格	不合格	
课程目标 1（支撑毕业要求 1-4）	按时交作业；基本概念正确、论述逻辑清楚；层次分明，语言规范	按时交作业；基本概念正确、论述基本清楚；语言较规范	按时交作业；基本概念基本正确、论述基本清楚；语言较规范	不能按时交作业；有抄袭现象；或者基本概念不清楚、论述不清楚	50
课程目标 2（支撑毕业要求 2-4）	按时交作业；能够正确应用相关知识分析解决实际工程问题，论述逻辑清楚；层次分明，语言规范	按时交作业；能够应用相关知识分析解决实际工程问题，论述清楚，语言较规范	按时交作业；基本能够应用相关知识分析解决实际工程问题，论述基本清楚，语言较规范	不能按时交作业；有抄袭现象；或者概念不清楚、论述不清楚	50

注：该表格中比例为平时成绩比例。

(2) 实验评价标准如表 1-23 所示。

表 1-23　实验评价标准

基本要求	评价标准				成绩比例/%
	优秀	良好	合格	不合格	
课程目标 3 (支撑毕业要求 5-2)	按照要求完成预习；理论准备充分，实验方案有充分的分析论证过程；调试和实验操作非常规范；实验步骤与结果正确；实验仪器设备完好	有一定的预习和理论准备，实验方案有分析论证过程；调试和实验操作规范；实验步骤与结果正确；实验仪器设备完好	实验方案一定的分析论证过程；调试和实验操作较规范；实验步骤与结果基本正确；实验仪器设备完好	实验方案错误；或者没有按照实验安全操作规则进行实验；或者实验步骤与结果有重大错误；或者故意损坏仪器设备	60
课程目标 3 (支撑毕业要求 5-2)	按时交实验报告，实验数据与分析翔实、正确；图表清晰，语言规范，符合实验报告要求	按时交实验报告，实验数据与分析正确；图表清楚，语言规范，符合实验报告要求	按时交实验报告，实验数据与分析基本正确；图表较清楚，语言较规范，基本符合实验报告要求	没有按时交实验报告；或者实验数据与分析不正确；或者实验报告不符合要求	40

注：该表格中比例为实验考核成绩比例。

6. 教材及参考书目

[1]　郭科．最优化方法及其应用．北京：高等教育出版社，2007.

[2]　唐焕文，秦学志．实用最优化方法．大连：大连理工大学出版社，2005.

[3]　解可新，韩立兴．最优化方法．天津：天津大学出版社，2000.

[4]　陈宝林．最优化理论与算法．北京：清华大学出版社，2002.

7. 说明

与相关课程的分工衔接：本课程以“线性代数”“高等数学”为基础，并为“模式识别”“数据挖掘”等后续课程打下基础。

其他说明：无。

1.6.3 专业基础实践

课程名称：专业基础实践

英文名称：Basic Practice of Intelligent Major

学分 / 学时：1/16

适用专业：智能科学与技术、人工智能

先修课程：数据结构和算法应用、模拟电子技术基础、数字电路与逻辑设计

开课院系：人工智能学院

1. 课程简介

为配合智能科学与技术专业基础课堂教学，使学生更好地掌握课程的内容，加深学生对信息处理和智能学科基本理论的理解，增强动手能力和创新能力，故开设专业基础实践课程，本课程旨在帮助学生理解智能系统和算法的基本概念和基本理论，加强学生对智能科学的软硬件基础技术融会贯通；了解智能系统和算法的基本架构，并能够结合智能算法完成实际工程任务；初步具备使用智能算法相关软件工具，并通过实践环节培养学生的设计、开发智能应用软件的能力。

2. 课程目标与毕业要求

1) 课程教学目标

专业基础实践课程的目标是帮助学生了解智能系统相关的基本概念和基础理论，加强学生对智能科学的软硬件进行基础实践；让学生了解智能系统的基本架构，并能够结合基础的算法实践并完成具体的功能模块；使学生初步具备使用计算机软件和现代信息工具的能力，并通过实践环节培养学生的设计、开发智能算法的基础能力。本课程是必修课程，课程目标是为了提高学生的探索兴趣，使学生对智能科学有更好的理解，增强学生的问题分析、算法设计、编程和实践能力。

课程目标与毕业要求如下：

课程目标 1：本课程学习毕，学生应初步掌握智能科学与技术专业常用实验设备的使用方法，并能够通过编程具备一定的数据获取、存储和处理能力，对实际工程问题的模拟和仿真能力，并了解实验设备的使用要求、运用范围和局限性。(支撑毕业要求 5-4)

课程目标 2：通过实践能够了解智能科学与技术专业的工程相关背景，并对具体工程问题能够进行合理分析，评价所实践的工程问题的解决方案所具有的优缺点，以及方案对人们生活所带来的便利和影响。(支撑毕业要求 6-2)

课程目标 3：实践过程分小组进行，培养学生胜任团队成员或负责人的角色，能在团队协作中相互讨论，听取其他团队成员的意见和建议，培养学生的团队精神和充分发挥团队协作的优势。(支撑毕业要求的 9-2)

课程目标与毕业要求的关系矩阵如表 1-24 所示。

表 1-24　课程目标与毕业要求的关系矩阵

课程目标	毕业要求指标点		
	5-4	6-2	9-2
课程目标 1	√		
课程目标 2		√	
课程目标 3			√

2) 课程思政目标

本课程的思政目标包括培养学生的科学素养，把工匠精神灌输到学生心中，树立正确的价值观，将掌握的科学技术运用到推动社会发展、为人民服务的历史使命中，积极承担社会责任。

3. 课程具体内容及基本要求

指导教师出题，学生选题；或指导教师与学生协商实践题目。

(1) 基本要求：

① 了解智能系统的基本架构，并能够结合智能算法完成一个具体的工程任务。

② 熟悉使用智能算法相关软件工具，培养学生的设计、开发智能应用软件的能力。

(2) 重点及难点：

重点：智能系统的基本架构，智能算法相关软件工具应用。

难点：智能算法设计。

(3) 思政元素设计：

培养学生的科学素养，巩固理论基础，强化实践创新能力，把工匠精神灌输到学生心中，树立科技强国的自信，全身心地投入世界科技强国建设的过程中。

(4) 作业及课外学习要求：

本课程上课学生应查阅相关资料，书写实践报告。

4. 教学安排及方式

专业基础实践课程总学时 16 学时，其中，讲授 0 学时，实验 (或上机或综合练习或多种形式)32 学时。教学安排及方式如表 1-25 所示。

表 1-25　教学安排及方式

序号	课 程 内 容	学时	教学方式
1	指导教师与学生研讨、学生实践	4	实践
2	指导教师与学生研讨、学生实践	4	实践
3	指导教师与学生研讨、学生实践	4	实践
4	指导教师与学生研讨、学生实践	4	实践
5	指导教师与学生研讨、学生实践	4	实践
6	指导教师与学生研讨、学生实践	4	实践
7	指导教师与学生研讨、学生实践	4	实践
8	实践答辩	4	实践答辩

注：教学方式填写“讲授、实验或实践、上机、综合练习、多种形式”。

5. 考核与评价方式及标准

1) 考核与评价方式及成绩评定

最终成绩由过程考核成绩、实践报告成绩和实践答辩成绩等组合而成。各部分所占比例如下：

过程考核：50%，主要考核实践过程的工作情况，包括理论和实践掌握情况，实践效率和效果等。

实践报告：20%，主要考核实践报告书写的规范性，分析问题和解决问题的能力。

实践答辩：30%，主要考核答辩过程中理论的理解、实践思路、实践过程的阐述，以及团队协作情况等。

专业基础实践课程目标达成考核与评价方式及成绩评定对照如表 1-26 所示。

表 1-26　课程目标达成考核与评价方式及成绩评定对照表

课程目标	毕业要求观测点	考核与评价方式及成绩比例 /%				成绩比例 /%
		理论和实践掌握 (40%)	效率和效果 (10%)	实践报告 (20%)	成员贡献和团队协作 (30%)	
课程目标 1	支撑毕业要求 5-4	100	100			50
课程目标 2	支撑毕业要求 6-2			100		20
课程目标 3	支撑毕业要求 9-2				100	30
合计		100	100	100	100	100

注：该表格中比例为课程整体成绩比例。

2) 考核与评价标准

(1) 过程考核成绩考核与评价标准如表1-27所示。

表1-27 过程考核成绩考核与评价标准

基本要求	评价标准				成绩比例/%
	优秀(0.9～1)	良好(0.7～0.89)	合格(0.6～0.69)	不合格(0～0.59)	
课程目标1(支撑毕业要求5-4)	按时完成实践验收，按时提交实践报告；理论概念清晰正确；算法执行效率高；实践效果好，实践结果可视化规范	按时完成实践验收，按时提交实践报告；理论概念清晰正确；算法执行效率较好；实践运行结果正确，实践结果可视化待提高	按时完成实践验收，按时提交实践报告；理论概念基本正确；算法执行效率一般；实践运行结果基本正确，实践结果可视化需进一步完善	不能按时完成实践验收，或者不能按时提交实践报告；理论概念有误；算法执行效率弱；实践运行结果有错误	50

(2) 实践报告成绩考核与评价标准如表1-28所示。

表1-28 实践报告成绩考核与评价标准

项目	评价标准				成绩比例/%
	优秀(0.9～1)	良好(0.7～0.89)	合格(0.6～0.69)	不合格(0～0.59)	
课程目标2(支撑毕业要求6-2)	实践报告书写规范；思路清晰，条理清楚，分析问题和解决问题的能力强	实践报告书写比较规范；基本原理理解正确，分析问题和解决问题的能力较强	实践报告的规范性有待提升；基本原理理解有部分不正确，分析问题和解决问题的能力一般	实践报告书写不规范；基本原理理解有误，分析问题和解决问题的能力较弱	20

(3) 实践答辩成绩考核与评价标准如表1-29所示。

表1-29 实践答辩成绩考核与评价标准

项目	评价标准				成绩比例/%
	优秀(0.9～1)	良好(0.7～0.89)	合格(0.6～0.69)	不合格(0～0.59)	
课程目标3(支撑毕业要求9-2)	答辩环节思路清晰，条理清楚；团队协作紧密融洽	答辩环节基本原理理解正确；团队协作融洽	答辩环节问题基本回答正确，团队协作比较融洽	答辩环节问题解答不正确；团队协作松散	30

6. 教材及参考书目

由于课程的教学形式是指导教师出题，学生选题或指导教师与学生协商实践题目，因此教材和参考书目由指导教师指定。

7. 说明

与相关课程的分工衔接：专业基础实践是导师制的学生实践课程，以配合智能科学与技术专业前期的基础教学，使学生更好地掌握课程的内容，加深学生对信息处理和智能学科基本理论的理解；进一步培养学生的思维推理能力和分析运算能力，为学生进行后续的创新性学习和研究奠定坚实的理论基础和思想方法。

其他说明：专业基础实践课程开设期间，实验室全天开放 (早 8:30—晚 10:30)，同学可在非实践课时间进入实验室完善或扩展实践任务的功能。

1.6.4 人工智能概论

课程名称：人工智能概论

英文名称：Introduction to Artificial Intelligence

学分 / 学时：3.5/56 + 36

适用专业：智能科学与技术、人工智能

先修课程：高等数学、离散数学

开课院系：人工智能学院

1. 课程简介

1) 中文简介

人工智能概论是智能科学与技术的专业基础课程，介绍人工智能的发展历史及研究现状，典型的知识表示方法和搜索推理等经典人工智能技术，遗传算法、群智能算法、人工神经网络、机器学习和模式识别等高级人工智能技术的基础理论与方法，目的是使学生了解和掌握人工智能相关的基本概念和方法，为之后的专业课程的学习，为将来在人工智能领域的进一步研究工作和软件实践奠定良好的基础。通过本课程的学习，使学生掌握人工智能的基本思想和实现方法，掌握人工智能问题分析、算法设计及应用方法，为人工智能在各领域的应用奠定基础，拓宽学生在计算机科学与技术领域的知识广度。

2) 英文简介

Introduction to Artificial Intelligence is a professional foundation course in intelligence science and technology, which introduces the development history and research status of Artificial Intelligence, typical knowledge representation methods and search reasoning, as well as the basic theories and methods of advanced Artificial Intelligence technologies such as genetic algorithms, swarm intelligence algorithms, artificial neural networks, machine learning, and pattern recognition. The purpose is to enable students to understand and master the basic concepts and methods related to Artificial Intelligence, and further to lay a solid foundation for future professional courses, further research work in the field of Artificial Intelligence, and software practice. Through the study of this course, students will master the basic ideas and implementation methods of Artificial Intelligence, as well as problem analysis, algorithm design, and application methods of Artificial Intelligence. This will lay the foundation for the application of Artificial Intelligence in various fields and broaden their knowledge in the field of computer science and technology.

2. 课程目标

1) 课程教学目标

通过人工智能概论课程的学习，学生能掌握知识表示及问题求解的方法，掌握人工智能领域的工程设计概念、原理和方法，会用基本的搜索技术以及推理技术求解路径搜索、机器博弈、机器自动推理等经典人工智能问题，能够用高级人工智能方法解决最优化等工程问题，理解人工智能发展中可能面临的伦理问题以及可采取的防范措施，培养学生的分析问题及解决问题的能力，树立终身学习的观念。为学习后续专业课程“机器学习”“数据挖掘”“模式识别”等打下坚实的实践理论基础。课程目标与支撑的毕业要求观测点如下：

课程目标 1：本课程学习毕，学生应了解人工智能的概念、历史及研究现状、人工智能的主要流派和路线，熟悉人工智能的研究领域、人工智能代表性技术的基本原理，掌握三种典型的人工智能知识表示及其相应的搜索和推理技术。能够应用人工智能原理及方法对人工智能问题进行知识表示及问题分解。

课程目标 2：本课程学习毕，学生应掌握计算智能三大典型分支的基本算法以及两大应用领域的相关原理与基本技术。能够掌握各类人工智能算法的设计概念、原则和方法，能够对工程问题提出合理的解决方案。

课程目标 3：本课程学习毕，学生应了解人工智能技术的发展趋势与发展前景，理解人工智能发展中可能面临的伦理问题以及可采取的防范措施，掌握分析影响算法性能多种因素的能力。能够在人工智能技术的设计与应用环节中考虑社会、安全、法律、文化等多方面、多层次因素的影响。

2) 课程思政目标

人工智能概论的课程思政目标包括学生应了解人工智能技术的发展趋势与发展前景，理解人工智能发展中可能面临的伦理问题以及可采取的防范措施，掌握分析影响算法性能多种因素的能力。能够在人工智能技术的设计与应用环节中考虑社会、安全、法律、文化等多方面、多层次因素的影响。通过对人工智能发展趋势及伦理问题的介绍与讨论，使学生充分理解人工智能技术“双刃剑”的特点，增强社会责任感，提高为国家为人民造福的意识。

人工智能概论中的主要思政元素包括：

① AI强国与时代担当之“中国人工智能发展战略”。

② 科技服务社会之“AI技术在生活中的应用”。

③ 不忘初心之“人工智能发展史(三起两落)”。

④ 国之重器之“当前中国人工智能”。

⑤ 辩证思维及团队精神之“进化算法与传统优化算法的比较”。

⑥ 能力越大责任越大之“粒子群优化算法原理”。

3. 考核及成绩评定方式

人工智能概论课程的考核以考核学生能力培养目标的达成为主要目的，以检查学生对各知识点的掌握程度以及应用为重要内容。课程最终成绩由平时作业成绩、综合大作业成绩、线上学习成绩、期末考试成绩四部分组合而成，各部分所占比例如下：

平时作业成绩：10%。平时作业主要考核学生对每堂课知识点的复习、理解和掌握程度，以及应用人工智能原理及方法对人工智能问题进行知识表示及问题分解，并利用人工智能技术解决智能难题以及优化问题的能力。根据学生课堂表现、随堂测试、平时作业等进行评分。

综合大作业成绩：20%。两次大作业主要考查学生对启发式搜索及最优化问题进行分析、设计算法和解决问题的能力，以及对影响算法性能的多种因素进行分析和调试算法的能力。学生根据任课教师布置的题目设计算法，编程解决对应问题，并撰写任务报告。根据任务完成的难度，任务完成的效果、报告中对影响算法性能的多种因素进行分析的全面程度进行评分。

线上学习成绩：10%。线上学习主要考查学生应用人工智能原理及方法对人工智能问题进行知识表示及问题分解，并对典型智能难题以及工程问题进行分析以及求解的能力。课程组录制好的教学视频和章节测试，供学生进行重点内容课后复习，自我测试，考前复习等，根据系统的记录的观看视频时长及线上章节测试题的情况来评定分数。

期末考试成绩：60%。期末考试主要考核学生对核心知识掌握和运用的能力，以及应用人工智能原理及方法对人工智能问题进行知识表示及问题分解，并利用人工智能技术解决智能难题以及优化问题的能力。书面闭卷考试形式。

人工智能概论考核及成绩评定方式如表1-30所示。

表 1-30 考核及成绩评定方式

课程目标	平时作业	综合大作业	线上学习	期末考试	合计
课程目标 1	60		60	50	42
课程目标 2	40	50	40	50	48
课程目标 3		50			10
合计	100	100	100	100	100

4. 课程目标与毕业要求的对应关系 (见表 1-31)

表 1-31 课程目标与毕业要求的对应关系

毕业要求	观测点	课程目标、达成途径、评价依据
能够应用人工智能原理及方法对人工智能问题进行知识表示及问题分解。(毕业要求 (2-2))	支撑毕业要求 2-2	课程目标 1：掌握三种典型的人工智能知识表示及其相应的搜索和推理技术。能够应用人工智能原理及方法对人工智能问题进行知识表示及问题分解。通过平时作业、线上学习以及期末考试来进行考查
能够掌握各类人工智能算法的设计概念、原则和方法，能够对工程问题提出合理的解决方案。(毕业要求 (3-1))	支撑毕业要求 3-1	课程目标 2：掌握计算智能三大典型分支的基本算法以及两大应用领域的相关原理与基本技术。能够掌握各类人工智能算法的设计概念、原则和方法，能够对工程问题提出合理的解决方案。通过平时作业、综合大作业，线上学习以及期末考试来进行考查
能够在人工智能技术的设计与应用环节中考虑社会、安全、法律、文化等多方面、多层次因素的影响。(毕业要求 (3-4))	支撑毕业要求 3-4	课程目标 3：掌握分析影响算法性能多种因素的能力。能够在人工智能技术的设计与应用环节中考虑社会、安全、法律、文化等多方面、多层次因素的影响。通过综合大作业来进行考查

5. 课程教学内容、学习成效要求

1) 绪论 (4 学时)

(1) 学习成效要求：

① 了解人工智能的发展历史、研究现状及发展过程中的几个研究途径。

② 掌握人工智能的概念。

③ 理解人工智能三大学派之间的联系与区别。

④ 思政元素：a. AI 强国与时代担当之“中国人工智能发展战略”。b. 科技服务社会之

“AI 技术在生活中的应用”。c. 不忘初心之“人工智能发展史 (三起两落)”。d. 国之重器之“当前中国人工智能”。

(2) 重点及难点：

重点：人工智能概念。

难点：人工智能各学派的认知观。

(3) 作业及课外学习要求：

授课教师应布置课后学习及文献查阅任务，结合课后习题使学生巩固本节重点知识，了解最新的人工智能研究进展及发展成果。

2) 状态空间知识表示及其搜索技术 (4 学时)

(1) 学习成效要求：

① 理解状态空间知识表示的概念。

② 掌握典型的广度、深度、有序搜索、A* 算法。

(2) 重点及难点：

重点：状态空间法概念、广度搜索、深度搜索、等代价搜索、有序搜索。

难点：A* 算法。

(3) 作业及课外学习要求：

授课教师应通过课后习题使学生巩固本节重点知识，要求学生理解状态空间法，掌握广 (深) 度搜索，有序搜索以及 A* 算法。了解实际问题中不同搜索算法的应用实例，能够编程实现搜索算法，用于求解人工智能问题。

3) 问题归约知识表示及搜索技术 (4 学时)

(1) 学习成效要求：

① 理解问题归约法的基本概念。

② 掌握典型的基于与或图的盲目搜索方法和启发式搜索方法。

③ 思政元素：科学精神之“机器博弈历史”。

(2) 重点及难点：

重点：广 (深) 度搜索，极大极小搜索，α-β 剪枝。

难点：极大极小搜索，α-β 剪枝。

(3) 作业及课外学习要求：

授课教师应布置课后习题及大作业任务，使学生巩固本节重点知识，要求学生熟练掌握极大极小搜索，了解实际问题中不同搜索算法的应用实例，能够编程实现搜索算法并将其用于求解人工智能问题。

4) 谓词逻辑及其推理表示 (6 学时)

(1) 学习成效要求：

① 掌握命题合式公式及谓词合式公式的相关概念以及五大链接词。

② 理解消解的定义、掌握消解原理，及简单的推理过程。

(2) 重点及难点：

重点：消解原理。

难点：消解反演问题求解。

(3) 作业及课外学习要求：

授课教师应通过课后学习任务及课后习题，使学生巩固本节重点知识，要求学生掌握谓词公式的子句集求取及利用消解原理证明命题。

5) 规则演绎系统 (2 学时)

(1) 学习成效要求：

① 理解演绎系统的基本概念。

② 掌握规则正向演绎系统、规则逆向演绎系统。

(2) 重点及难点：

重点：规则演绎推理。

难点：规则双向演绎推理。

(3) 作业及课外学习要求：

授课教师应通过课后学习任务及课后习题，使学生巩固本节重点知识，要求学生掌握理解事实表达式的与或形变换、F 规则变换、目标公式化成与或形、B 规则变换等。

6) 不确定性推理 (8 学时)

(1) 学习成效要求：

① 熟悉和理解不确定性推理的基本概念。

② 熟悉和掌握不确定性推理的相关方法。

③ 思政元素：文化自信之“东西方文化对模糊理论的接受度”。

(2) 重点及难点：

重点：逆概率推理方法，模糊集合及运算。

难点：模糊逻辑与模糊推理。

(3) 作业及课外学习要求：

授课教师应布置课后学习任务和课后习题，使学生巩固本节重点知识，要求学生熟练掌握模糊集合表示及运算方法，能够进行模糊推理。

7) 遗传算法 (4 学时)

(1) 学习成效要求：

① 理解遗传算法的基本机理。

② 掌握基于函数优化的遗传算法实现过程。

③ 思政元素：辩证思维及团队精神之“进化算法与传统优化算法的比较”。

(2) 重点及难点：

重点：遗传算法的基本概念及其原理。

难点：编码，交叉，变异，轮盘赌选择。

(3) 作业及课外学习要求：

授课教师应通过要求课后学习、布置文献查阅任务、课后习题、大作业任务，使学生巩固本节重点知识，要求学生熟练掌握遗传算法的基本概念及其原理，了解进化计算或软计算的研究新进展，进化计算不同分支的发展历史，能够编程实现遗传算法，用于求解单目标优化问题，并能够就算法参数、遗传算子等不同因素对算法性能的影响进行多方面多层次的分析。

8) 群智能 (4 学时)

(1) 学习成效要求：

① 了解群智能算法的基本思想以及典型的群智能算法。

② 掌握基本的粒子群算法。

③ 掌握基本的蚁群算法。

④ 思政元素：能力越大责任越大之“粒子群优化算法原理”。

(2) 重点及难点：

重点：简单粒子群算法与蚁群算法。

难点：算法的改进。

(3) 作业及课外学习要求：

授课教师应通过要求课后学习，布置课后习题及大作业任务，使学生巩固本节重点知识，要求学生熟练掌握粒子群算法、蚁群算法的基本概念及其原理，能够编程实现粒子群算法或蚁群算法，用于求解数值优化问题或组合优化问题，并能够就算法参数对算法性能的影响进行多方面多层次的分析。

9) 人工神经网络 (4 学时)

(1) 学习成效要求：

① 熟悉和掌握人工神经网络的基本概念。

② 理解利用简单的人工神经网络进行学习和推理。

(2) 重点及难点：

重点：人工神经网络的基本概念。

难点：神经网络的推理过程。

(3) 作业及课外学习要求：

授课教师应通过课后学习以及布置文献查阅任务，结合课后习题使学生巩固本节重点知识，要求学生掌握基于神经网络的知识表示及推理，理解其与经典推理方法的区别，了解神经网络研究现状。

10) 机器学习基础(4学时)

(1) 学习成效要求：

① 理解机器学习的基本概念和方法、学习系统的基本结构；了解几种典型的机器学习方法。

② 了解机器学习的进展情况。

(2) 重点及难点：

重点：机器学习的基本概念、结构的相关知识。

难点：几种机器学习方法的区别。

(3) 作业及课外学习要求：

授课教师应布置课后学习及文献查阅任务，结合课后习题使学生巩固本节重点知识，要求学生了解机器学习研究的新进展，思考并理解人工智能、机器学习以及深度学习之间的关系。

11) 模式识别(6学时)

(1) 学习成效要求：

① 理解模式识别相关重要概念。

② 掌握模式识别重要方法的基本原理。

(2) 重点及难点：

重点：模式识别的概念及方法原理。

难点：几种特征学习方法及分类器的原理。

(3) 作业及课外学习要求：

授课教师应布置课后学习任务，布置课后习题及大作业任务，使学生巩固本节重点知识，要求学生理解模式识别的概念、方法及原理，能够编程实现一种分类或聚类算法。

12) 下一代人工智能(4学时)

(1) 学习成效要求：

① 了解人工智能的不同发展现状。

② 了解人工智能几种典型的技术的原理。

③ 了解对人工智能发展的反思和展望。

(2) 重点及难点：

重点：人工智能的基本技术及原理。

难点：对人工智能的反思。

(3) 作业及课外学习要求：

授课教师应布置课后学习及文献查阅任务，要求学生了解人工智能典型应用领域及应用案例，能够探讨分析人工智能技术的发展对社会、安全、法律、文化等方面的影响。

13) 人工智能应用案例 (2 学时)

(1) 学习成效要求：

① 了解卓居产品。

② 了解智能导盲杖。

③ 了解渐冻人智慧生活眼控轮椅技术。

(2) 重点及难点：

重点：卓居产品、智能导盲杖。

难点：渐冻人智慧生活眼控轮椅技术。

(3) 作业及课外学习要求：

授课教师应布置课后学习及文献查阅任务，要求学生了解本章的几个典型的人工智能典型应用场景。

6. 教学安排及方式

人工智能概论课程总学时 56 学时 (课外学习不计入总学时)，其中，讲授 40 学时，实验 0 学时，上机 0 学时，实践 0 学时，线上 16 学时。

课外学习预估 36 学时，其中，课前预习 12 学时，课后作业 12 学时，课程设计 12 学时，自主学习 0 学时，其他 (内容根据情况自拟)0 学时。

人工智能概论教学安排及方式如表 1-32 所示。

表 1-32　教学安排及方式

序号	教 学 目 标	教学方式	学时
1	绪论	讲授	4
2	状态空间知识表示及其搜索技术	讲授	4
3	问题归约知识表示及搜索技术	讲授	4
4	谓词逻辑及其推理技术	讲授	6
5	规则演绎系统	讲授	2
6	不确定推理	讲授	8
7	遗传算法	讲授	4
8	群智能	讲授	4
9	人工神经网络	讲授	4
10	机器学习	线上	4
11	模式识别	线上	6
12	下一代人工智能	线上	4
13	人工智能应用案例	线上	2

7. 教材及参考书目

[1] 刘若辰，慕彩红，焦李成，等．人工智能导论．北京：清华大学出版社，2021.
[2] Morgan Kanfmann，N. J. Nilsson. Artificial Intelligence: A New Synthesis．北京：机械工业出版社，1999.
[3] 马少平，朱小燕．人工智能．北京：清华大学出版社，2004.
[4] George F.Luger．人工智能—复杂问题求解的结构和策略．史忠植，张银奎，等译．北京：机械工业出版社 & 中信出版社，2010.
[5] 王钰，周志华，周傲英．机器学习及应用．北京：清华大学出版社，2006.
[6] 蔡自兴，蒙祖强．人工智能基础．北京：高等教育出版社，2016.
[7] 焦李成，刘若辰，慕彩红，等．简明人工智能．西安：西安电子科技大学出版社，2019.
[8] 蔡自兴，刘丽珏，蔡竞峰，等．人工智能及其应用．5 版．北京：清华大学出版社，2016.

1.6.5 算法设计与分析

课程名称：算法设计与分析
英文名称：Algorithms Design Techniques and Analysis
学分 / 学时：3/48(40 + 16)
适用专业：智能科学与技术
先修课程：数据结构、C 语言
开课单位：人工智能学院

1. 课程教学目标

算法设计与分析是计算机科学技术中处于核心地位的一门专业基础课。本课程从讲解算法设计和算法分析的基本概念和方法开始，系统地介绍一些常用的、经典的算法设计技术，及复杂性分析的方法。算法设计与分析内容包括递归技术、分治、动态规划、贪心算法、图的遍历、回溯法，近年来发展迅速的随机算法与逼近算法，以及具有广泛应用背景的网络流与网络匹配问题。学生通过本课程的学习，将掌握算法分析的基本方法、各种经典的算法设计技术。

通过本课程的学习，要求学生达到以下目标：

课程目标 1：学生应掌握经典的算法设计技术，针对特定需求完成系统、模块的软件设计、硬件设计。(支撑毕业要求 3-4)

课程目标 2：学生应掌握复杂性分析的方法，能够对智能科学与技术领域的软件、硬件模块进行理论分析。(支撑毕业要求 4-3)

课程目标 3：学生应具备分析、推理和解决设计 / 开发解决方案的能力，以及自主学习能力，掌握跟踪学科前沿和基本方法。(支撑毕业要求 2-2 和 12-1)。

2. 课程教学目标与毕业要求的对应关系 (见表 1-33)

表 1-33　课程目标与毕业要求观测点的支撑矩阵

课程目标	毕业要求指标点			
	2-2	3-4	4-3	12-1
课程目标 1		√		
课程目标 2			√	
课程目标 3	√			√

3. 课程安排及教学方式 (见表 1-34)

算法设计与分析课程内容分为理论教学 (40 学时) 和实验教学 (16 学时)。

表 1-34　课程安排及教学方式

序号	课 程 内 容	学时	教学方式
1	算法课程概述、二分搜索算法、合并已排序列表算法的概念、流程、复杂度	4	讲授
2	选择排序、插入排序、自底向上合并排序算法的概念、流程以及算法的复杂度	4	讲授
3	时间复杂度分析、空间复杂度分析	4	讲授
4	算法运行时间估计、最坏情况与平均情况分析、平摊分析	4	讲授
5	基数排序、产生排列、找主元素	4	讲授
6	分治范式、找中项与第 k 小元素、快速排序	4	讲授
7	最长公共子序列问题、动态规划范式	4	讲授
8	所有点对最短路径问题、背包问题	4	讲授
9	最短路径问题、最小耗费生成树、文件压缩	4	讲授
10	深度优先搜索、广度优先搜索	4	讲授
11	找图中关节点问题	4	讲授
12	图的 3 染色问题、8 皇后问题	4	讲授
13	编程实现基数排序方法、排列产生方法、快速排序	4	上机
14	分支限界法	4	讲授
15	编程实现最长公共子序列问题、全源最短路径问题、背包问题的求解	4	上机

续表

序号	课 程 内 容	学时	教学方式
16	测试串的相等性	4	讲授
17	模糊认知图学习、社团检测或网络鲁棒性优化	4	讲授
18	差界、相对性能界	4	讲授
19	模式匹配	4	讲授
20	编程实现单源最短路径问题、最小生成树问题、Huffman 编码	4	讲授
21	Ford-Fulkerson 方法、Minimum path length augmentation 方法	4	讲授
22	编程实现图染色问题和分支限界法	4	讲授
23	二分图的网络匹配问题求解方法	4	讲授
24	复习	4	讲授

4. 课程内容及基本要求

本课程分为理论教学 (或线上教学) 与实验教学。理论教学 (或线上教学) 如下：

1) 算法设计要求基础 (10 学时)

(1) 基本要求：

① 了解二分搜索与合并算法。

② 了解选择、插入、自底向上合并三种排序方法。

③ 了解算法的时间复杂性、空间复杂性。

(2) 重点及难点：

重点：二分搜索、合并排序、算法复杂性分析基础。

(3) 作业及课外学习要求：

复现二分搜索和合并排序，并分析算法复杂度。

2) 基于递归的算法设计技术 (8 + 8 学时)

(1) 基本要求：

① 了解基数排序方法和排列产生方法。

② 了解快速排序和最长公共子序列问题。

③ 了解全源最短路径问题和背包问题。

(2) 重点及难点：

重点：归纳法、分治法和动态规划。

难点：排列产生方法、最长公共子序列问题和背包问题。

(3) 作业及课外学习要求：

实验课上机复现基数排序方法、排列产生方法、快速排序、最长公共子序列问题、全源最短路径问题和背包问题的求解。

3) 最先割技术 (6 + 4 学时)

(1) 基本要求：

① 了解单源最短路径问题、最小生成树问题和 Huffman 编码。

② 了解图中关节点确定问题。

(2) 重点及难点：

重点：贪婪方法和图的遍历。

难点：关节点确定问题。

(3) 作业及课外学习要求：

实验课上机复现单源最短路径问题、最小生成树问题和 Huffman 编码。

4) 困难问题求解 (10 + 4 学时)

(1) 基本要求：

① 了解图染色问题和分支限界法。

② 了解测试串的相等性问题和模式匹配问题。

③ 了解逼近算法的界。

(2) 重点及难点：

重点：回溯法、随机算法和逼近算法。

难点：旅行商问题。

(3) 作业及课外学习要求：

实验课上机复现图染色问题和分支限界法。

5) 迭代改进算法 (2 学时)

(1) 基本要求：

① 了解网络流问题。

② 了解网络匹配问题。

(2) 重点及难点：

重点：网络流问题和网络匹配问题。

难点：网络匹配问题。

(3) 作业及课外学习要求：

课外学习要求：学生应通过网络搜索与程序设计相关的内容，尽可能多了解与网络流问题和网络匹配问题有关的基础知识。

以下介绍实验教学部分。

“算法设计与分析”课程上机实验是本课程重要的实践教学环节，通过课程实验，提高学生的动手能力，培养分析问题和解决问题的能力，使学生具备利用计算机编程解决智能科学领域实际问题的能力，为学习后续课程及今后从事技术工作打下必要的基础。

算法设计与分析具体实验教学内容见表 1-35。

表 1-35 实验教学内容

序号	实验项目名称	实验内容提要	学时分配	实验属性	实验类型	实验要求	支撑课程目标
1	归纳法和分治法实践	复现基数排序方法、排列产生方法、快速排序	4	专业基础	验证	必开	课程目标 3
2	动态规划实践	复现最长公共子序列问题、全源最短路径问题、背包问题的求解	4		验证	必开	课程目标 3
3	贪婪方法实践	复现单源最短路径问题、最小生成树问题、Huffman 编码	4		验证	必开	课程目标 3
4	回溯法实践	复现图染色问题和分支限界法	4		验证	必开	课程目标 3

5. 考核方式

最终成绩由课堂参与情况、实验及期末考试部分组合而成。各部分所占比例如下：

课堂参与：10%。课堂参与主要考核学生对每堂课知识点的复习、理解和掌握程度以及利用人工智能技术解决智能难题以及复杂优化问题的能力。根据学生课堂表现、随堂测试、平时作业等进行评分。

实验 (项目课题) 成绩：20%。四次实验课，每次试验成绩占 5%，主要考查学生对所学算法复现能力。

期末考试成绩：70%。主要考核学生对核心知识掌握和运用的能力，解决复杂优化问题，以及分析影响算法性能的多种因素的能力。书面闭卷考试形式。

课程目标达成考核与评价方式及成绩评定对照如表 1-36 所示。

表 1-36 课程目标达成考核与评价方式及成绩评定对照表

课程目标	毕业要求观测点	考核与评价方式及成绩比例 /%			成绩比例 /%
		课堂参与 (10%)	实验 (项目课题) 成绩 (20%)	期末考试 (70%)	
课程目标 1	支撑毕业要求 3-4	80		60	50
课程目标 2	支撑毕业要求 4-3	20		20	16
课程目标 3	支撑毕业要求 2-2、12-1		100	20	34
合计		100	100	100	100

注：该表格中比例为课程整体成绩比例。

1) 课堂参与情况评分标准(见表1-37)

案例分析讨论、知识点讨论、作业讨论等，按百分制评分，总评后按照满分10分折算。注重考查学生在整个学习过程中的努力程度，传达给学生“老师更加看重你在学习过程中的积极主动性，而不会关心你的基础是否优秀”，以此来激发学生的学习积极性。这部分成绩可以由课堂管理软件提供。

表1-37　课堂参与情况评分标准

	基本要求	评价标准					成绩比例/%
		优(90～100)	良(80～89)	中(70～79)	及格(60～69)	不及格(<60)	
课堂参与情况	能够积极参与课堂中的随堂测试，利用课堂讲授知识进行较为简单的运用和计算。(支撑目标1、目标2)	90%≤答题率	80%≤答题率<90%	70%≤答题率<80%	60%≤答题率<70%	答题率<60%	100

2) 实验(项目课题)评分标准(见表1-38)

实验评分标准可根据各实验具体情况调节各项所占比例，总分值保持不变。

表1-38　实验(项目课题)评分标准

实验操作(40%)	实验操作过程、数据记录	25分	按要求分组、遵守纪律、认真独立完成实验；实验操作细心，实验步骤正确
		15分	在实验过程中数据记录完整、正确
实验报告(60%)	实验报告	45分	按实验报告规范格式要求书写，内容完整，书写端正并保留完整清晰的计算过程
		15分	按实验报告中对实验过程中存在问题和实验结果有自己的分析

6. 教材与参考书目

[1] M. H. Alsuwaiyel. 算法设计技巧与分析. 吴伟昶，方世昌，等译. 北京：电子工业出版社，2004.

[2] Thomas H. Cormen, Charles E. Leiserson, et al. 算法导论. 北京：高等教育出版社，2013.

[3] Michael Sipser. 计算理论导引. 北京：机械工业出版社，2015.

7. 其他说明

无。

1.6.6　计算智能导论

课程名称：计算智能导论

英文名称：Introduction of Computational Intelligence

学分 / 学时：3.5/56

适用专业：智能科学与技术

先修课程：离散数学、高等数学、算法分析与设计

开课院系：人工智能学院

1. 课程教学目标与任务

计算智能是模拟自然以实现对复杂问题求解的科学，是生物学、神经科学、认知科学、计算机科学、免疫学、哲学、社会学、数学、信息科学、非线性科学、工程学、音乐、物理学等众多学科相互交叉融合的结果，是人们对自然智能认识和模拟的最新成果。目前计算智能已经成为智能与信息科学中最活跃的研究领域之一，它的深入发展将极大地提高人们认识自然，求解现实问题的能力和水平。计算智能导论课程主要介绍了计算智能的 3 个典型范例：人工神经网络、进化计算、模糊系统，它们分别建模了以下自然系统：生物神经网络、生物进化和人类思维过程。通过本课程的学习，要求学生了解并掌握人工神经网络、进化计算和模糊系统等计算智能模型。

2. 学情分析

人工智能技术飞速发展，与计算智能相关的前沿技术不断更新，技术应用场景也在不断拓宽。如何帮助学生在纷繁杂乱的碎片化信息中梳理出较完整的计算智能核心知识体系、洞察人工智能行业发展及前沿需求，培养解决实际工程问题的创新实践思维和能力，坚定不移听党话、跟党走，树立良好的意识形态国家安全观，用智能化的思维去思考问题、适应未来的变化、怀抱梦想又脚踏实地，敢想敢为又善作善成，是课程教学应该着重思考的问题。通过问卷调查、交流访谈、教学反思等方式，总结学情如下：

学情 1：学生对人工智能学习兴趣浓烈，但无法系统性了解专业前沿发展。

学情 2：学生理论知识的掌握速度较快，但科研创新思维和实践能力锻炼不足。

学情 3：学生科技报国的热情很高，但难以融会思政课程和专业课程。

3. 课程目标与毕业要求

西安电子科技大学瞄准国家重大战略需求，致力于打造支撑国家电子与信息领域高水

平科技自立自强的科技创新体系，培养爱国进取、业术精湛、求是创新、具有国际视野的优秀骨干人才和未来领军人才。“智能科学与技术”作为国家首批 A+ 一流特色专业，目标是面向国家新一代人工智能发展的重大需求，以“智能 + 信息处理”为特色，着力培养在类脑感知与计算等人工智能领域的高端技术人才。

通过计算智能导论课程的学习让学生了解并掌握人工神经网络、进化计算、模糊系统等计算智能模型。使得学生在掌握智能科学与技术领域相关的知识后，应用高等数学、物理学的基本概念、原理和智能科学与技术的专业知识对复杂工程问题进行识别和有效分解，初步具备用计算智能方法解决一些简单实际问题的能力。进一步，具备使用实验设备、计算机软件和现代信息工具对复杂工程问题进行模拟或仿真的能力，理解其使用要求、运用范围和局限性。提高知识创新和技术创新能力，为今后的更高级课程的学习、为将来在人工智能领域的进一步研究工作和软件实践奠定良好的基础。

(1) 知识目标：

① 把握计算智能行业发展和新时代国家产业发展需求。

② 掌握计算智能“三个典型范例”的基础理论和算法。

(2) 能力目标：

① 具备自主学习、终身学习的意识和适应发展的能力。

② 具备针对复杂工程问题设计创新性解决方案的能力。

③ 具备应用专业知识有效地分析实际工程问题的能力。

(3) 素质目标：

① 树牢科技报国信念，有理想、敢担当、肯奋斗。

② 具备智能伦理素养，塑造社会主义核心价值观。

③ 掌握科学思维方法，辩证思考问题，探索内在规律。

4. 课程目标支撑毕业要求情况

(1) 了解计算智能的概念、计算智能的历史及研究现状、计算智能的主要流派，熟悉计算智能的研究领域、计算智能代表技术的基本原理。针对智能技术领域复杂问题，能够通过分析文献，提出解决方案并进行综合分析以获得有效结论。(支撑毕业要求 2-3)

(2) 掌握三种典型的计算智能范例，掌握计算智能的基本算法。综合利用进化计算、模糊逻辑和人工神经网络专业知识和新技术，在针对复杂工程问题的系统设计中体现创新意识。(支撑毕业要求 3-3)

(3) 具备使用实验设备、计算机软件和现代信息工具对复杂工程问题进行模拟或仿真的能力，理解其使用要求、运用范围和局限性。(支撑毕业要求 5-4)

课程目标与毕业要求的关系矩阵如表 1-39 所示。

表 1-39 课程目标与毕业要求的关系矩阵

课程目标	毕业要求观测点		
	2-3	3-3	5-4
课程目标 1	√		
课程目标 2		√	
课程目标 3			√

注：课程目标不一定与毕业要求一一对应。

5. 教学环境

本课程讲授主要教学环境在教学楼的多媒体教室，配备安装了本校智课平台的多媒体设备。上机实验主要在本校计算机基础教学实验中心教学楼，配备供学生实践操作的计算机等设备。

6. 课程具体内容及基本要求

1) 计算智能简介 (6 学时)

(1) 基本内容：

① 计算智能的基本概念。

② 计算智能的典型方法。

③ 计算智能的发展历史。

(2) 基本要求：

① 了解计算智能的发展历史、研究现状及发展过程中的几个研究途径。

② 掌握计算智能的基本概念。

(3) 重点及难点：

重点：计算智能概论。

难点：计算智能的认知观。

(4) 思政元素设计：

从人工智能技术应用角度出发，引发学生思考“是不是所有的技术都可以随意开展和应用？这些技术的不断开发是否存在风险？”并进一步引导学生建立“人工智能伦理和技术应用底线思维”。

(5) 作业及课外学习要求：

复习计算智能的基本概念、典型方法，思考计算智能领域的重大应用有哪些。

2) 进化计算基础 (5 学时)

(1) 基本内容：

① 进化计算的生物基础。

② 进化计算的一般框架。

③ 进化算法传统的 4 个分支。

④ 模式定理和积木块假设。

⑤ 进化计算的主要特点与适用领域。

(2) 基本要求：

① 掌握进化计算的生物基础及一般框架。

② 理解模式定理和积木块假设。

(3) 重点及难点：

重点：进化计算的生物基础及一般框架。

难点：模式定理和积木块假设。

(4) 作业及课外学习要求：

绘制进化计算一般框架图，分析模式定理如何阐明了遗传算法中“优胜劣汰”的原理。

3) 遗传算法 (9 学时)

(1) 基本内容：

① 遗传算法基础。

② 经典遗传算法求解数值优化问题。

③ 编码。

④ 选择和适应度函数。

(2) 基本要求：

① 熟悉经典遗传算法求解数值优化问题的过程。

② 掌握编码方式、选择算子及适应度函数的选取。

(3) 重点及难点：

重点：遗传算法原理。

难点：针对不同的应用要选择合适的编码、选择方式和适应度函数。

(4) 思政元素设计：

结合进化计算原理及交叉变异算子等实例，引发学生思考“作为当代大学生，应该如何进化？”一个国家如果没有核心技术，一打就垮，如果没有接班人，就会不打自垮。要成为合格建设者，要有完备的知识体系，科学的方法论，要成为可靠的接班人，要具备社会主义核心价值观，良好的意识形态。

(5) 作业及课外学习要求：

复习经典遗传算法，明确各类编码方式、选择算子的原理及优缺点。分析并举例说明不同实际问题求解时适合采用的编码方式、选择算子及适应度函数。

4) 遗传算法的搜索机理 (5 学时)

(1) 基本内容：

① 交叉算子。

② 变异算子。

③ 参数选择和遗传算法的应用实例。

(2) 基本要求：

① 掌握常用遗传算子。

② 理解参数的调整及其设置。

(3) 重点及难点：

重点：遗传算法原理。

难点：针对不同的应用要选择合适的算子。

(4) 作业及课外学习要求：

复习不同交叉、变异算子的原理及优势，能够针对不同问题选取合适的遗传算子，理解遗传算法中常用参数的选择和设置。

5) 模糊逻辑基础 (9 学时)

(1) 基本内容：

① 模糊集合。

② 隶属函数。

③ 模糊关系。

④ 模糊变换。

⑤ 模糊集的特性、模糊和概率。

(2) 基本要求：

① 掌握模糊集合的内涵及相关定义。

② 理解模糊集的特性，模糊和概率的区别和联系。

(3) 重点及难点：

重点：模糊集合的基本概念。

难点：模糊集的特性。

(4) 思政元素设计：

结合模糊逻辑理论及应用，引出“水至清则无鱼，人至察则无徒”。为人处事时要有容人之心，要遵循适度原则，这样才能博得他人的尊崇。

(5) 作业及课外学习要求：

复习隶属函数、模糊关系等知识点，并完成具体问题的隶属度函数设计、模糊关系计算等相关作业。

6) 人工神经网络基础 (7 学时)

(1) 基本内容：

① 人工神经元与神经网络模型。

② 人工神经网络结构及工作方式。

③ 人工神经网络的学习。

(2) 基本要求：

① 理解人工神经元与神经网络模型。

② 掌握人工神经网络结构及工作方式和人工神经网络的学习。

(3) 重点及难点：

重点：工神经网络结构及工作方式。

难点：人工神经网络的学习。

(4) 作业及课外学习要求：

复习人工神经元与神经网络模型、人工神经网络结构及工作方式，熟悉常用的传输函数，并完成简单人工神经网络结构绘制等相关作业。

7) 常用的学习神经网络 (7 学时)

(1) 基本内容：

① 监督学习与非监督学习。

② Hebb 学习规则。

③ 感知器。

④ BP 算法。

⑤ 深度学习理论、算法与应用。

(2) 基本要求：

① 理解不同学习规则的原理。

② 理解不同网络的学习原理、框架及应用。

(3) 重点及难点：

重点：不同学习规则之间的区别和联系。

难点：针对不同问题选取合适的网络框架。

(4) 作业及课外学习要求：

分析 Hebb 学习规则与感知器学习规则的区别，了解深度学习理论、算法与应用，结合实际应用问题，分析不同神经网络的应用场景。

7. 教学安排及方式 (见表 1-40)

计算智能导论课程总学时 56 学时，其中，讲授 37 学时，线上 8 学时，习题课 3 学时，上机 16 学时。

表 1-40　教学安排及方式

序号	课 程 内 容	学时	教学方式
1	计算智能简介	4+2	讲授 + 线上
2	进化计算基础	4+1	讲授 + 线上
3	遗传算法	7+1+1	讲授 + 线上 + 习题课
4	遗传算法的搜索机理	4+1	讲授 + 线上
5	模糊逻辑基础	7+1+1	讲授 + 线上 + 习题课
6	人工神经网络基础	6+1	讲授 + 线上
7	常用的学习神经网络	5+1+1	讲授 + 线上 + 习题课
8	上机 1：遗传算法求解无约束优化问题	6	上机
9	上机 2：FCM 实现聚类	5	上机
10	上机 3：感知器实现二分类	5	上机

8. 考核与评价方式及标准

1) 考核与评价方式及成绩评定 (见表 1-41)

本课程创建“重过程、重实践、重能力”的评价体系，采用多元化的评价方式，将过程控制理念贯穿在整个教学进程中，提高评价的科学性和时效性。最终成绩的考核方式比例为：最终成绩 = 课堂表现 (10%) + 综合作业 (20%) + 线上学习 (20%) + 期末考试成绩 (50%)。

表 1-41　课程目标达成考核与评价方式及成绩评定对照表

课程目标	毕业要求观测点	考核与评价方式及成绩比例 /%				成绩比例 /%
		平时作业 (10%)	综合大作业 (20%)	线上学习 (20%)	期末考试 (50%)	
课程目标 1	支撑毕业要求 2-3	60	40	50	50	49
课程目标 2	支撑毕业要求 3-3	30		50	50	38
课程目标 3	支撑毕业要求 5-4	10	60			13
合计		100	100	100	100	100

注：该表格中比例为课程整体成绩比例。

(1) 课堂表现 = 随堂小测 (30%) + 课堂互动 (70%)。在课堂上，我们主要结合雨课堂，通过弹幕互动、在线考试、计时编程、分组讨论、学生互评、阶段性思维导图等形式的课堂作业、课堂互动及时考核学生对课堂知识点的理解和掌握程度。

(2) 综合作业 = 关键问题解决 (50%) + 最终结果实现 (30%) + 疑难问题拔高 (20%)。主要考查学生对知识点的综合掌握程度及对算法的实现能力，并要求学生紧密结合我国的国情、人工智能的伦理和未来的发展趋势。我们提供了探知图灵 - 人工智能创新实验平台，并提前在平台上部署一些“知识验证 - 综合应用 - 拓展提高”不同难度级别的进阶式任务供学生选择，对于追求卓越的学生，教师还会在已有问题的基础上做进一步的提升，布置一些竞赛题目，让同学们协作完成，并在课堂上用 PPT 介绍自己的方案和结果，努力实现个性化和差异化的指导。

(3) 线上学习 = 视频学习效果 (50%) + 创新实践能力 (50%)。线上学习旨在强化学生对领域难题及工程问题的分析求解及创新实践的能力。课程组上传的教学视频和扩展视频，供学生进行重点内容课后复习，自我测试，知识扩展等，自主探索完成教师布置的来自实际工程和科研项目的开放型作业，提出自己的见解，想法和解决思路。根据系统记录的观看视频时长和作业等情况来评定分数。

(4) 期末考试成绩 = 基础题 (70%) + 拔高题 (30%)。主要考核学生对课程知识的掌握程度和解决问题的能力，有效引导学生重平时、重能力，提高自主学习的积极性。

2) 考核与评价标准

(1) 平时作业成绩考核与评价标准如表 1-42 所示。

表 1-42　平时作业成绩考核与评价标准

基本要求	评价标准				成绩比例/%
	优秀	良好	合格	不合格	
课程目标 1（支撑毕业要求 2-3）	按时交作业；能够运用专业知识对复杂工程问题进行识别和有效分解；基本概念正确、论述逻辑清楚；层次分明，语言规范	按时交作业；能够运用专业知识对复杂工程问题进行识别和有效分解；基本概念正确、论述基本清楚；语言较规范	按时交作业；能够对复杂工程问题进行识别和分解；基本概念基本正确、论述基本清楚；语言较规范	不能按时交作业；有抄袭现象；或者基本概念不清楚、论述不清楚	60
课程目标 2（支撑毕业要求 3-3）	按时交作业；能够综合运用专业知识和新技术，在针对复杂工程问题的系统设计中体现创新意识；论述逻辑清楚；层次分明，语言规范	按时交作业；能够综合运用专业知识和新技术，在针对复杂工程问题的系统设计中体现创新意识；论述清楚，语言较规范	按时交作业；能够针对复杂工程问题提出初步的解决方案；论述基本清楚，语言较规范	不能按时交作业；有抄袭现象；或者概念不清楚、论述不清楚	30

续表

基本要求	评价标准				成绩比例/%
	优秀	良好	合格	不合格	
课程目标 3（支撑毕业要求 5-4）	按时交作业；能够运用专业知识对复杂工程问题进行识别和有效分解；基本概念正确、论述逻辑清楚；层次分明，语言规范	按时交作业；能够运用专业知识对复杂工程问题进行识别和有效分解；基本概念正确、论述基本清楚；语言较规范	按时交作业；能够对复杂工程问题进行识别和分解；基本概念基本正确、论述基本清楚；语言较规范	不能按时交作业；有抄袭现象；或者基本概念不清楚、论述不清楚	10

注：该表格中比例为平时作业成绩比例。

(2) 综合大作业成绩考核与评价标准如表 1-43 所示。

表 1-43　综合大作业成绩考核与评价标准

基本要求	评价标准				成绩比例/%
	优秀	良好	合格	不合格	
课程目标 1（支撑毕业要求 2-3）	按时提交大作业；理论描述充分，实验方案的理论描述充分，有充分的分析论证过程；运行结果正确	按时提交大作业；实验方案有理论描述、分析论证过程；运行结果正确	按时提交大作业；实验方案有理论描述、分析论证过程；运行结果基本正确	不能按时提交大作业；或者没有按照大作业要求进行实验；软件代码错误，结果不正确	40
课程目标 3（支撑毕业要求 5-4）	按时提交大作业及软件代码；软件实现正确；软件代码可读性好	按时提交大作业及软件代码；软件实现正确；软件代码可读性较好	按时提交大作业及软件代码；软件实现基本正确；软件代码可读性较好	没有按时提交大作业及软件代码；或者实验数据与分析不正确；软件结果不正确	60

注：该表格中比例为综合大作业成绩比例。

(3) 线上学习成绩考核与评价标准如表 1-44 所示。

表 1-44 线上学习成绩考核与评价标准

基本要求	评价标准				成绩比例/%
	优秀	良好	合格	不合格	
课程目标 1（支撑毕业要求 2-3）	按时完成视频学习及视频插入题，视频学习完成比例达 90%以上	按时完成视频学习及视频插入题，视频学习完成比例达 70%～89%	按时完成视频学习及视频插入题，视频学习完成比例达 60%～69%	不能按时完成视频学习及视频插入题，完成比例不足 60%	50
课程目标 2（支撑毕业要求 3-3）	按时完成章节测试题，成绩达到 90 以上	按时完成章节测试题，成绩达到 70～89 分	按时完成章节测试题，成绩达到 60～69 分	不能按时完成章节测试题或测试成绩低于 60 分	50

注：该表格中比例为线上学习成绩比例。

(4) 期末考试考核与评价标准如表 1-45 所示。

表 1-45 期末考试考核与评价标准

基本要求	评价标准				成绩比例/%
	优秀(0.9～1)	良好(0.7～0.89)	合格(0.6～0.69)	不合格(0～0.59)	
课程目标 1（支撑毕业要求 2-3）	计算智能基本概念的论述和理解正确；应用理论解决实际问题正确，解答过程及结果正确	计算智能基本概念的论述和理解基本正确；应用理论解决实际问题正确，解答过程及结果大部分正确	计算智能基本概念的论述和理解基本正确；应用理论解决实际问题基本正确，解答过程及结果较大部分正确	对应用理论解决实际问题正确基本错误；应用理论解决实际问题不正确，解答过程及结果大部分错误	50
课程目标 2（支撑毕业要求 3-3）	对复杂工程问题的分析正确；方案正确；绘制的图表正确；语言论述正确、精练；实现结果正确	对复杂工程问题的分析正确；方案正确；绘制的图表基本正确；语言论述正确、精练；实现结果基本正确	对复杂工程问题的分析正确；方案正确；绘制的图表基本正确；有基本的方案和工程实现方法；有基本的设计图表；有一定的实现结果	对复杂工程问题的分析错误；或者基本的方案和工程实现方法错误；或者没有设计图表且结果错误	50

注：该表格中比例为期末考试试卷成绩比例。

9. 教材及参考书目

[1] 焦李成．计算智能导论．西安：西安电子科技大学出版社，2019.
[2] 英吉布雷切特．计算智能导论．2版．谭营，等译．北京：清华大学出版社，2011.
[3] 阎平凡，张长水．人工神经网络与模拟进化计算．2版．北京：清华大学出版社，2005.
[4] 王宇平．进化计算的理论和方法．北京：科学出版社，2011.
[5] 徐宗本．计算智能(第一册)：模拟进化计算．北京：高等教育出版社，2005.

10. 数字化资源

(1) 课程负责人与西安电子科技大学出版社共建的“学习中心”在线资源，包含课程相关学习视频及资料：http://www.xxuph.com:8081/CInfo/3066。

(2) 学校的智课平台，随课堂实时上传课件、扩展视频、作业等相关资料：http://i.chaoxing.com/base?tid=9658&fid=146332&vflag=true&backUrl=http://xdspoc.fanya.chaoxing.com/logout.jsp。

(3) 在学院与探知图灵科技联合研发出的人工智能创新实验平台上部署了图像分割、图像修复和目标跟踪三种难度级别的进阶式多层级拓展训练题：http://ailab.touchturing.com/login。

11. 说明

与相关课程的分工衔接：本课程以“离散数学”“高等数学”“算法设计与分析”为基础，并为“数据挖掘”“深度学习”等后续课程打下基础。

其他说明：无。

1.6.7 智能系统专业实验

课程名称：智能系统专业实验

英文名称：Specialty Experiment Based on Intelligent System

学分 / 学时：2/16 + 32

适用专业：智能科学与技术

先修课程：数据结构和算法应用、图像理解与计算机视觉、机器学习

开课单位：人工智能学院

1. 课程简介

本课程是智能科学与技术专业实验课程，注重基本理论与新技术的融合，将理论算法

在硬件系统中实现。实验内容基于深度神经网络实现异或运算、数据回归、数据分类、动物分类、数字识别、图像分类等图像处理领域的主要问题。本实验课程配合智能科学与技术专业课堂教学，使学生更好地掌握图像与视频处理相关课程的内容；掌握硬件系统构架，能够针对复杂工程问题进行算法设计和软件编程，解决图像与计算机视觉中的实际应用问题；加深学生对智能学科基本理论的理解，增强动手能力和创新能力。实验所包含的实验内容涉及多门专业课程，既考虑到对所学课程基本理论的验证和基本技术操作能力的培养，又反映了智能科学与技术学科发展中的新内容和新技术，为学生将来进一步从事相关技术工作，特别是科学研究打下一个好的工程能力基础。

2. 课程目标与毕业要求

1) 课程教学目标

通过本课程的学习培养学生将深度神经网络、图像与视频处理相关内容应用于实践，使学生具备利用 Python 语言处理复杂工程问题的能力，能够对智能科学与技术领域的典型理论进行理论分析和建模仿真，能够利用本专业经典理论处理工程设计中的实际问题，掌握智能科学与技术专业常用设备的基本工作原理，能够在系统方案的设计环节中考虑多方面、多层次因素的影响。

课程目标与毕业要求如下：

课程目标 1：掌握图像与视频处理硬件系统(嵌入式)的构成原理、操作方法和实践应用，掌握软件开发语言 Python 并完成对所设计算法的编程实现，能够运用相应的集成开发环境进行复杂的算法程序设计。(支撑毕业要求 5-1)

课程目标 2：能够对智能科学与技术领域的数据回归和分类理论进行理论分析和建模仿真，具备深度网络模型优化能力，并将模型应用于具体的应用。(支撑毕业要求 4-1)

课程目标 3：能够掌握本专业涉及的经典理论并处理工程设计中的实际问题，掌握这些经典理论的应用条件，以及实践应用中的主要影响因素，能够针对复杂工程问题建立相应模型，并通过优化算法实现模型的优化。(支撑毕业要求 3-1)

课程目标 4：掌握智能科学与技术专业常用设备的基本工作原理，并能够通过编程实现数据的获取，能够在复杂、综合性工程中合理选择和使用设备，根据不同设备的特性，合理调配，提升系统的工作运行效率。(支撑毕业要求 5-4)

课程目标 5：能够在系统方案的设计环节中考虑多方面、多层次因素的影响，特别是减小设备的运行功耗，具备设计稳定和高效算法的思想，能够在工程设计中将健康、安全、节能等因素综合考虑。(支撑毕业要求 3-4)

课程目标与毕业要求的关系矩阵如表 1-46 所示。

表 1-46　课程目标与毕业要求的关系矩阵

课程目标	毕业要求观测点				
	3-1	3-4	4-1	5-1	5-4
课程目标 1				√	
课程目标 2			√		
课程目标 3	√				
课程目标 4					√
课程目标 5		√			

2) 课程思政目标

培养学生的科学素养，把工匠精神灌输到学生心中，树立正确的价值观，将掌握的科学技术运用到推动社会发展、为人民服务的历史使命中，积极承担社会责任。

3. 课程具体内容及基本要求

1) 理论教学 (16 学时)(讲授)

主要内容如下：

(1) 人工智能、机器学习、深度神经网络介绍。

① 人工智能、机器学习、深度神经网络三者之间的关系。

② 机器学习与人工智能相关研究领域的关系，机器学习的分类，机器学习核心问题，机器学习步骤。

③ 深度神经网络概述。

(2) 深度神经网络的基本构成：深度神经网络包括卷积层、非线性激活层、池化层、全连接层、Softmax 及批归一化。

神经网络训练常见问题。

(3) Python，PyTorch，Numpy，OpenCV，Python 绘图：Python 程序基本构成包括基于 PyTorch 的深度网络构建，Numpy 数据运算，OpenCV 图像读取与存储、图像变换等。

Python 常用绘图方法 (可视化)。

(4) 嵌入式系统：嵌入式系统构成及工作原理，嵌入式系统工程应用应该注意的主要问题。

理论教学的基本要求、重点及难点、思政元素设计与作业及课外学习要求如下。

(1) 基本要求：

① 了解嵌入式系统的构成及工作原理。

② 熟悉 Python、PyTorch、Numpy、OpenCV。

(2) 重点及难点：

重点：深度神经网络的构成。

难点：基于嵌入式系统平台的 Python 语言编程。

(3) 思政元素设计：

我国图形加速卡 (GPU) 目前发展水平已经突飞猛进，应用范例介绍。

(4) 作业及课外学习要求：

预习嵌入式系统的相关原理及 Python 语言编程。

2) 异或运算 (4 学时)(实验)

在数字逻辑中异或符号为 XOR 或 ⊕，当两两数值相同时为否，数值不同时为真。异或可以实现计算机中的二进制加法。实验采用含有一个隐含层的神经网络，隐含层节点的个数为 10。网络采用全连接形式，隐含层的激活函数采用 ReLU，利用 Sigmoid 函数输出结果。

(1) 基本要求：

了解嵌入式系统的构成，熟悉并掌握实现异或运算的神经网络算法，实现异或运算并在系统中显示输出结果。实现过程分为两部分：

① 模型设计与训练，基于 PyTorch 完成模型的设计，然后进行模型的训练，并保存训练的模型。

② 模型测试，加载训练好的模型，给出相应的输入并获得输出的结果，观察结果是否是所期望的结果。

(2) 重点及难点：

重点：异或运算模型的训练和测试。

难点：基于 PyTorch 完成模型的设计、模型的训练和测试。

(3) 作业及课外学习要求：

要求预习 Python 和 PyTorch 环境，实验结束后完成实验报告。

3) 数据回归 (4 学时)(实验)

数据回归是将一系列影响因素和结果进行拟合，拟合出一个方程，然后将这个方程应用到其他同类事件中，以进行预测。实验首先构造样本数据，构建网络模型，网络隐层节点数为 20，网络为三层结构，激活函数为 ReLU；然后训练网络，并实现结果的动态显示。

(1) 基本要求：

熟悉并掌握数据回归的相关理论概念，基于嵌入式系统实现数据回归算法，并将回归结果在系统中进行显示。

(2) 重点及难点：

重点：回归算法基本概念和原理。

难点：回归算法的深度网络实现。

(3) 作业及课外学习要求：

要求预习数据回归的基本原理，实验结束后完成实验报告。

4) 数据分类 (4 学时)(实验)

数据分类是指把数据样本映射到一个事先定义的类中的学习过程，即给定一组输入的属性向量及其对应的类，基于归纳的学习算法得出分类。实验完成两类数据点的分类，第一类是正态分布的 100 个随机点，均值为 2，方差为 1；第二类是正态分布的 100 个随机点，均值为 -2，方差为 1。两类数据作为输入 (x、y 坐标) 并输出两个概率值。所构建网络隐层节点数为 15，网络为三层结构，激活函数为 ReLU，Softmax 函数输出结果。

(1) 基本要求：

了解数据分类的基本算法，熟悉并掌握基于嵌入式系统的深度神经网络的数据分类，并将分类结果进行动态显示。

(2) 重点及难点：

重点：数据分类的基本原理和概念。

难点：数据分类基于嵌入式系统的深度网络实现。

(3) 作业及课外学习要求：

要求预习数据分类基本原理，实验结束后完成实验报告。

5) 动物分类 (4 学时)(实验)

图像分类是根据图像信息中所反映的不同特征，把不同类别的目标区分开来的图像处理方法。实验采用 Kaggle 猫狗数据集，要求构建 200 个样本的数据集 (猫狗各 100 张，70 张训练，30 张测试)，构建的深度网络含三个卷积层和三个全连接层，激活函数 ReLu，Softmax 输出分类结果。

(1) 基本要求：

了解图像分类的基本算法，熟悉并掌握基于嵌入式系统的深度网络图像分类方法，并利用测试集进行测试。

(2) 重点及难点：

重点：图像分类典型算法。

难点：图像分类算法在嵌入式系统平台的深度网络实现。

(3) 作业及课外学习要求：

要求预习图像分类基本原理和典型算法，实验结束后完成实验报告。

6) 数字识别 (4 学时)(实验)

数字识别是模式识别的一个重要分支，它涉及到模式识别中的典型问题如图像处理、统计理论等，具有综合性的特点。

(1) 基本要求：

了解数字识别基本算法，熟悉并掌握 MNIST 数据集的调用，完成基于嵌入式系统的深度网络数字识别。要求构建 LeNet-5 网络，分别通过训练集和测试集对网络进行训练和测试，对中间结果进行可视化。

(2) 重点及难点：

重点：数字识别算法原理。

难点：基于嵌入式平台的 LeNet-5 网络构建，并实现数字识别。

(3) 作业及课外学习要求：

要求预习数字识别基本算法和典型算法，实验结束后完成实验报告。

7) 图像分类 (4 学时)(实验)

实验基于 CIFAR-10 图像数据集，完成图像分类实验任务。

(1) 基本要求：

了解图像分类基本算法，熟悉并掌握 CIFAR-10 数据集的调用，完成基于嵌入式系统的深度网络图像分类任务。要求构建 GoogLeNet 网络，训练所构建网络并进行测试，可视化测试和训练过程的结果。

(2) 重点及难点：

重点：图像分类算法原理。

难点：基于嵌入式系统的 GoogLeNet 网络构建。

(3) 作业及课外学习要求：

要求预习 GoogLeNet 网络结果，实验结束后完成实验报告。

8) 自主设计实验 (8 学时)(实验)

在完成前述基础实验基础上，学生自选题目进行实验，实验领域包括：图像分割、去噪、分类、融合、压缩、边缘检测、变化检测、目标识别、视频目标跟踪等，指导教师审核题目及内容，就实现思路进行讨论。算法应该考虑执行效率，降低对系统资源的需求，减少运行功耗。

与基础实验报告不同，本次实验报告要求以论文形式书写，在完成实验的同时，训练学生的科技论文书写能力，论文包括摘要、关键字、论文正文 (简介，算法描述，结果与分析，结论)，以及参考文献。要求列出参考文献，文献数目不少于 10 篇，而且近三年发表的文献至少为 3 篇，字数不少于 4000 字。

4. 教学安排及方式 (见表 1-47)

智能系统专业实验总学时 48 学时，其中，讲授 16 学时，实验 (或上机或综合练习或多种形式)32 学时。

表 1-47　教学安排及方式

序号	课 程 内 容	学时	教学方式
1	理论教学	16	讲授
2	异或运算	4	实验
3	数据回归	4	实验
4	数据分类	4	实验
5	动物分类	4	实验
6	数字识别	4	实验
7	图像分类	4	实验
8	自主设计	8	实验

注：教学方式填写“讲授、实验或实践、上机、综合练习、多种形式”。

(1) 理论教学：

理论教学在进入实验室之前进行，主要讲解深度神经网络的构成和嵌入式系统的工作原理，及主要涉及的软件和环境 (Python、PyTorch、OpenCV、Numpy 等)。

(2) 实验教学：

每次实验开始之前，介绍实验的原理和方法，以及实验过程中应该注意的问题，然后由学生自主完成实验。

5. 考核与评价方式及标准

1) 考核与评价方式及成绩评定

最终成绩由基础实验成绩和自主设计实验成绩组合而成。各部分所占比例如下：

基础实验：72%，基础实验部分共 6 个实验，每个实验 12 分，包括实验效果的考查和答问环节，考核对每次实验知识点的理解和掌握程度以及实验报告的规范性。

自主设计实验：28%，自主设计实验部分共 1 个实验，28 分，包括实验内容的创新性，算法的执行效率以及自主发现、分析和解决问题的能力。

课程目标达成考核与评价方式及成绩评定对照如表 1-48 所示。

表 1-48　课程目标达成考核与评价方式及成绩评定对照表

课程目标	毕业要求观测点	考核与评价方式及成绩比例 /%				成绩比例 /%
		实验效果答问环节 (42%)	实验报告 (30%)	算法执行效率 (10%)	创新性、分析和解决问题 (18%)	
课程目标 1	支撑毕业要求 5-1	33.3	33.3			24
课程目标 2	支撑毕业要求 4-1	16.7	16.7			12
课程目标 3	支撑毕业要求 3-1	33.3	33.3			24
课程目标 4	支撑毕业要求 5-4	16.7	16.7			12
课程目标 5	支撑毕业要求 3-4			100	100	28
合计		100	100	100	100	100

注：该表格中比例为课程整体成绩比例。

2) 考核与评价标准

(1) 基础实验成绩考核与评价标准如表 1-49 所示。

表 1-49 基础实验成绩考核与评价标准

基本要求	评价标准				成绩比例/%
	优秀(0.9～1)	良好(0.7～0.89)	合格(0.6～0.69)	不合格(0～0.59)	
课程目标 1(支撑毕业要求 5-1) 课程目标 2(支撑毕业要求 4-1) 课程目标 3(支撑毕业要求 3-1) 课程目标 4(支撑毕业要求 5-4)	按时完成实验验收，按时提交实验报告；实验效果好，实验结果规范显示，答问环节思路清晰，条理清楚；实验报告书写规范	按时完成实验验收，按时提交实验报告；实验运行结果正确，答问环节基本原理理解正确；实验报告书写比较规范	按时完成实验验收，按时提交实验报告；实验运行结果基本正确，答问环节问题基本回答正确；实验报告的规范性有待提升	不能按时完成实验验收，或者不能按时提交实验报告；实验运行结果有错误，答问环节问题解答不正确；实验报告书写不规范	72

(2) 自主设计实验成绩考核与评价标准如表 1-50 所示。

表 1-50 自主设计实验成绩考核与评价标准

基本要求	评价标准				成绩比例/%
	优秀(0.9～1)	良好(0.7～0.89)	合格(0.6～0.69)	不合格(0～0.59)	
课程目标 5(支撑毕业要求 3-4)	按时完成实验验收，按时提交实验报告；创新性答问环节思路清晰，条理清楚，创新性强，算法执行效率高	按时完成实验验收，按时提交实验报告；创新性答问环节基本原理理解正确，具有一定的创新性，算法执行效率较好	按时完成实验验收，按时提交实验报告；创新性答问环节问题基本回答正确，创新性较弱，算法执行效率一般	不能按时完成实验验收，或者不能按时提交实验报告；创新性答问环节问题解答不正确，没有创新性，算法执行效率弱	28

6. 教材及参考书目

[1] 田小林，孙其功，焦李成，等. 人工智能创新实验教程. 西安：西安电子科技大学出版社，2020.

[2] 焦李成，孙其功，田小林，等．人工智能实验简明教程．北京：清华大学出版社出版，2021.

[3] 焦李成，赵进，杨淑媛，等．深度学习、优化与识别．北京：清华大学出版社，2017.

7. 说明

与相关课程的分工衔接：先修课程：数据结构和算法应用，图像理解与计算机视觉，机器学习等。

后续课程：课程设计，毕业设计。

其他说明：实验开设期间，实验室全天开放 (早 8:30—晚 10:30)，同学可在非实验课时间进入实验室完善或扩展实现程序功能。

1.6.8 人工智能实验

课程名称：人工智能实验

英文名称：Specialty Experiment of Artificial Intelligent

学分 / 学时：2/32 + 8

适用专业：人工智能

先修课程：机器学习、深度学习

开课学院：人工智能学院

1. 课程简介

1) 中文简介

人工智能是一门实践性很强的学科，与产业高度结合。人工智能人才培养，不能脱离实训实践，必须依托当前人工智能技术的发展前沿，围绕产业也应用实践，构建人工智能人才培养创新实践体系。因此本课程致力于打造适合本科高年级学生的人工智能系统实验课程，使学生更加深入理解并掌握人工智能相关技术。本课程内容涉猎广泛、由浅入深、注重实践，使学生在了解人工智能技术相关理论思想的基础上，能掌握相关技术的部署应用方法，做到从理论算法出发，落实到实践应用。

本课程共分为三大部分——人工智能基础仿真实验、人工智能嵌入式系统实验以及智能小车综合系统实验，分别介绍深度学习的基础知识以及多个研究方向介绍与分析、深度学习算法在嵌入式平台上的部署方式和嵌入式平台验证实验，基于智能小车的板载算法实现案例。

2) 英文简介

Artificial Intelligence is a highly practical discipline and is highly integrated with industry.

Artificial Intelligence talent training can not be separated from practical training practice, so we must rely on the current development frontier of Artificial Intelligence technology, and build an innovative practice system for Artificial Intelligence talent training around industry application practice. Therefore, this course is committed to creating an Artificial Intelligence system experiment course suitable for senior undergraduate students, so that students can better understand and master Artificial Intelligence related technologies. This course involves a wide range of content, from simple to deep, and focuses on practice, so that students can master the deployment and application methods of relevant technologies on the basis of understanding the relevant theories and ideas of Artificial Intelligence technology, so as to start from the theoretical algorithm and implement it to practical application.

This course is divided into three parts: Artificial Intelligence basic simulation experiment, Artificial Intelligence embedded system experiment and intelligent car integrated system experiment, which respectively introduce the basic knowledge of deep learning and the introduction and analysis of multiple research directions, the deployment mode of deep learning algorithm on embedded platform and embedded platform verification experiment, and the implementation case of on-board algorithm based on intelligent car.

2. 课程目标

1) 课程教学目标

人工智能课程的课程学习固然重要，但是实践操作才能实现人工智能的关键。本课程致力于引导学生的动手能力，使学生在理解理论学习的基础之上把所学习的知识可以在实验中实现，从而进一步地提升学生的学习兴趣和动手能力。本实验课程从基础知识讲解出发，引导学生学习一些基本的实验项目，激发学生的学习兴趣；然后进行网络模型的处理学习，让学生更进一步地理解网络的操作与运行过程；最后在板载的智能小车平台上进行实验，达到知识“落地”的学习目的。课程以实验落地应用为指导，让学生在学习过程中不再出现空谈和纯理论的“学习无用感”，也符合人工智能的教学初衷。

课程目标 1：掌握人工智能基础仿真实验，通过基础实验的练习，进一步巩固理论知识，做到理论联系实际，充分理解人工智能的内在机理，掌握 AI 的基本手段，能够在工程中应用。

课程目标 2：掌握人工智能嵌入式系统实验，通过将算法模型搭载到边缘计算平台，进一步将智能算法和工业落地的实际需求结合在一起，充分理解算法模型大小对应用的影响。

课程目标 3：掌握智能小车综合系统实验，以智能小车为载体，创新能力培养为目标，任务实现为导向，培养学生的自主创新及解决具体工程问题的能力，能够针对复杂的工程问题提出解决办法。

2) 课程思政目标

回归课程育人本质，将习近平新时代中国特色社会主义思想全面融入课程教学设计中，与培养方案中专业思政育人目标相匹配。

3. 考核及成绩评定方式

人工智能实验课程的考核以考核学生动手实验能力为培养目标，以检查学生对各实验知识点的掌握程度以及应用为重要内容。

最终成绩由平时作业(实验报告)和实验成绩(课堂验收)两部分组合而成。各部分所占比例如下：

平时作业(实验报告)：40%。主要考核学生对实验课程中涉及的人工智能知识，以及对应到实验中的工程问题等掌握情况，根据学生在实验课后对课程的总结，对实验的描述，以及对遇到问题的解决方法等进行评分。

实验成绩(课堂验收)：60%。主要考查学生在课堂上的表现，实验的完成度，具体解决实际问题的手段，课堂上得到的实验结果，以及过程性评价等进行评分。

考核及成绩评定方式如表1-51所示。

表1-51 考核及成绩评定方式

课程目标	平时作业	实验成绩	合 计
1	40	20	28
2	40	20	28
3	20	60	44
合计	100	100	100

4. 课程目标与毕业要求的对应关系(见表1-52)

表1-52 课程目标与毕业要求的对应关系

毕业要求	观 测 点	课程目标、达成途径、评价依据
设计/开发解决方案：能够针对人工智能领域复杂工程问题提出解决方案，设计满足特定需求的系统和模块，并能够在设计环节中体现创新意识；能够综合考虑其对社会、健康、安全、法律、文化及环境的影响	3-2：能够针对特定需求完成系统、模块的软件设计、硬件设计	(1) 课程目标：掌握人工智能基础仿真实验，通过基础实验的练习，进一步巩固理论知识，做到理论联系实际，充分理解人工智能的内在机理，掌握AI的基本手段，能够在工程中应用。 (2) 通过理论讲解、实验课程、课堂验收、实验报告等多个途径进行达成度评价。 (3) 评价依据：通过实验报告成绩、实验课堂验收等来评价学生是否达到了实验课程目标

续表

毕业要求	观 测 点	课程目标、达成途径、评价依据
研究：能够基于科学原理并采用科学方法对人工智能领域的复杂工程问题进行研究，包括设计实验、分析与解释数据、并通过信息综合得到合理有效的结论	4-2：能够针对智能信息系统软硬件设计、图像处理算法设计等人工智能领域的复杂工程问题设计实验方案、构建实验系统和测试平台、获取实验数据	(1) 课程目标：掌握人工智能嵌入式系统实验，通过将算法模型搭载到边缘计算平台，进一步将智能算法和工业落地的实际需求结合在一起，充分理解算法模型大小对应用的影响。 (2) 通过理论讲解、实验课程、课堂验收、实验报告等多个途径进行达成度评价。 (3) 评价依据：通过实验报告成绩、实验课堂验收等来评价学生是否达到了实验课程目标
环境和可持续发展：了解环境保护和可持续发展的基本方针、政策和法律、法规，能够理解和评价人工智能领域的专业工程实践对环境、社会可持续发展的影响	7-3：能针对实际复杂工程问题，评价其资源利用率、对文化的冲击等工程实践对环境、社会可持续发展的影响	(1) 课程目标：掌握智能小车综合系统实验，以智能小车为载体，创新能力培养为目标，任务实现为导向，培养学生的自主创新及解决具体工程问题的能力，能够针对复杂的工程问题提出解决办法。 (2) 通过理论讲解、实验课程、课堂验收、实验报告等多个途径进行达成度评价。 (3) 评价依据：通过实验报告成绩、实验课堂验收等来评价学生是否达到了实验课程目标

5. 课程教学内容、学习成效要求

1) 卷积神经网络原理 (2 学时)

(1) 学习成效要求：

① 了解卷积的定义及重要性。

② 掌握池化层、激活层的含义。

③ 了解损失函数的重要性。

④ 熟悉卷积神经网络的应用。

(2) 重点及难点：

重点：卷积神经网络各组成部分的含义与作用。

难点：损失函数的设计。

(3) 作业及课外学习要求：

作业：替换卷积神经网络的激活函数，观察对网络性能的影响。

课外学习：查阅文献了解卷积神经网络的发展历史。

2) 图像分类算法解析 (2 学时)

(1) 学习成效要求：

① 了解图像分类数据集及重要性。

② 掌握图像分类数据增强方法。
③ 了解图像分类损失函数的含义及重要性。
④ 熟悉图像分类的应用。
(2) 重点及难点：
重点：熟悉图像分类典型网络的具体结构。
难点：分类数据集的扩增方法。
(3) 作业及课外学习要求：
作业：设计一个由 3 个卷积层 2 个全连接层组成的图像分类网络。
课外学习：查阅文献了解图像分类网络的前世今生。
3) 目标检测算法原理 (2 学时)
(1) 学习成效要求：
① 了解目标检测的含义及重要性。
② 掌握二阶段目标检测算法原理。
③ 掌握一阶段目标检测算法原理。
④ 熟悉目标检测算法在工业界的应用。
(2) 重点及难点：
重点：一阶段、二阶段目标检测算法的原理。
难点：多任务目标检测损失函数的原理。
(3) 作业及课外学习要求：
作业：比较并评价一阶段与二阶段目标检测算法的优劣。
课外学习：查阅文献了解不同的目标检测算法在工业落地中的应用。
4) 深度模型剪枝方法浅析 (2 学时)
(1) 学习成效要求：
① 了解模型剪枝的含义及重要性。
② 掌握结构化剪枝方法的原理。
③ 掌握基于稀疏性的模型剪枝方法。
④ 熟悉模型剪枝的工业应用。
(2) 重点及难点：
重点：结构化剪枝方法的原理。
难点：稀疏性剪枝方法的原理。
(3) 作业及课外学习要求：
作业：讨论结构性剪枝方法和稀疏性剪枝方法的优劣。
课外学习：查阅文件了解基于滤波器重要性的剪枝方法。

5) 深度网络模型量化方法 (2 学时)

(1) 学习成效要求：

① 了解模型量化的定义及重要性。

② 掌握 int8 型的量化方式。

③ 掌握模型量化的中浮点实数转化为定点整数的方式。

(2) 重点及难点：

重点：模型量化的基本原理。

难点：卷积量化模块的实现方法。

(3) 作业及课外学习要求：

作业：辨析模型量化后推理速度提升的幅度。

课外学习：查阅文献了解模型量化的应用。

6) 嵌入式平台及部警方式 (2 学时)

(1) 学习成效要求：

① 了解嵌入式平台的种类及优缺点。

② 掌握国内研发的嵌入式平台使用方法。

③ TensorRT 的具体部署方式。

思政元素：通过介绍国产嵌入式平台开发的艰辛历程，对学生进行爱国主义教育。

(2) 重点及难点：

重点：模型部署的具体方法。

难点：TensorRT 的使用方法。

(3) 作业及课外学习要求：

作业：比较国外与国内嵌入式平台的优缺点。

课外学习：查阅文献了解国产嵌入式平台的前世今生。

7) 手势识别算法分析 (2 学时)

(1) 学习成效要求：

① 了解手势识别数据集。

② 手势识别算法的基本原理。

③ 基于关键点的手势识别网络。

(2) 重点及难点：

重点：手势识别算法原理。

难点：关键点提取方式。

(3) 作业及课外学习要求：

作业：浅析基于关键点的手势识别算法的优缺点。

课外学习：查阅文献了解手势识别算法的种类并熟悉其原理。

8) 车道线检测算法原理 (2 学时)

(1) 学习成效要求：

① 车道线检测算法的基本原理。

② 车道线检测算法与传统的目标检测算法的区别。

③ 自动控制原理。

(2) 重点及难点：

重点：车道线检测算法原理。

难点：自动控制原理。

(3) 作业及课外学习要求：

作业：掌握 PID 控制算法的基本原理。

课外学习：查阅文献了解车道线检测算法与自动驾驶的关系。

9) 基于卷积神经网络的图像分类实验 (2 学时)

(1) 学习成效要求：

① 定义卷积神经网络。

② 加载图像分类数据。

③ 训练图像分类器。

④ 评估模型性能。

⑤ 统计各类测试样本准确率。

(2) 重点及难点：

重点：训练图像分类器。

难点：改进图像分类模型。

(3) 作业及课外学习要求：

作业：在超算中心 GPU 上训练图像分类器。

课外学习：了解其他图像分类算法。

10) 基于 YOLO 算法的目标检测实验 (2 学时)

(1) 学习成效要求：

① 规范化 VOC2007 数据集格式。

② 设置 YOLOv5 的网络结构。

③ 训练目标检测模型。

④ 设置优化器。

⑤ 统计验证集中各类别检测准确率。

(2) 重点及难点：

重点：对测试图片进行目标检测。

难点：设置超参数，训练目标检测模型。

(3) 作业及课外学习要求：

作业：目标检测模型推理和结果可视化。

课外学习：文献查阅两阶段算法的典型代表 Faster-RCNN 算法。

11) 模型剪枝实验 (2 学时)

(1) 学习成效要求：

① 搭建要剪枝的神经网络。

② 预训练剪枝前模型。

③ 根据通道掩膜，完成模型权重的移植。

④ 微调剪枝后的神经网络。

⑤ 测试剪枝前后模型精度、计算模型的参数量。

(2) 重点及难点：

重点：根据新设的 cfg 和卷积核的 L1 范数生成通道掩膜。

难点：如何设计超参数，减少模型的计算量。

(3) 作业及课外学习要求：

作业：通过测试图片，定量的统计剪枝后的模型分类速度。

课外学习：文献检索其他的模型剪枝方法。

12) 模型量化实验 (2 学时)

(1) 学习成效要求：

① 搭建并训练简单的深度分类网络。

② 设置全量化的定点运算。

③ 重新训练量化后的分类模型。

(2) 重点及难点：

重点：量化模块的设计。

难点：参数调整，训练重量化后的网络。

(3) 作业及课外学习要求：

作业：给定图片进行推理，衡量量化后网络的推理速度。

课外学习：文献检索了解其他的网络模型量化方法。

13) 嵌入式 AI 开发板实验 (2 学时)

(1) 学习成效要求：

① 配置系统镜像。

② Jetson 代码环境配置。

③ TensorRT 部署 YOLOv5。

④ 利用转换后的 YOLOv5 进行图片检测。

(2) 重点及难点：

重点：利用 TensorRT 部署 YOLOv5 检测模型。

难点：利用转换后的 YOLOv5 进行视频检测。

(3) 作业及课外学习要求：

作业：可视化目标检测的结果。

课外学习：学习二阶段目标检测算法的部署方法。

14) 智能小车交通标识实验 (2 学时)

(1) 学习成效要求：

① 采集数据集。

② 利用 Alexnet 训练分类模型。

③ 利用 Jupyter Lab 平台识别交通标识。

(2) 重点及难点：

重点：利用 Alexnet 训练分类模型。

难点：利用 Jupyter Lab 平台识别交通标识。

(3) 作业及课外学习要求：

作业：通过正确地识别交通标识后，智能小车做出正确的动作。

课外学习：文献检索了解现有的交通标识算法。

15) 智能小车手势识别实验 (2 学时)

(1) 学习成效要求：

① 烧录系统镜像。

② 利用 Jupyter Lab 平台采集手势数据集。

③ 利用 mediapipe 提取手部关键点。

④ 训练手势识别神经网络模型。

(2) 重点及难点：

重点：将训练好的模型部署到小车。

难点：在 JetBot 上安装代码运行所需的库。

(3) 作业及课外学习要求：

作业：即手势识别网络训练完成后，网络会输出数据集中五类手势的混淆矩阵，找出其中识别准确率最低的手势，分析原因。

课外学习：调研学习现有的手势识别算法，并了解其原理。

16) 智能小车自动驾驶实验 (2 学时)

(1) 学习成效要求：

① 编写图像采集程序。

② 采集赛道数据。

③ 筛选并标注训练数据。

④ 补全模型训练代码。

⑤ 在数据集上验证网络。

(2) 重点及难点：

重点：在数据集上验证网络。

难点：调整行驶参数。

(3) 作业及课外学习要求：

作业：小车能够在跑道上平稳行驶，将小车放置在跑道上，运行后面的代码块，在小车能够自主行驶后，拖动上个任务的四个参数对应的滑块，调整相应参数使小车行驶得更平稳。

课外学习：调研学习现有的自动驾驶技术，并了解其原理。

6. 教学安排及方式 (见表 1-53)

人工智能实验总学时 32 学时 (课外学习不计入总学时)，其中，讲授 16 学时，实验 32 学时，上机 0 学时，实践 0 学时，线上 0 学时。

课外学习预估 8 学时，其中，课前预习 0 学时，课后作业 0 学时，课程设计 0 学时，自主学习 0 学时，其他 (内容根据情况自拟)0 学时。

表 1-53　教学安排及方式

序号	教 学 目 标	教学方式	学时
1	卷积神经网络原理	讲授	2
2	图像分类算法解析	讲授	2
3	目标检测算法原理	讲授	2
4	深度模型剪枝方法浅析	讲授	2
5	深度网络模型量化方法	讲授	2
6	嵌入式平台及部署方式	讲授	2
7	手势识别算法分析	讲授	2
8	车道线检测算法原理	讲授	2
9	基于卷积神经网络的图像分类实验	实验	2
10	基于 YOLO 算法的目标检测实验	实验	2
11	模型剪枝实验	实验	2
12	模型量化实验	实验	2
13	嵌入式 AI 开发板实验	实验	2
14	智能小车交通标识实验	实验	2
15	智能小车手势识别实验	实验	2
16	智能小车自动驾驶实验	实验	2

7. 教材及参考书目

[1] 焦李成，孙其功，田小林，等. 人工智能实验简明教程. 北京：清华大学出版社，2021.

[2] 田小林，孙其功，焦李成，等. 人工智能创新实验教程. 西安：西安电子科技大学出版社，2020.

1.6.9 模式识别

课程名称：模式识别

英文名称：Pattern Recognition

学分 / 学时：3.5/40 + 16

适用专业：智能科学与技术、人工智能

先修课程：概率论与数理统计、线性代数

开课单位：人工智能学院

1. 课程简介

1) 中文简介

模式识别是指对表征事物或现象的各种形式的信息进行处理和分析，以对事物或现象进行描述、辨认、分类和解释的过程，是信息科学和人工智能的重要组成部分。模式识别诞生于 20 世纪 20 年代，随着 40 年代计算机出现，50 年代人工智能兴起，模式识别在 60 年代初迅速发展为一门学科。它所研究的理论和方法在很多科学和技术领域中得到了广泛的重视，并且推动了人工智能系统的发展，扩大了计算机应用的可能性。本课程介绍了模式识别的一些基本概念、模式识别系统的流程框图，介绍模式识别系统中涉及的模式识别方法，比如贝叶斯决策、线性判别分析、无监督模式识别、特征选择、支持向量机、组合分类器等，并通过结合多个实例进行详细讲解，通过与实际应用相结合，介绍了模式识别的系统设计与应用方向。

2) 英文简介

Pattern Recognition refers to the process of processing and analyzing various forms of information that represent objects or phenomena, in order to describe, identify, classify, and explain them. It is an essential component of information science and Artificial Intelligence. Pattern recognition emerged in the 1920s and rapidly developed into a discipline in the early 1960s, aided by the advent of computers in the 1940s and the rise of Artificial Intelligence in the 1950s. The theories and methods studied in pattern recognition have gained significant attention in many scientific and technological fields. They have driven the advancement of Artificial Intelligence systems and expanded the possibilities of computer applications. This course introduces some fundamental concepts of pattern recognition, the process flow of pattern recognition systems, and the various methods involved in pattern recognition systems. These methods include Bayesian decision, linear discriminant analysis, unsupervised pattern recognition, feature selection, support vector machines, ensemble classifiers, among others. Through detailed explanations combined with multiple examples, the course elaborates on these methods and their practical applications. By integrating theory with real-world use cases, the course also delves into the design of pattern recognition systems and their application directions.

2. 课程目标

1) 课程教学目标

模式识别课程是智能科学与技术专业核心专业基础课，是一门理论与应用并重的技术科学，其目的是让计算机完成人类智能中通过视觉、听觉、触觉等感官去识别外界环境的工作。在教学中，将最新的科研成果和科研动态融入课程。通过本课程的学习，使学生系统掌握模式识别基本原理、分类器设计的典型方法的同时理解最新的研究进展，开阔国际视野。通过在语音、文本、图像与视频模式识别等领域的上机实践，引导学生将课程所授原理、方法进行编程实现，并培养将其应用于解决实际模式识别问题的能力；同时，通过开放性大作业培养学生通过网络资源筛选和获取知识的能力，有助于学生综合能力和整体素质的提高，为学习后续专业课程“数据挖掘”打下坚实的统计学习理论基础。

课程目标 1：理解模式识别的基本概念、历史及发展现状，了解模式识别系统的组成和各个部分，熟悉有监督学习和无监督学习的区分，了解特征提取与学习、分类器设计的相关概念；

课程目标 2：掌握模式识别典型算法和技术，如 k 近邻、决策树、支持向量机、神经网络、聚类分析等，以及它们的算法流程和应用场景，通过编程仿真可以使用代表性算法解决实际问题；

课程目标 3：掌握分析模式识别问题和处理问题的能力，了解模式识别技术的发展趋势与发展前景，能够将实际的工程问题建模成模式识别问题，并进行求解。

2) 课程思政目标

模式识别是一门涉及计算机科学、人工智能和统计学等领域的课程，其主要目标是教授学生如何开发算法和技术，以便从数据中自动识别和分析模式、结构和关系。在这门课程中融入课程思政是很有意义的，可以帮助学生更好地理解模式识别的价值、应用，并培养他们的社会责任感和伦理观念。

(1) 社会责任感：强调模式识别技术的应用可能对社会产生深远影响，学生需要明白技术决策不仅仅关乎技术本身，还关系到社会伦理、隐私等问题。教育学生要对他们开发的技术产生的影响负责。

(2) 伦理价值观：在模式识别中，涉及到隐私、数据安全、偏见等伦理问题。课程可以引导学生思考如何在开发算法时避免加剧社会不平等，如何在数据处理中尊重个人隐私。

(3) 技术创新与可持续发展：课程在强调技术创新的同时，要考虑技术的可持续性，避免资源浪费和环境破坏。这样的教育有助于培养学生对可持续发展的关注和责任。

(4) 创新意识：思政教育可以激发学生的创新意识，鼓励他们在模式识别领域中提出新颖的思路和方法，解决社会问题。

(5) 团队合作与沟通能力：在模式识别项目中，团队合作和沟通是至关重要的。思政教育可以培养学生的合作精神、沟通技巧和领导能力。

3. 考核及成绩评定方式

最终成绩由平时作业成绩、期末考试成绩和课程论文成绩、计算机仿真成绩四部分组合而成。各部分所占比例如下：

平时作业成绩：10%。主要考核出勤率以及对每堂课知识点的复习、理解和掌握程度。

期末考试成绩：60%。主要考核模式识别基础知识以及方法应用的掌握程度。书面考试形式。题型为简答题，计算题和解析题等。

课程论文成绩：10%。主要考核发现、分析和解决问题的能力。学生可自拟题目或根据任课教师提出的题目撰写课程学习小论文，并在一定形式下进行宣讲、答辩，最后评定课程论文成绩。

计算机仿真成绩：20%。主要考核计算机运用能力、获取整理信息的能力以及理论联系实际的能力，学生可根据任课教师布置的四次上机实践题目，结合实际的应用问题，通过计算机编程语音进行计算机仿真，给出一定形式的仿真结果及说明。

课程目标达成考核与评价方式及成绩评定对照如表 1-54 所示。

表 1-54　课程目标达成考核与评价方式及成绩评定对照表

课程目标	考核评价成绩组成				合计
	平时作业	课程论文	计算机仿真	期末考试	
课程目标 1	10			40	50
课程目标 2		10	10	10	30
课程目标 3			10	10	20
合计	10	10	20	60	100

4. 课程目标与毕业要求的对应关系

毕业要求指标点实现矩阵如表 1-55 所示。

表 1-55　毕业要求指标点实现矩阵

毕业要求	观 测 点	课程目标、达成途径、评价依据
能运用相关模式识别知识和方法对专业工程问题解决方案进行比较、综合，对解决途径进行评价	支撑毕业要求 1-4	能够掌握各类模式识别算法的设计概念、原理和方法，并了解国内外模式识别的研究现状。通过平时作业、线上学习以及期末考试来进行考查
能够应用模式识别的基本概念、原理和相关专业知识对工程问题进行表达和有效分解	支撑毕业要求 2-2	掌握模式识别典型的方法的算法流程和适应的范围，能够对工程问题提出合理的拆分和解决方案。通过平时作业、课程论文，线上学习以及期末考试来进行考查
能够针对技术领域的工程问题建模成模式识别问题，设计模式识别系统，并给出相应的仿真实验结果	支撑毕业要求 4-2	掌握模式识别系统的整体框架，并熟悉系统中的各个环节。通过平时作业、课程论文，线上学习以及期末考试来进行考查

5. 课程教学内容、学习成效要求

1) 模式识别概述 (3 学时)

(1) 学习成效要求：

首先介绍了模式识别的一些基本概念，接着说明了模式识别系统的流程框图，通过结合多个实例详细讲解，与实际应用相结合，介绍模式识别的系统设计与应用方向。

(2) 重点及难点：

重点：

① 介绍模式识别概念、发展历史与现状。

② 介绍模式识别系统的流程。

③ 介绍模式识别系统设计及应用。

难点：

① 理解模式识别工作原理。

② 理解模式识别系统的流程。

③ 理解模式识别系统设计及应用方向。

(3) 作业及课外学习要求：

通过本讲的学习，使学生理解模式与模式识别的基本概念、模式识别的系统框图、模式识别的分类问题以及模式识别方法的一些关键问题。可以查阅一些模式识别系统相关文献。

2) 贝叶斯决策 (5 学时)

(1) 学习成效要求：

本讲首先回顾模式识别的基本框架，引入本节的贝叶斯决策；然后介绍贝叶斯决策理论需要的两个要求与常用准则；并通过公式讲解与实例分析详细介绍最小错误率贝叶斯决策。在多元正态分布概率的基础上，引出判别函数和决策面方程，最后根据协方差矩阵分三种情况对多元正态分布下的判别函数和决策面进行讨论。

(2) 重点及难点：

重点：

① 介绍贝叶斯决策理论，包括贝叶斯决策的两个要求和决策准则。

② 介绍最小错误率贝叶斯决策的原理与步骤。

难点：

① 贝叶斯公式理解及先验概率和后验概率的理解。

② 掌握最小错误率贝叶斯决策。

③ 多元正态分布协方差矩阵的计算；针对协方差矩阵的不同情况，如何根据判别函数和决策面方程分析各自情况下的分类准则。

(3) 作业及课外学习要求：

通过本讲的学习，帮助学生理解贝叶斯决策理论基本概念，掌握贝叶斯公式的先验概率和后验概率以及贝叶斯决策的两个要求，以及最小错误率贝叶斯决策具体过程。课后做一下书本课后习题，练习一下最小错误率贝叶斯决策计算过程。

3) 线性与非线性判别分析 (10 学时)

(1) 学习成效要求：

本讲首先介绍了线性判别函数的一些基本概念，并给出线性判别函数的定义，进而引出 Fisher 线性判别分析的定义。由定义出发，介绍 Fisher 准则函数中的基本参数量以及算法的步骤。介绍了感知器算法、梯度下降算法，和均方误差目标函数在算法中的作用，并讨论如何采用感知器算法实现多类模式的分类。介绍 K 近邻算法的大致过程，给出 K 近邻算法的基本框架，并分析影响 K 近邻算法的三个重要因素，最后通过算法示例进一步具体化 K 近邻算法并总结算法特点。介绍离散型数据分类问题，引出决策树结构与分类过程。随后介绍具体的决策树生成算法 ID3 算法，并结合具体算例进一步细化 ID3 算法流程。

(2) 重点及难点：

重点：

① Fisher 准则函数的定义以及计算方法。

② k 近邻算法的概念和基本步骤。

难点：

① 求解 Fisher 的最佳投影方向。需要学生对 Fisher 的原理熟练掌握，并且理解和掌握各种参量的求取。

② 感知准则函数的工作原理。

③ 掌握 ID3 算法的整体思想与算法步骤。

(3) 作业及课外学习要求：

通过本讲的学习，使学生重点掌握线性和非线性判别函数的定义，掌握典型的算法 K 近邻、Fisher 线性辨别分析、决策树 ID3 等，可以查阅相关文献深入了解各种算法的流程，并可以通过仿真实现算法来解决模式识别问题。

4) 无监督模式识别 (6 学时)

(1) 学习成效要求：

本讲主要讲解了两种动态聚类算法，分别是硬聚类算法的代表 K- 均值算法和模糊聚类算法的代表 FCM 算法，分别给出了算法的基本框架，并分析了算法的优缺点，同时也将两种算法进行了对比。介绍了单高斯模型和高斯混合模型的一些基本知识，并简要说明了高斯混合模型用于聚类时的步骤，接着介绍了如何用 EM 算法求解高斯混合模型，最后介绍了层次聚类算法概念。

(2) 重点及难点：

重点：

① K- 均值算法的原理和步骤。

② FCM 算法的原理和步骤。

③ K- 均值算法和 FCM 算法的相同和不同处。

难点：

① 介绍单高斯模型和高斯混合模型。

② 利用 EM 算法求解高斯混合模型。

(3) 作业及课外学习要求：

通过本讲的学习，使学生重点掌握动态聚类算法的基本框架和优点，熟悉 K- 均值算法与 FCM 算法的流程。

5) 特征选择 (5 学时)

(1) 学习成效要求：

本讲首先介绍有关特征选择的基本概念，再介绍特征评价准则——类别可分离性判据，随后介绍特征子集的搜索策略，最后介绍基于随机搜索的特征选择方法。

(2) 重点及难点：

重点：

① 介绍可分离性判据的原理及过程。

② 介绍特征子集搜索策略的主要思想及过程。

难点：

① 对四种类别可分离性判据中相关公式的理解及应用。

② 理解不同的特征子集搜索策略并比较其优缺点及适用的范围。

(3) 作业及课外学习要求：

通过本讲的学习，使学生理解特征选择的基本过程，重点掌握四种类别可分离性判据的原理，并应用到实际问题当中，使学生重点掌握各种特征子集搜索策略的思想，理解基于随机搜索的特征选择方法。

6) 支持向量机 (5 学时)

(1) 学习成效要求：

本讲首先介绍了支持向量机的基本原理，接着对支持向量机涉及到的一些基本概念进行了阐述，在训练集线性可分的情况下，根据支持向量机使用硬间隔最大化学习或软间隔最大化学习，分别阐述了线性可分支持向量机与线性支持向量机的概念与学习方法。介绍了非线性分类问题并引入了非线性支持向量机解决此类问题的基本思想，接着对核函数进行了定义，给出了核函数有效判定方法，并对几种常用的核函数进行了阐述。对非线性支持向量机的学习方法进行了系统的讲解，并介绍相应的求解算法。

(2) 重点及难点：

重点：

① 支持向量机基本原理及相关基本概念。

② 线性可分支持向量机的学习方法。

难点：

① 核函数的有效判定与几种常用核函数的计算公式。

② 非线性支持向量机的学习算法。

(3) 作业及课外学习要求：

通过本讲的学习，使学生熟悉支持向量机的基本概念，掌握超平面与间隔的基本概念，掌握最大化间隔法及软间隔最大化的概念，熟练掌握线性可分支持向量机与线性支持向量机的学习方法；使学生熟悉核函数的基本概念，掌握核函数有效性的判别方法及几种常用核函数的数学公式，掌握非线性支持向量机的学习算法。

7) 组合分类器 (2 学时)

(1) 学习成效要求：

模式识别中的组合分类器是一种将多个分类器的输出进行结合，以提高分类性能的技术。学习这一讲的目标是使学生理解组合分类器的原理、方法和应用，以及能够在实际问题中正确选择和使用合适的组合方法。

(2) 重点及难点：

重点：

① 组合分类器的原理和概念。

② bagging 算法。

难点：

① 学习如何将组合分类器应用于实际问题，选择适当的方法以及调整参数来获得更好的性能。

② Adaboost 算法。

(3) 作业及课外学习要求：

理解组合分类器的基本概念，包括如何将多个分类器集成到一个整体系统中，以提高分类性能。如果对组合分类器的内容感兴趣，可以深入学习每种分类器的细节和数学基础，以及它们在实际问题中的应用案例。

8) 半监督学习 (2 学时)

(1) 学习成效要求：

半监督学习能够有效地利用少量有标签样本和大量无标签样本。需要掌握有监督学习、无监督学习、半监督学习的基本概念和区分，了解半监督学习的分类方式以及典型的半监督学习分类和聚类算法。

(2) 重点及难点：

重点：

① 了解半监督学习的假设条件。

② 基于图的半监督学习。

难点：

基于半监督的 SVM 方法。

(3) 作业及课外学习要求：

理解半监督学习的概念，遇到实际工程问题的时候，能够分辨出在不同的条件下使用有监督学习、无监督学习还是半监督学习方法，查阅相关半监督学习文献，理解半监督学习算法流程。

9) 习题和答疑课 (2 学时)

学生们在听课和课后作业时，经常会遇到一些问题。围绕常见问题进行统一分析和讲解，针对个别问题，进行和个别同学的有针对性讨论和讲解。

6. 教学安排及方式 (见表 1-56)

模式识别总学时 56 学时 (课外学习不计入总学时)，其中，讲授 40 学时，上机 16 学时。

课外学习预估 12 学时，其中，课前预习 3 学时，课后作业 3 学时，课程设计 5 学时，自主学习 1 学时。

表 1-56　教学安排及方式

序号	教 学 目 标	教学方式	学时
1	模式识别概述	讲授	3
2	贝叶斯决策	讲授	5
3	线性与非线性判别分析	讲授	10
4	无监督模式识别	讲授	6
5	特征选择	讲授	5
6	支持向量机	讲授	5
7	组合分类器	讲授	2
8	半监督学习	讲授	2
9	习题和答疑课	讨论	2
10	四次上机课：KNN 方法、非监督学习方法、SVM 方法、组合分类器方法	上机实验	16

7. 教材及参考书目

[1] 张向荣，冯婕，焦李成，等. 模式识别. 西安：西安电子科技大学出版社.
[2] 边肇祺，张学工. 模式识别. 2 版. 北京：清华大学出版社，2000.
[3] Richard O.Duda, Peter E.Hart, David G.Stork. 模式分类. 李宏东，姚天翔译. 北京：机械工业出版社，2003.
[4] R.Webb. 统计模式识别. 王萍译编著. 北京：电子工业出版社，2004.
[5] J.P.Marques de sa. 模式识别——原理、方法及应用. 吴逸飞译. 北京：清华大学出版社，2002.

1.6.10　脑科学基础

课程名称：脑科学基础
英文名称：Basis of Brain Science
学分 / 学时：2/52(32 + 20)
适用专业：人工智能
先修课程：无
开课单位：人工智能学院

1. 课程简介

1) 中文简介

脑科学基础是人工智能专业的一门重要的专业基础课程，是现代脑科学、认知科学、心理学、神经科学、数学、语言学、信息科学、人类学乃至自然哲学等学科交叉发展的结果，是一门以脑科学为核心的多学科交叉的研究型课程。本课程针对计算机类、信息类、控制类学科门类下智能类专业开设，利用神经科学、认知科学和信息科学等跨学科知识，理解脑与认知。目标是学习利用先进技术和工具，从量子、分子、细胞、系统、全脑、行为、社会伦理等不同层次上理解脑与认知的基本概念和现象，分析、处理、整合、建模仿真与虚拟脑与认知，为将来在人工智能领域的进一步研究工作和系统创新奠定良好的基础。通过本课程的学习，使得学生掌握脑与认知的基本概念、基本理论、科学研究方法，拓宽学生在人工智能领域的知识广度，为后续专业课程打下良好的基础。

2) 英文简介

Basis of Brain Science is an important basic professional course for the major of intelligent science and technology. It is the result of the interaction and development of modern brain science, cognitive science, psychology, neuroscience, mathematics, linguistics, information science, anthropology and even natural philosophy, and it is a multi-disciplinary interdisciplinary research course with brain science as the core. This course is aimed at intelligence majors under the categories of computer, information and control disciplines, using interdisciplinary knowledge such as neuroscience, cognitive science and information science to understand brain and cognition. The goal is to learn to use advanced technologies and tools to understand the basic concepts and phenomena of brain and cognition from different levels such as quantum, molecular, cellular, system, whole brain, behavior, social ethics, etc., to analyze, process, integrate, model simulation and virtual brain and cognition, and to lay a good foundation for further research work and system innovation in the field of artificial intelligence in the future. Through the study of this course, students can master the basic concepts, basic theories and scientific research methods of brain and cognition, broaden the breadth of students' knowledge in the field of artificial intelligence, and lay a good foundation for subsequent professional courses.

2. 课程目标

1) 课程教学目标

通过对脑科学基础课程的学习，让学生掌握脑科学的基本概念、基本理论、科学研究方法，对自身的认知和行为带来指导，具备从多学科角度分析人工智能专业工程问题的能力，能够考虑系统方案在社会伦理道德等方面的影响，形成较为全面系统的知识框架，给智能设计、计算模式与方法及其实践带来新的启示，为将来从事人工智能领域相关工作打下良好的基础。

课程目标 1：学习脑科学基础知识和基本理论知识，掌握大脑与神经元的结构、特性等基本知识，了解各种认知心理特质，能够结合脑科学技术、人工智能技术等交叉学科知识与原理去识别和表达复杂工程问题的关键环节和参数，并对分解后的问题进行分析。(支

撑毕业要求 2.2)

课程目标 2：具备分析脑科学认知基本功能的能力，激发学生对人脑结构与人类基本认知能力的思索，激发学生对进一步研究智能形成机理和工作方式的强烈兴趣，具备对已有成果展开分析与讨论并能针对存在问题提出前瞻性解决方案，能够对实际复杂工程问题提出新思路、设计合理的解决方案。(支撑毕业要求 3.3)

课程目标 3：了解脑科学的研究现状和发展趋势，具备调研、分析和判断各种脑科学原理与人工智能系统的能力，理解人工智能发展中可能面临的伦理问题以及可采取的防范措施，能够在人工智能技术的设计与应用环节中考虑社会、安全、法律、文化等多方面、多层次因素的影响。(支撑毕业要求 3.4)

2) 课程思政目标

基于脑科学的教学任务，培养学生的政治思想品德素质，帮助学生树立正确的政治方向 , 教会学生怎样做人，使学生在学习过程中达到知、信、行的统一，主要包括：

(1) 基于大脑工作的客观规律，引导和教育学生树立正确的世界观、人生观，树立科学信仰，形成正确的人生价值。

(2) 从大功能的整合和划分的角度出发，引导学生从大局出发，忠党爱国，培养学生的集体意识，体会俯首甘为孺子牛的奉献精神、爱国精神。

(3) 从大脑进化历程的角度出发，培养学生艰苦奋斗的精神，引导学生形成积极进取、无所畏惧、勇于作为的品质。

(4) 从人类认识大脑历程的角度出发，培养学生面向失败时的不屈精神、面对挫折的乐观精神，激发学生“为天地立心，为生民立命，为往圣继绝学，为万世开太平”的豪情壮志，形成“开万古得未曾有之奇”科学创新精神。

3. 考核及成绩评定方式 (见表 1-57)

本课程的考核以考核学生能力培养目标的达成为主要目的，以检查学生对各知识点的理解与掌握程度，以及运用所学知识对实际问题进行分析和解决的能力。最终成绩由平时作业成绩和期末考试成绩组合而成，各部分所占比例如下：

平时作业成绩：40%，主要以课后作业为主。对每个章节都会布置课后若干作业。主要考核学生对每堂课知识点的接受、理解和掌握程度，以及利用脑科学知识分析日常生活和专业问题的能力。根据学生课堂表现、随堂测试、作业完成情况等进行评分。

期末考试成绩：60%，对学习情况进行全面的检查。主要考核学生对核心知识掌握和运用的能力，分析与解决复杂问题的能力以及主动思考、发散思维、创新总结的能力。书面闭卷考试形式。考试内容既包含基本知识点，也涉及利用所学知识点对具体问题进行分析的考题。内容包含感觉、知觉、运动、控制、学习、记忆、语言、情绪、社会认知、大脑可塑性等内容。

表 1-57　考核及成绩评定方式

课程目标	考核评价成绩组成 /%		合计
	平时作业	期末考试	
课程目标 1	50	40	44
课程目标 2	25	38	33
课程目标 3	25	22	23
合计	100	100	100

4. 课程目标与毕业要求的对应关系

毕业要求指标点实现矩阵如表 1-58 所示。

表 1-58　毕业要求指标点实现矩阵

毕业要求	观测点	课程目标、达成途径、评价依据
问题分析：能够应用数学、自然科学、工程基础和人工智能的专业知识，识别、表达和有效地分解复杂工程问题，并通过文献查阅等多种方式对其进行分析，以获得有效结论	指标点 2-2：能够识别和表达复杂工程问题的关键环节和参数，对分解后的问题进行分析	学习脑科学基础知识和基本理论知识，掌握大脑与神经元的结构、特性等基本知识，了解各种认知心理特质（感觉、知觉、运动、控制、学习、记忆、语言、情绪、社会认知、脑神经可塑性）的脑神经原理，能够结合脑科学技术、人工智能技术等交叉学科知识与原理去识别和表达复杂工程问题的关键环节和参数，并对分解后的问题进行分析。通过平时作业以及期末考试来进行考查
设计 / 开发解决方案：能够针对人工智能领域复杂工程问题提出解决方案，设计满足特定需求的系统和模块，并能够在设计环节中体现创新意识；能够综合考虑其对社会、健康、安全、法律、文化及环境的影响	指标点 3-3：综合利用人工智能领域的专业知识和新技术，在针对复杂工程问题的系统设计中体现创新意识	掌握大脑与神经系统的组成要素与基本功能，激发学生对人脑结构与人类基本认知能力的思索，激发学生对进一步研究智能形成机理和工作方式的强烈兴趣，具备对已有成果展开分析与讨论并能针对存在问题提出前瞻性解决方案，能够对实际复杂工程问题提出新思路、设计合理的解决方案。通过平时作业以及期末考试来进行考查
	指标点 3-4：能够在系统方案设计环节中考虑多方面、多层次因素的影响，如社会、健康、安全、法律、文化以及环境等因素	了解脑科学的研究现状和发展趋势，具备调研、分析和判断各种脑科学原理与人工智能系统的能力，理解人工智能发展中可能面临的伦理问题以及可采取的防范措施，能够在人工智能技术的设计与应用环节中考虑社会、安全、法律、文化等多方面、多层次因素的影响。通过平时作业以及期末考试来进行考查

5. 课程教学内容与学习成效要求

1) 认知与计算 (2 学时)(支撑课程目标 1 和课程目标 2)

认知与计算重点讲述脑与认知科学的相关概念和意义、认知科学基础讲授脑结构和认知计算框架。

(1) 学习成效要求：

① 掌握认知、认知与计算、元认知与计算的概念，掌握认知金字塔。

② 了解人脑结构的组成，掌握大脑功能划分的特点，掌握大脑的三位一体。

③ 掌握认知信息的来源，了解自然系统和人工系统目前的技术差异。

④ 掌握人工认知系统模拟自然认知系统的方法。

⑤ 基于大脑工作的客观规律，引导和教育学生树立正确的世界观、人生观，树立科学信仰，形成正确的人生价值。

(2) 重点及难点：

重点：人工认知系统模拟自然认知系统的方法。

难点：脑结构的组成，大脑功能划分的特点。

(3) 作业及课外学习要求：

作业：了解自然系统和人工系统目前的技术差异。

课外学习要求：查阅脑科学与认知相关文献，深入理解认知金字塔，查找人工认知系统模拟自然认知系统的具体实例。

2) 方法与技术 (2 学时)(支撑课程目标 1 和课程目标 2)

方法与技术主要介绍脑与认知科学研究方法与技术，讲述脑与认知科学行为水平和系统水平的研究技术，重点讲授心理物理学方法和脑功能成像方法。

(1) 学习成效要求：

① 掌握反应时法、眼动分析法、口语报告法、内隐联想测验、计算机模拟法及损伤研究法的基本概念。

② 理解反应时法中的冲突效应。

③ 掌握脑成像的基本原理，理解成像的性能指标。

④ 了解 CT、PET、SPECT、MRI、FMRI、EEG、MEG 等现有脑成像技术，掌握现有脑成像技术在认知大脑上的区别。

⑤ 从人类认识大脑历程的角度出发，培养学生面向失败时的不屈精神、面对挫折的乐观精神。

(2) 重点及难点：

重点：脑成像的基本原理。

难点：现有脑成像技术在认知大脑上的区别。

(3) 作业及课外学习要求：

作业：列举一个反应时法中冲突效应的举起例子。

课外学习要求：查阅脑科学与认知相关文献，梳理人类认知大脑的技术发展脉络。

3) 神经与信息 (2 学时)(支撑课程目标 1、课程目标 2 和课程目标 3)

神经与信息主要介绍神经元及神经信息交流机制，讲授脑结构和认知框架、神经元的结构和功能、神经信息的产生、传导和传递机制。

(1) 学习成效要求：

① 了解函数对人类社会发展的促进作用，理解人工神经网络的产生过程。

② 掌握神经元的组成结构、神经信息的传播过程、神经元的基本类型。

③ 掌握神经信息的产生、编码。

④ 掌握神经通路和层级。

⑤ 从神经系统进化的角度出发，培养学生艰苦奋斗的精神。

(2) 重点及难点：

重点：神经元的组成结构、神经信息的传播过程、神经元的基本类型。

难点：掌握神经通路和层级。

(3) 作业及课外学习要求：

作业：基于学习的神经通路和层级，设计一种针对某种任务的人工神经网络。

课外学习：查阅神经与信息相关文献，分析神经信息编码的意义。

4) 视觉与计算 (4 学时)(支撑课程目标 1 和课程目标 2)

视觉与计算重点讲述视觉感受器、视觉信息传导与加工、视觉理论、计算机视觉以及它们的区别和联系。

(1) 学习成效要求：

① 掌握眼睛的结构及其功能，理解其与人工成像系统的技术差异。

② 了解视觉信息的传递通路、视觉的感受机制、视觉信息的编码。

③ 掌握单眼和双眼立体视觉。

④ 掌握视觉的恒常性。

⑤ 从大功能的整合和划分的角度出发，引导学生从大局出发，爱党爱国，培养学生的集体意识。

(2) 重点及难点：

重点：眼睛的结构及其功能，其与人工成像系统的技术差异。

难点：单眼和双眼立体视觉。

(3) 作业及课外学习要求：

作业：举例分析立体视觉在现实生活中的意义。

课外学习要求：查阅计算成像相关文献，结合课堂内容掌握计算成像中的去模糊方法。

5) 感知与运动 (4 学时)(支撑课程目标 1 和课程目标 2)

感知与运动重点讲述听觉、触觉、味觉、嗅觉脑内信息处理模式，运动与控制相关的脑功能原理。

(1) 学习成效要求：

① 掌握感知与知觉的基本概念。

② 掌握感觉的类别及其对应的感受器，感受器的适宜刺激。

③ 掌握知觉的特性、错觉的分类。

④ 掌握声音在耳中的传播过程，理解等响曲线。

⑤ 从大功能的整合和划分的角度出发，让学生体会俯首甘为孺子牛的奉献精神、爱国精神。

(2) 重点及难点：

重点：知觉的特性、错觉的分类。

难点：声音在耳中的传播过程，等响曲线的理解。

(3) 作业及课外学习要求：

作业：分析感知与知觉的区别与联系。

课外学习要求：理解记忆知觉的特性。

6) 注意与意识 (2 学时)(支撑课程目标 1 和课程目标 2)

注意与意识重点讲述注意与分辨、注意网络、生理机制和信息加工、睡眠与梦等的脑神经神经基础。

(1) 学习成效要求：

① 掌握注意的基本概念，注意的分类，理解返回抑制现象。

② 理解主动注意和被动注意的区别与联系。

③ 掌握注意的特点、广度、分配和理论。

④ 了解意识的概念、功能，理解潜意识的意义。

⑤ 从人类认识大脑思维历程的角度出发，培养学生形成“开万古得未曾有之奇”科学创新精神。

(2) 重点及难点：

重点：注意的特点、广度、分配和理论。

难点：理解返回抑制现象。

(3) 作业及课外学习要求：

作业：举实例分析两种注意的特点。

课外学习要求：分析潜意识的意义，如何加强自身的潜意识。

7) 学习与记忆 (4 学时)(支撑课程目标 1 和课程目标 2)

学习与记忆主要介绍学习与记忆的基本概念；记忆的脑神经基础；学习与记忆的细胞分子机制；迁移学习、元学习、贝叶斯大脑与推理。

(1) 学习成效要求：

① 掌握学习与记忆的概念、记忆的步骤分类及各类特点，各类记忆的脑神经基础。

② 掌握记忆处理模型。

③ 理解短期和长期记忆形成的神经生物学基础和基本案例。

④ 掌握迁移学习、元学习、贝叶斯大脑的基本概念与系统构建。

⑤ 基于记忆工作的客观规律，引导和教育学生树立正确的世界观、人生观，树立科学信仰。

(2) 重点及难点：

重点：学习与记忆的神经基础；迁移学习、元学习和贝叶斯大脑。

难点：学习与记忆的神经基础

(3) 作业及课外学习要求：

作业：分析学习与记忆的脑神经基础，掌握记忆的过程步骤。

课外学习要求：查阅脑科学与认知相关文献，基于大脑可塑性和遗忘记忆曲线等生物基础，分析大脑记忆过程，设计更高效的个人学习方法或智能算法。

8) 沟通与语言 (2 学时)(支撑课程目标 1、课程目标 2 和课程目标 3)

沟通与语言主要介绍沟通、语言与演化；语言、语言障碍与大脑；语言理论；脑电到语言转译；自然语言处理。

(1) 学习成效要求：

① 掌握人类语言的演化与起源、语言功能的塑成机制、大脑语言中枢与失语症。

② 理解心理词典、语言输入的知觉分析、单词识别、句子中单词整合模型。

③ 了解语言功能与左脑功能的关系。

④ 了解自然语言处理方法的概念和发展历程。

⑤ 基于人类语言演化的客观规律，引导学生形成正确的人生价值。

(2) 重点及难点：

重点：语言、语言障碍与大脑；自然语言处理。

难点：不同语言脑区功能与障碍。

(3) 作业及课外学习要求：

作业：总结大脑不同的语言中枢有哪些。损伤会造成哪些类型的语言障碍。

课外学习：查阅语言学与自然语言处理相关文献，分析自然语言处理技术的发展方向。

9) 报偿与成瘾 (2 学时)(支撑课程目标 2 和课程目标 3)

报偿与成瘾主要介绍动机的概念和测量方法、多巴胺效能和成瘾机制与成瘾现象探讨。

(1) 学习成效要求：

① 掌握动机的定义、激发过程和实验测量方法。

② 掌握多巴胺的效能和作用机制。

③ 掌握成瘾的形成机制和影响，了解毒品等成瘾现象的原因和危害。

④ 基于报偿与成瘾的客观规律，培养学生形成“黄赌毒”的内心防火墙，成瘾般地做到闻风而远离。

(2) 重点及难点：

重点：多巴胺的效能和作用机制；成瘾的形成机制。

难点：成瘾难以戒除的原因。

(3) 作业及课外学习要求：

作业：掌握成瘾造成的危害，分析成瘾难以戒除的原因。

课外学习：查阅反毒等宣传影像资料，了解毒品成瘾的危害。

10) 理性与感性 (4 学时)(支撑课程目标 1 和课程目标 2)

理性与感性主要介绍大脑额叶子区域及功能，前额叶与记忆和目标导向行为，情绪的认知神经科学和情绪加工的神经系统与计算。

(1) 学习成效要求：

① 掌握大脑前额叶的分区及功能、前额叶损伤的认知缺陷、情绪的基本成分及对应脑机制、恐惧情绪反应的神经通路。

② 理解情绪理论的发展历程、盲视、恐惧记忆的形成与消退 (创伤后压力失调)。

③ 基于感性和理性的机理，引导和教育学生树立正确的世界观、人生观，树立科学信仰。

(2) 重点及难点：

重点：大脑前额叶分区与功能；情绪基本成分与脑机制。

难点：情绪的脑机制以及情绪对认知的影响。

(3) 作业及课外学习要求：

作业：总结情绪的长短通路和不同基本情绪的脑机制。

课外学习：查阅相关文献，了解人工智能领域关于情绪的研究。

11) 发育与可塑 (2 学时)(支撑课程目标 1 和课程目标 2)

发育与可塑主要介绍大脑的发育，认知功能的发展与神经可塑性，大脑整体性与脑功能网络，人工神经网络架构搜索。

(1) 学习成效要求：

① 掌握大脑发育历程、大脑发育与认知发展、神经可塑性、大脑老化与退化的特点。

② 理解脑功能分区与整体性功能网络的构建和分析方法。

③ 理解脑网络可塑性与人工深度网络架构搜索。

④ 从人类认识大脑历程的角度出发，激发学生“为天地立心，为生民立命，为往圣继绝学，为万世开太平”的豪情壮志。

(2) 重点及难点：

重点：认知功能的发展与神经可塑性之间的关系，人工神经网络架构搜索的概念。

难点：理解脑网络可塑性与人工深度网络架构搜索。

(3) 作业及课外学习要求：

作业：掌握大脑可塑性的基本概念和作用机制，并举例说明。

课外学习：查阅资料，了解人工智能领域人工神经网络架构搜索的最新发展趋势与研究成果。

12) 人工与系统 (2 学时)(支撑课程目标 2 和课程目标 3)

人工与系统主要介绍人工智能与类脑系统，脑科学与机器智能及人工智能与伦理法律。

(1) 学习成效要求：

① 掌握脑机界面的原理与研究进展、典型应用。

② 理解自主意识建模方法及其自主无人系统、仿真机器人。

③ 了解脑部植入术、脑结构和功能异常、智能善用与犯罪。

④ 掌握人工智能技术的发展趋势，面临的道德伦理挑战和应对措施。

⑤ 从人类认识自然坎坷前进的角度出发，培养学生面对挫折的乐观精神。

(2) 重点及难点：

重点：类脑系统的定义和目标，人工智能面临的伦理挑战。

难点：人工智能面临的伦理挑战与应对措施。

(3) 作业及课外学习要求：

作业：了解类脑智能的目标，分析为了实现类脑计算系统，需要从哪些方面理解脑计算。

课外学习：查阅资料和最新科研报告，了解人工智能技术目前发生的伦理道德事故，并思考未来的应对措施。

6. 教学安排及方式 (见表 1-59)

脑科学基础总学时 32 学时 (课外学习不计入总学时)，其中，讲授 32 学时，实验 0 学时，上机 0 学时，实践 0 学时，线上 0 学时。

课外学习预估 20 学时，其中，课前预习 0 学时，课后作业 16 学时，课程设计 0 学时，自主学习 4 学时，其他 (内容根据情况自拟)0 学时。

表1-59 教学安排及方式

序号	教学目标	教学方式	学时
1	掌握认知、认知与计算、元认知与计算的概念，掌握认知金字塔。掌握认知信息的来源，了解自然系统和人工系统目前的技术差异。掌握人工认知系统模拟自然认知系统的方法	讲授	2
2	掌握反应时法、眼动分析法、口语报告法、内隐联想测验、计算机模拟法、损伤研究法的基本概念。理解反应时法中的冲突效应。掌握脑成像的基本原理，理解成像的性能指标。了解CT、PET、SPECT、MRI、FMRI、EEG、MEG等现有脑成像技术，掌握现有脑成像技术在认知大脑上的区别	讲授	2
3	了解函数对人类社会发展的促进作用，理解人工神经网络的产生过程。掌握神经元的组成结构、神经信息的传播过程、神经元的基本类型。掌握神经信息的产生、编码。掌握神经通路和层级	讲授	2
4	掌握眼睛的结构及其功能，理解其与人工成像系统的技术差异。了解视觉信息的传递通路、视觉的感受机制、视觉信息的编码。掌握单眼和双眼立体视觉。掌握视觉的恒常性	讲授	4
5	掌握感知与知觉的基本概念。掌握感觉的类别及其对应的感受器，感受器的适宜刺激。掌握知觉的特性、错觉的分类。掌握声音在耳中的传播过程，理解等响曲线	讲授	4
6	掌握注意的基本概念，注意的分类，理解返回抑制现象。理解主动注意和被动注意的区别与联系。掌握注意的特点、广度、分配、理论。了解意识的概念、功能，理解潜意识的意义	讲授	2
7	掌握并理解学习与记忆相关知识点，掌握学习与记忆的概念、分类及特点，以及在人工智能专业的拓展	讲授	4
8	掌握并理解沟通与语言相关知识点，掌握语言功能与脑区联系，以及人工智能技术对人类语言的模拟发展史	讲授	2
9	掌握并理解报偿与成瘾相关知识点，掌握多巴胺的效能和作用机制，以及对成瘾的关系	讲授	2
10	掌握并理解理性与感性相关知识点，掌握大脑前额叶与认知、杏仁核与情绪的关系	讲授	4
11	掌握并理解发育与可塑相关知识点，理解认知功能的发展与神经可塑性之间的关系	讲授	2
12	掌握并理解人工与系统相关知识点，掌握类脑系统的定义和目标，记忆人工智能面临的伦理挑战	讲授	2

7. 教材及参考书目

[1] 刘洪波，冯世刚．脑与认知科学基础．北京：清华大学出版社，2021.

[2] Michael Gazzanig．认知神经科学：关于心智的生物学．周晓琳，高定国，等译．北京：中国轻工业出版社，2011.

[3] John，E.，Dowling．万千心理・理解大脑：细胞、行为和认知．苏彦捷译．北京：中国轻工业出版社，2009.

1.6.11 知识工程

课程名称：知识工程
英文名称：Knowledge Engineering
学分 / 学时：2/48(32 + 16)
适用专业：人工智能
先修课程：数据结构、离散数学
开课单位：人工智能学院

1. 课程简介

1) 中文简介

知识工程是人工智能的原理和方法，对那些需要专家知识才能解决的应用难题提供求解的手段。恰当运用专家知识的获取、表达和推理过程的构成与解释，是设计基于知识的系统的重要技术问题。知识工程是以知识为基础的系统，就是通过智能软件而建立的专家系统。知识工程可以看成是人工智能在知识信息处理方面的发展，研究如何由计算机表示知识，进行问题的自动求解。知识工程的研究使人工智能的研究从理论转向应用，从基于推理的模型转向基于知识的模型，包括了整个知识信息处理的研究，知识工程已成为一门新兴的科学与工程技术学科。

2) 英文简介

Knowledge Engineering is the principle and method of Artificial Intelligence, which provides the means to solve the application problems that require expert knowledge to solve. It is an important technical problem to design a knowledge-based system to properly use the formation and interpretation of expert knowledge acquisition, expression and reasoning processes. Knowledge engineering is a knowledge-based system, which is an expert system built by intelligent software. Knowledge engineering can be regarded as the development of Artificial Intelligence in knowledge information processing, studying how to represent knowledge by computers and solve problems automatically. The research of knowledge engineering makes the research of Artificial Intelligence shift from theory to application, from inference-based model to knowledge-based model, including the whole knowledge information processing research, knowledge engineering has become a new science and engineering technology discipline.

2. 课程目标

1) 课程教学目标

通过知识工程课程的学习，学生能够全面系统地理解知识工程的体系和经典算法，初步掌握使用知识工程相关手段，解决简单的实际问题。增强自主解决问题的能力，为今后的学习、为将来的相关实践研究奠定扎实的基础。

课程目标 1：了解知识工程与图谱的概念、简介、发展历史以及研究现状，熟悉知识工程涉及的研究领域及对应的相关技术，掌握知识工程在当今社会的具体应用。能够通过对知识的表示抽取，表述人工智能科学领域的复杂工程问题。

课程目标 2：掌握知识工程中知识获取及存储的方法，能够掌握简单知识图谱的构建手段、方法和规则。对实际的知识工程问题，能够准确地识别及表达，并能够提出具体知识图谱的构建方案。

课程目标 3：掌握知识工程涉及的工程设计理念，熟悉知识图谱构建的原则和方法，能够通过知识推理等形式解决具体工程问题，进而针对复杂问题提出合理的解决方案。

2) 课程思政目标

回归课程育人本质，将习近平新时代中国特色社会主义思想全面融入课程教学设计中，与培养方案中专业思政育人目标相匹配。

3. 考核及成绩评定方式 (见表 1-60)

知识工程课程的考核以考核学生能力培养目标的达成为主要目的，以检查学生对各知识点的掌握程度以及应用为重要内容。

最终成绩由作业成绩、课堂表现成绩、综合大作业成绩三部分组合而成。各部分所占比例如下：

作业成绩：20%。主要考核学生对每堂课知识点的复习、理解和掌握程度，以及能运用数学、自然科学、工程基础和专业知识，表述人工智能科学领域的复杂工程问题的能力。根据学生课堂表现、随堂测试、平时作业等进行评分。

课堂表现成绩：20%。主要考查学生在课堂上的表现，是否参加课程学习，课堂章节测试的完成度，根据课堂表现及章节测试题的情况来评定分数。

综合大作业成绩：60%。两次大作业，每次大作业占 30%，主要考查学生掌握本专业涉及的工程设计概念、原则和方法，能够针对复杂工程问题提出合理的解决方案。学生根据任课教师布置的题目设计算法，编程解决对应问题，并撰写任务报告。根据任务完成的难度，任务完成的效果、报告中对影响算法性能的多种因素进行分析的全面程度进行评分。

表 1-60　考核及成绩评定方式

课程目标	平时作业	综合大作业	课堂表现	合计
课程目标 1	50		50	20
课程目标 2	50	50	50	50
课程目标 3		50		30
合计	100	100	100	100

4. 课程目标与毕业要求的对应关系（见表 1-61）

表 1-61　课程目标与毕业要求的对应关系

毕业要求	观 测 点	课程目标、达成途径、评价依据
工程知识：掌握本专业所需的数学、自然科学、工程基础和人工智能的专业知识，能将上述知识用于解决人工智能系统软硬件设计、图像处理算法设计等相关领域的复杂工程问题	1-1：能运用数学、自然科学、工程基础和专业知识，表述人工智能科学领域的复杂工程问题	(1) 课程目标：了解知识工程与图谱的概念、简介、发展历史以及研究现状，熟悉知识工程涉及的研究领域及对应的相关技术，掌握知识工程在当今社会的具体应用。能够通过对知识的表示抽取，表述人工智能科学领域的复杂工程问题。 (2) 达成途径：通过上课、课后平时作业、随堂小测试、期末大作业等多个途径进行达成度评价。 (3) 评价依据：通过平时作业、课堂测试成绩、课堂表现等来评价学生是否达到了课程目标。通过问卷调查等方式来了解学生对课程的授课效果和作业的难易程度、教学方法等方面的反馈意见，从而评价课程目标的达成情况
问题分析：能够应用数学、自然科学、工程基础和人工智能的专业知识，识别、表达和有效地分解复杂工程问题，并通过文献查阅等多种方式对其进行分析，以获得有效结论	2-3：掌握科技文献、资料的分类；能够通过图书馆、数据库、网上检索等多种方式快速、准确地检索相关信息，具备借助文献研究对复杂工程问题进行识别、表达、分析的能力	(1) 课程目标：掌握知识工程中知识获取及存储的方法，能够掌握简单知识图谱的构建手段、方法和规则。对实际的知识工程问题，能够准确地识别及表达，并能够提出具体知识图谱的构建方案。 (2) 达成途径：通过上课、课后平时作业、随堂小测试、期末大作业等多个途径进行达成度评价。 (3) 评价依据：通过平时作业、课堂测试成绩、课堂表现等来评价学生是否达到了课程目标。通过问卷调查等方式来了解学生对课程的授课效果和作业的难易程度、教学方法等方面的反馈意见，从而评价课程目标的达成情况

续表

毕业要求	观 测 点	课程目标、达成途径、评价依据
设计/开发解决方案：能够针对人工智能领域复杂工程问题提出解决方案，设计满足特定需求的系统和模块，并能够在设计环节中体现创新意识；能够综合考虑其对社会、健康、安全、法律、文化及环境的影响	3-1：能够掌握本专业涉及的工程设计概念、原则和方法，能够针对复杂工程问题提出合理的解决方案	(1) 课程目标：掌握知识工程涉及的工程设计理念，熟悉知识图谱构建的原则和方法，能够通过知识推理等形式解决具体工程问题，进而针对复杂问题提出合理的解决方案。 (2) 达成途径：通过上课、课后平时作业、随堂小测试、期末大作业等多个途径进行达成度评价。 (3) 评价依据：通过平时作业、课堂测试成绩、课堂表现等来评价学生是否达到了课程目标。通过问卷调查等方式来了解学生对课程的授课效果和作业的难易程度、教学方法等方面的反馈意见，从而评价课程目标的达成情况

5. 课程教学内容、学习成效要求

1) 知识工程导论(4学时)

(1) 学习成效要求：

① 了解知识工程课程简介及意义。

② 掌握知识工程的基本概念。

③ 了解知识工程的发展及现状。

④ 熟悉知识工程的相关应用。

(2) 重点及难点：

重点：知识工程概念。

难点：知识工程相关应用。

(3) 作业及课外学习要求：

作业：了解知识工程与知识图谱的相互关联，了解知识工程和知识图谱目前的应用领域及前景。

课外学习：查阅文献了解知识工程的未来发展方向。

要求：通过查阅相关文献，详细了解知识图谱的应用及前景，并完成报告。

2) 知识表示(4学时)

(1) 学习成效要求：

知识表示主要介绍其概念及方法，知识图谱的向量、符号表示，知识表示语言的语法和语义，常见典型应用案例。

① 理解知识表示的概念及方法。

② 知识图谱的符号表示方法。

③ 知识图谱的向量表示方法。

(2) 重点及难点：

重点：知识图谱的向量、符号表示方法。

难点：知识表示语言的语法和语义。

(3) 作业及课外学习要求：

作业：理解几种知识表示方法，熟悉知识图谱的表示方法，掌握知识表示语言的语法与语义。

课外学习：除课堂上讲述的知识表示的典型应用案例外，再学习 2 种关于管理学或医学的典型应用案例。

要求：通过查阅相关文献，详细了解知识表示的典型案例，并完成报告

3) 知识获取方法 (4 学时)

(1) 学习成效要求：

知识获取的概念和途径；知识获取中的实体识别；知识获取中的关系提取。

① 理解知识获取的概念。

② 掌握实体识别和关系抽取的方法。

③ 以红军长征历史为例，以长征路上发生的大事件作为知识的实体，事件之间的联系作为实体的关系，生动形象地讲述实体与关系的概念，并使学生铭记革命先辈们的长征历程，促进同学的学习激情与奋发向上的精神。

(2) 重点及难点：

重点：基于模板和规则的实体识别、关系抽取方法，基于标注的机器学习的实体识别、关系抽取方式。

难点：基于深度学习的实体识别方法、基于深度学习的关系抽取方法。

(3) 作业及课外学习要求：

作业：从原理到应用，实现基于模板和规则的实体识别方法。

课外学习：查阅文献，仿真一种基于机器学习的关系抽取算法。

要求：具体说明模板、规则的定义，识别实体的具体形式，算法流程分析。完成报告，并附上仿真代码。

4) 知识存储 (4 学时)

(1) 学习成效要求：

知识存储的概念、知识存储的方式、RDF 语法、分布式知识存储。

① 掌握知识存储的概念及特性。

② 理解集中式知识存储和分布式知识存储的概念，及具体方法。

③ RDF 语法。

(2) 重点及难点：

重点：分布式知识存储的具体方法。

难点：RDF 的关系存储、图存储。

(3) 作业及课外学习要求：

作业：对具体实例，采用摘要图的方式，实现分布式的知识存储。

课外学习：查询文献，了解 RDF 图存储的具体实例。

要求：解释摘要图存储的理论过程，存储的具体形式，简介算法流程。完成报告，并附上仿真代码。

5) 知识管理 (4 学时)

(1) 学习成效要求：

知识管理的基本概念、SPARQL 语言代数、Cypher 语言。

① 知识管理的基本概念。

② 熟悉和理解 SPARQL 语言代数。

③ 熟悉和掌握 Cypher 语言。

(2) 重点及难点：

重点：SPARQL 查询形式，属性图。

难点：SPARQL 转化 SQL，Cypher 查询语法命令。

(3) 作业及课外学习要求：

作业：利用 Cypher 查询语言，查询具体实例 (可以选择文献与引用次数的实例)。

课外学习：复习 SPARQL 语言代数，以及 Cypher 查询语言的相关知识。

要求：阐述 Cypher 查询语言的语法基本元素，及语法表达式，通过具体实例，实现查询的具体过程。完成报告，并附上查询结果与代码。

6) 知识问答 (4 学时)

(1) 学习成效要求：

知识问答主要介绍知识库问答、知识库问答方法、知识库问答系统 (KBQA)。

① 理解知识问答的基本原理。

② 掌握基于知识库问答方法的基本流程。

③ 思政元素设计：以中国共产党党史为对象，设计的知识问答系统为例，讲解知识问答的基本原理，既让学生理解知识问答方法的基本流程，又能增强学生对党史的认识与理解，使学生进一步学习革命先辈们的奋斗精神。

(2) 重点及难点：

重点：问答系统的概念、流程及历史，知识库问答的常见方法。

难点：基于语义解析的知识库问答方法，Elasticsearch 知识问答系统，gAnswer 知识问答系统。

(3) 作业及课外学习要求：

作业：了解基于深度学习的问答方法，并以一个具体实例说明该问答方法的具体过程。

课外学习：查阅相关文献，了解知识库问答系统的发展。

要求：阐述基于深度学习的问答方法的具体实现过程，并整理成报告。

7) 知识会话 (4 学时)

(1) 学习成效要求：

知识会话基本概念、知识会话方法、知识会话系统。

① 了解知识会话的基本概念及典型的知识会话应用。

② 掌握知识会话任务的具体方法。

③ 熟悉知识会话系统的构成。

(2) 重点及难点：

重点：知识会话分类，任务型知识会话模型。

难点：通用会话模型的构建。

(3) 作业及课外学习要求：

作业：对比知识会话和知识问答的本质区别。

课外学习：查阅相关文献，了解知识会话的挑战性问题，并尝试思考解决方案。

要求：分别阐述知识会话及知识问题的本质，并尝试简述两者的本质区别，形成报告。

8) 知识推理 (4 学时)

(1) 学习成效要求：

传统推理与知识推理基本概念、基于规则的知识推理、基于嵌入式表示的知识推理、基于神经网络的知识推理。

① 熟悉传统知识推理的基本步骤。

② 理解基于规则的知识推理过程。

(2) 重点及难点：

重点：基于嵌入式表示的知识推理原理。

难点：基于神经网络的知识推理过程。

(3) 作业及课外学习要求：

作业：针对具体实例、设计基于神经网络的知识推理系统。

课外学习：查阅文献，了解基于神经网络的知识推理的发展进程和面临的问题。

要求：完成构建知识推理系统，生成报告并附上相应代码。

6. 教学安排及方式 (见表 1-62)

知识工程总学时 32 学时 (课外学习不计入总学时)，其中，讲授 32 学时，实验 0 学时，上机 0 学时，实践 0 学时，线上 0 学时。

课外学习预估 16 学时，其中，课前预习 2 学时，课后作业 2 学时，课程设计 8 学时，自主学习 2 学时，其他 (内容根据情况自拟)2 学时。

表 1-62 教学安排及方式

序号	教 学 目 标	教学方式	学时
1	知识工程导论	讲授	4
2	知识表示	讲授	4
3	知识获取方法	讲授	4
4	知识存储	讲授	4
5	知识管理	讲授	4
6	知识问答	讲授	4
7	知识会话	讲授	4
8	知识推理	讲授	4

7. 教材及参考书目

[1] 王昊奋，漆桂林，陈华均．知识图谱方法、实践与应用．北京：电子工业出版社，2019.

[2] 邵浩，张凯，李方圆，等．从零构建知识图谱：技术、方法与案例．北京：机械工业出版社，2021.

1.6.12 机器学习

课程名称：机器学习

英文名称：Machine Learning

学分 / 学时：3.5/56(40 + 16)

适用专业：智能科学与技术、人工智能

先修课程：高等数学、概率论、线性代数、最优化理论与方法

开课单位：人工智能学院

1. 课程简介

机器学习是一门理论与应用并重的技术科学，目的是在计算机系统中利用经验来改善模型的性能，进而有助于实现计算机模拟人类的学习行为。本课程在全面讲述机器学习基本知识的基础上，对介绍感知器学习、神经网络学习、判别式学习等内容进行系统教学，并同时进行主要机器学习方法的分析实验，使学生掌握机器学习的基本理论、方法和工程应用，培养学生跟踪本领域最新技术发展趋势，为今后在人工智能领域，进行进一步理论、应用研究和工程实践奠定良好的基础，为学生从事数字智能信息处理技术等相关工作打下

坚实的基础。

2. 课程目标与毕业要求

机器学习作为智能科学与技术 / 人工智能专业本科核心课程，其特点是具有较强的理论性，课程实践要求较高。由于机器学习课程是多领域交叉的学科，涉及概率论、线性代数、算法理论、最优化理论等多门学科，如何在课程教学过程中激发学生的兴趣，培养学生的综合创新能力是该课程教学需要考虑的首要任务。其教学重点是使学生掌握常见机器学习算法，包括算法的主要思想和基本步骤，并通过编程练习和典型应用实例加深理解；同时对机器学习的一般理论有所了解，能独立就机器学习问题进行建模与工程化实现。

课程目标与支撑的毕业要求观测点如下：

(1) 能够应用计算机、人工智能和机器学习等基础理论对计算机领域复杂工程问题进行文献分析，选择合理的研究路线，寻求并设计可行的实验解决方案，并进行正确表达。(支撑毕业要求 1-4)

(2) 能够正确采集、整理主要机器学习算法的实验数据，正确了解经典算法的适用场景，并能有效对现实工程问题进行建模、优化，对各种实验结果进行关联、分析和解释，获取符合机器学习基本原理的有效结论。(支撑毕业要求 3-3)

(3) 了解机器学习领域主要资料来源及获取方法，能够利用网络查询、检索本领域内专业文献、资料及相关公测数据、公开软件工具等，并能够使用和开发现代工具，对复杂工程问题进行预测与模拟，并在测试过程中分析与理解已有机器学习方法的局限性，并试验给出可行的提升策略。能够针对智能信息系统软硬件设计、图像处理算法设计等智能科学与技术领域的复杂工程问题设计实验方案、构建实验系统和测试平台、获取实验数据。(支撑毕业要求 4-2)

通过本课程的学习，要求了解机器学习领域的发展及现状、掌握机器学习的基本概念、常用算法和相关方法；能够运用机器学习的方法来分析实际问题 (如图像分类与识别、文本分类、语音对话与识别、经济预测等)，为进一步学习建立有关概念和方法奠定基础，有助于学生创新和提升。

课程目标与毕业要求观测点的支撑矩阵如表 1-63 所示。

表 1-63　课程目标与毕业要求观测点的支撑矩阵

	毕业要求指标点		
	1-4	3-3	4-2
课程目标 1	√		
课程目标 2		√	
课程目标 3			√

3. 课程具体内容及基本要求

1) 第一章　机器学习简介 (4 学时)

(1) 基本内容与要求：

① 了解机器学习的概念、历史及现状。

② 熟悉机器学习的研究方法和若干问题。

③ 掌握机器学习系统。

(2) 重点及难点：

重点：机器学习系统框架。

难点：

① 机器学习的研究方法。

② 机器学习的研究范式划分。

(3) 思政元素设计：

从机器学习所涉及的学科、所应用到的行业等多个视角分析，融入“科技创新”“循序渐进学习”与“增强民族自豪感”等思政元素。

同时，通过介绍机器学习发展的曲折历程和当前广阔的应用前景，使学生进一步理解“前途是光明的，道路是曲折的”的唯物辩证关系，树立学好课程的信心和准备埋头苦干的决心。

此外，结合课程组承研的国家、国防重大课题，凝练机器学习相关问题，从实际面向国家、国防重大课题任务实践过程中，激发民族自豪感和报国使命感，培养勇于实践、勇于创新的科学精神。

(4) 作业及课外学习要求：

熟悉机器学习的基本概念及相关术语；简述机器学习系统的主要组成部分和设计步骤；查资料，找文献，结合自己感兴趣研究内容，完成对“机器学习应用”的认识报告。

在学校“图书馆”的“期刊网”(中国知识网 CNKI) 搜索中文有关“机器学习 / 机器学习”综述，用 Google 搜索英文有关“Machine Learning”综述。

2) 第二章　有监督学习 (8 学时)

(1) 基本内容和要求：

① 了解常用的有监督学习及有监督学习方法的主要特点。

② 掌握感知器基本原理及感知器学习算法实现的具体步骤。

③ 掌握线性回归方法的基本原理和算法实现的具体步骤。

④ 掌握加权线性回归方法的基本原理和算法实现的具体步骤。

⑤ 掌握 Logistic 回归方法的基本原理和算法实现的具体步骤。

⑥ 掌握 Softmax 回归方法的基本原理和算法实现的具体步骤。

(2) 重点及难点：

重点：感知器、线性回归与 Logistic 回归的基本原理、公式和算法实现的具体步骤。

难点：Logistic 回归的算法实现步骤。

(3) 思政元素设计：

在信用卡逾期问题解决中，引导学生：做事先做人，凡事守规矩。在社会中要遵守法律、法规，在学校要遵守校级校规，任何时候都需要守法，讲诚信。团队合作时，每个成员均需要遵循规范，可以大大提升合作效率。

(4) 作业及课外学习要求：

采用线性回归或加权线性回归实现对某实际工程任务 (如：装备寿命预测)。

3) 第三章　生成式学习与判别式学习 (4 学时)

(1) 基本内容和要求：

① 了解常见的生成式学习方法的基本原理及特点。

② 了解广义线性模型的基本原理及特点。

③ 掌握利用朴素贝叶斯分类器实现分类的原理和具体实现步骤。

(2) 重点及难点：

重点：朴素贝叶斯分类器与反向传播算法的原理和具体步骤。

4) 第四章　维数约简与度量学习 (6 学时)

(1) 基本内容与要求：

① 了解特征选择、特征变换的概念、意义、原理以及评价指标。

② 掌握常见的特征变换的方法及应用范围，如 PCA、LDA 等。

③ 掌握常见的距离度量准则及适用条件。

④ 熟悉流形学习的基本概念、原理以及适用条件以及典型流形学习算法。

(2) 重点及难点：

重点：特征选择 / 变换一般过程。

难点：度量学习、流形学习算法。

(3) 思政元素设计：

① 将低维问题投放到高维空间解决，能够教育学生要用辩证的思维看待问题，矛盾无处不在，无时不有，要学会具体问题具体分析。

② 重新提出异或问题，并进行解决。启发学生的批判性思维和自主创新思维。

5) 第五章　神经网络及其应用 (4 学时)

(1) 基本内容与要求：

① 掌握 Neuron Model 基本模型以及反向传播 BP 算法。

② 了解目前主流的深度神经网络模型及其研究进展。

③ 掌握利用多层前向神经网络与反向传播算法实现分类的原理和具体实现步骤。

(2) 重点及难点：

重点：感知机原理和计算。

难点：BP 算法的推导。

(3) 思政元素设计：

介绍神经网络的发生、发展、低谷和重新绽放过程，激励学生潜心钻研，“十年磨一剑”的精神。深度学习的开放框架体现了共享价值理念，促进学生“树德铸魂、科技向善”的价值理念。深度学习算法已经引领机器学习和人工智能领域数十年，已经可以预见瓶颈期的到来。因此人工智能算法的基础理论亟需突破和创新。激励学生自主创新、为科技奋斗的信念。

(4) 作业题：

① 试推导出 BP 算法中的更新公式。

② 试编程实现 BP 算法和累积 BP 算法，并在 2 个 UCI 数据集上分别用这两个算法实现一个单隐层网络，并进行比较。

6) 第六章　图模型 (3 学时)

(1) 基本内容与要求：

① 图的基本概念。

② 贝叶斯网络。

③ Markov 随机场：条件独立、因子分解。

④ 图模型中的推断。

(2) 重点及难点：

重点：图模型中的推断。

7) 第七章　计算学习理论 (3 学时)

(1) 基本内容与要求：

① 掌握偏差与方差的概念。

② 掌握样本复杂度定理。

③ 掌握 VC 维的概念。

(2) 重点及难点：

重点：偏差、方差、VC 维的概念。

难点：样本复杂度定理。

8) 第八章　模型评估和选择 (4 学时)

(1) 基本内容与要求：

① 熟悉经验损失和过拟合对模型的意义。

② 掌握 K 倍交叉验证的常用方法。

(2) 重点及难点：

重点：过拟合、欠拟合原因及解决途径。

难点：模型评估方法。

9) 第九章　现代新型机器学习 (4 学时)

(1) 基本内容与要求：

① 了解机器学习最新前沿研究技术。

② 掌握机器学习在实际工程应用的动态。

③ 了解华为昇腾 AI 处理器的基础知识。

④ 掌握基于华为昇腾 AI 处理器完成分类实验测试。

(2) 重点及难点：

重点：机器学习工程应用。

(3) 作业题及课外要求：

① 基于华为提供的图片分类 sample，使用其他 Tensflow 模型转换为昇腾处理器支持的模型，并完成推理实验。

② 针对任一新型机器学习算法，完成不少于一篇学术论文 (NeurIPS，CVPR、AAAI 或 IJCAI) 的复现。

4. 教学安排及方式 (见表 1-64)

机器学习课程分为理论教学 (40 学时) 和线上 (或上机或综合练习或多种形式)16 学时。

表 1-64　教学安排及方式

序号	课 程 内 容	学时	教学方式
1	机器学习简介	4	讲授
2	有监督学习	8	讲授
3	生成式学习与判别式学习	4	讲授
4	特征变换与特征选择	6	讲授
5	神经网络及其应用	4	讲授
6	图模型	3	讲授
7	计算学习理论	3	讲授
8	模型评估和选择	4	讲授
9	现代新型机器学习	4	讲授

(1) 上机内容：

课程学时内安排上机实验，在习题中可布置适当数量的上机习题，进行推理和计算，实现简单的机器学习算法，由学生上机时间完成。

(2) 教学方法和建议：

① 交代概念准确，推理证明严谨。

② 重点突出，精选例题，提高课堂教学效率。

③ 习题要注意覆盖面、质量及难度。

④ 以项目为引导的启发式教学，提升解决实际工程问题的能力。

5. 考核及成绩评定方式

1) 考核与评价方式及成绩评定 (见表 1-65)

机器学习课程考核通过课堂参与情况、大作业、实验、期末考试几部分综合评价形成。各部分所占比例如下：

课堂参与情况：5%，主要考核对每堂课知识点的复习、理解和掌握程度。

大作业：10%，主要考核发现、分析和解决问题的能力以及语言及文字表达能力。学生可自拟题目或根据任课教师提出的题目撰写课程学习小论文，并在一定形式下进行宣讲、答辩，最后评定课程论文成绩。

实验 (项目课题) 成绩：15%，主要考核计算机运用能力、获取整理信息的能力以及理论联系实际的能力，学生可根据自己的专业方向及研究兴趣自拟题目或根据任课教师提出的题目，通过编程进行计算机仿真，给出一定形式的仿真结果及说明。

期末考试：70%，主要考核机器学习基础知识的掌握程度及运用能力，以及应用机器学习算法对现实机器学习问题进行知识表示和问题分解、求解能力。书面考试形式。题型为简答题，计算题和解析推导题等。

表 1-65 课程目标达成考核与评价方式及成绩评定对照表

课程目标	毕业要求观测点	考核与评价方式及成绩比例 /%				成绩比例 /%
		课堂参与情况 (5%)	大作业 (10%)	实验 (项目课题) 成绩 (15%)	期末考试 (70%)	
课程目标 1	支撑毕业要求 1-2	60	/	20	20	25
课程目标 2	支撑毕业要求 3-2	40	60	40	40	45
课程目标 3	支撑毕业要求 4-2	/	40	40	40	30
合计		100	100	100	100	100

2) 考核与评价标准

(1) 课堂参与情况评分标准包括案例分析讨论、知识点讨论、作业讨论等，按百分制评分，总评后按照满分 10 分折算。

(2) 大作业评分标准 (见表 1-66)。

表 1-66　大作业评分标准

考核内容	优 (90～100)	良 (80～89)	中 (70～79)	及格 (60～69)	不及格 (<60)
作业	概念表述充分、准确；计算步骤完整，结果合理；运用理论、公式准确，公式推导严谨；作业书写工整。答案正确率超过 90%	概念表述充分、准确；计算步骤完整，公式推导严谨，结果较合理；作业书写较工整。答案正确率超过 80%	概念表述较充分、正确；计算步骤较完整，公式推导较严谨，结果较合理；作业少许涂改。答案正确率超过 70%	概念表述正确；计算步骤不是很全面，公式推导不严谨；作业有涂改。答案正确率超过 60%	概念表述不充分；没有计算步骤和公式推导过程，结果不能有效说明问题；作业书写不工整。答案正确率低于 60%

(3) 实验 (项目课题) 评分标准 (见表 1-67)。

表 1-67　实验 (项目课题) 评分标准

考核内容	优 (90～100)	良 (80～89)	中 (70～79)	及格 (60～69)	不及格 (<60)
实验准备 (20%)	实验前充分预习，完全掌握实验测试原理及方法，完全掌握实验目的及要求	实验前预习较好，较好掌握实验测试原理及方法，理解实验目的及要求	实验前预习一般，了解实验测试原理及方法，了解实验目的及要求	实验前预习不充分，基本了解实验测试原理及方法，基本了解实验目的及要求	实验前预习不足，对测试原理、方法、实验目的及要求理解不足
实验过程 (40%)	实验过程准备充分，能够根据实验要求很快搭建好实验系统。数据记录完整、正确	实验过程准备较好，能够根据实验要求较快搭建好实验系统。数据记录较完整、正确	实验过程准备一般，能够根据实验要求在规定时间内搭建好实验系统。数据记录基本完整、正确	实验过程准备不充分，能够根据实验要求基本搭建好实验系统。数据记录部分完整、正确	实验过程准备不足，不能根据实验要求搭建好实验系统。数据记录不完整、部分正确
实验报告 (40%)	实验报告完全符合实验大纲要求，实验结论完全正确。对实验过程中存在问题和实验结果有自己的分析	实验报告符合实验大纲要求，实验结论正确。对实验过程中存在问题和实验结果有自己的分析	实验报告基本符合实验大纲要求，实验结论大都正确。对实验过程中存在问题和实验结果有分析	实验报告大致符合实验大纲要求，实验结论部分正确	实验报告不符合实验大纲要求

注：实验评分标准可根据各实验具体情况调节各项所占比例，总分值保持不变。

本课程关注机器学习对实际工程问题的解决能力，在大作业及实验上机内容中，任务和数据来源于实际工程问题，注重于提升机器学习技术解决实际工程问题的能力。通过项目协作，培养学生的劳动意识、团队精神、工匠精神，帮助学生形成正确的世界观、人生观、价值观和合理的职业生涯规划，培养德、智、体、美、劳全面发展的社会主义建设者。

着重培育学生的创新能力，把“工匠精神”刻在每位学生的心中，让学生全身心地投入到世界科技强国建设的过程中去。通过学习机器学习技术，造福全人类。弘扬精益求精的“工匠精神”，激励广大青年走技能成才、技能报国之路。“工匠精神”就是要求在工科领域，要具备爱岗敬业、默默奉献。

借此向学生传授团结、协商一致、共享理念、集思广益、合作与竞争等辩证关系的思想政治知识点，集体智能是需要团结群体去集思广益，共同提出意见，最后协商一致，进行决策的一种过程。因此，学生们要培养团结协作的能力，学会在竞争中合作，在合作中竞争，做到资源共享、观点交流，体现责任担当、诚信友善的优良作风。

6. 教材与参考书目

[1] 周志华．机器学习．北京：清华大学出版社，2016.

[2] Bishop, Christopher M, Nasser M Nasrabadi. Pattern recognition and machine learning. New York: Springer, 2006.

[3] Michalski, Ryszard S., Jaime G. Carbonell, et al. Machine learning: An artificial intelligence approach. Springer Science & Business.

[4] 李航．统计机器学习．北京：清华大学出版社，2019.

课程线上资源地址：https://speech.ee.ntu.edu.tw/～hylee/index.php.

7. 其他说明

本课程强调机器学习的理论原理的教学，注重从实例入手使学生理解机器学习的概念与原理，从机器学习的基本框架上理解不同机器学习方法之间的异同点。通过本课程的学习，使学生对目前主流的机器学习理论、方法、算法与应用有一个较全面的综合认识。

在学习本课程前，需要对最优化理论、概率论、线性代数有较为坚实的基础。同时熟练掌握一门编程语言 (Python、C 或者 MATLAB)。

1.6.13 智能数据挖掘

课程名称：智能数据挖掘

英文名称：Intelligent Data Mining

学分 / 学时：2.5/40 + 20

适用专业：智能科学与技术、人工智能

先修课程：离散数学、概率论、数据结构、机器学习、数据库

开课单位：人工智能学院

1. 课程简介

1) 中文简介

智能数据挖掘是智能科学与技术专业的选修课程，也是人工智能领域的专业课程。智能数据挖掘是一门综合性交叉学科，涉及统计学、数学建模、机器学习、模式识别、数据库及高性能计算等多门学科，是一门以方法论为核心，以数学理论知识为基础，注重学生实践创新能力培养和训练的综合学科。本课程介绍了数据挖掘基本概念及由来、数据仓库、数据预处理技术、数据挖掘中的核心技术及方法，也结合实际应用问题分析了数据挖掘技术的应用案例，同时主要从学生需求、社会需求和学科专业发展需求等角度出发，及其涉及到的多门学科问题，以介绍各类数据挖掘技术为主，以培养学生的实践能力为辅，培养学生发现问题、解决问题的能力。

2) 英文简介

Intelligent Data Mining is an elective course for Intelligent Science and Technology majors and a specialized course in the field of Artificial Intelligence. Intelligent Data Mining is a comprehensive cross-discipline, involving multiple disciplines, such as statistics, mathematical modeling, machine learning, pattern recognition, database and high-performance computing, etc. It is a comprehensive discipline with methodology as the core, mathematical theoretical knowledge as the basis, and focuses on the cultivation and training of students' practical and innovative ability. This course introduces the basic concepts of data mining, data preprocessing technology, core methods in data mining, and also analyzes the application cases of data mining technology in real scenes. At the same time, it focuses on the introduction of various types of data mining technology mainly from the perspectives of students' needs and social needs, to develop the practical ability of students, the practical ability of the students, and to cultivate the students' ability to find problems and solve problems.

2. 课程目标

1) 课程教学目标

通过课堂教学、上机实验和课程实践，使学生能够深入地了解数据挖掘的基本理论、经典算法模型和应用场景，提升学生自主学习及追踪最新研究进展，培养学生分析和解决问题的能力，为后续学习和研究奠定良好的基础。

课程目标 1：使学生理解数据挖掘中经典技术的原理及算法模型，掌握每种算法模型的核心及参数变量，提升学生对数据挖掘技术的宏观认识和应用能力。

课程目标 2：使学生能够熟练运用各种数据挖掘算法，能够将数据挖掘算法运用于解

决实际问题，使科学实践能力、编程能力和抽象思维能力得到训练，培养学生独立分析问题和解决问题的能力。

课程目标 3：培养学生搜索及追踪智能数据挖掘相关技术的最新研究工作，为以后相关研究工作打下基础。

2) 课程思政目标

将课程思政理念融入“智能数据挖掘”课堂教学，引导学生树立正确人生观和价值观。通过讲授数据挖掘的基本概念、应用场景及与其他学科的联系，引导学生理解“科技创新”“工匠精神”“循序渐进地学习”等，增强学生的民族自豪感。通过讲授数据挖掘技术在模型学习过程中，为了得到合适的优化模型，需要对模型的参数进行反复训练、不断调整。引导学生要专注每一次训练结果和参数调整的要点，要在挫折中不断寻找成功的方向，鼓励学生在实践中逐步培养严谨、耐心、专注的品质。在介绍集成学习的原理与特性时，引导学生认识到“个人与团队”“家与国”的关系，培养学生的团队协作意识。另外，通过对关联规则的原理的介绍和分析，引导学生理解“因果关联”的原理，正确认识事物发展中的因果关联，激励学生培养积极努力、奋力拼搏的精神，同时也可分析社会经济发展的因素等。课程思政是今后高校教育教学的主线，它的影响是深远的，而它在课程中的渗透和融入也绝不是一朝一夕的事，因此需要建立课程思政长效机制，将其制度化规范化，这样才能真正发挥它的重要作用。

3. 考核及成绩评定方式 (见表 1-68)

智能数据挖掘课程的考核方式为考察，因此最终成绩由实验作业成绩、平时成绩和课题实践报告成绩三部分组成。各部分所占比例如下：

实验作业成绩：50%，主要考查学生对各章节重点知识点的理解和掌握程度，以及编程能力的评价，包括 4～5 次实验作业。

平时成绩：15%，主要考查学生平时到课率及随堂测试的评分。

课程实践成绩：35%，主要考查学生利用数据挖掘技术分析和解决问题的能力，综合运用学习方法的能力，Python 编程语言的运用能力，深度学习需要的实验环境搭建的能力，以及语言及文字表达能力。

表 1-68　考核及成绩评定方式

课程目标	平时成绩	综合性大作业	考核方式 1(自定义)	合计
课程目标 1	30	28.6	100	40
课程目标 2	50	71.4		50
课程目标 3	20			10
合计	100	100.00	100	100

4. 课程目标与毕业要求的对应关系 (见表 1-69)

表 1-69　课程目标与毕业要求的对应关系

毕业要求	观 测 点	课程目标、达成途径、评价依据
能够应用数据挖掘经典方法对实际数据挖掘问题进行知识表示及问题分解 (毕业要求 2-1)	支撑毕业要求 2-1	课程目标 1：理解数据挖掘基本概念及与其他相关学科之间关系，掌握数据挖掘技术种类，学会选用何种数据挖掘技术解决具体实际应用问题，并熟悉算法模型参数的设置及优化过程。通过平时作业、课程实践以及上机任务考查
能够针对数据挖掘领域的实际应用问题设计实验方案、获取实验数据、系统环境搭建及性能测试和分析 (毕业要求 4-2)	支撑毕业要求 4-2	课程目标 2：使学生能够熟练运用各种数据挖掘算法，包括经典的分类技术、聚类技术、关联性挖掘技术及数据预处理技术，能够将数据挖掘算法运用于解决实际问题，使科学实践能力、编程能力和抽象思维能力得到训练，培养学生独立分析问题和解决问题的能力。通过平时作业和课程实践大作业进行考查
能熟练运用文献检索工具获取智能科学领域理论与技术的最新进展 (毕业要求 5-2)	支撑毕业要求 5-2	课程目标 3：培养学生搜索及追踪智能数据挖掘相关技术的最新研究工作，熟练运用文献检索工具，为以后相关研究工作打下基础。通过课后作业、课下研究领域调研等任务来考查

5. 课程教学内容、学习成效要求

1) 第一章　绪论 (2 学时)

(1) 学习成效要求：

绪论介绍数据挖掘概念，可挖掘的数据类型、可挖掘的模式及技术数据挖掘与其他学科的关系、数据挖掘的应用和发展趋势。

基本要求：

① 掌握数据挖掘的基本概念。

② 了解数据挖掘的发展历程、应用场景和发展趋势。

③ 理解数据挖掘与其他学科间的关系。

④ 了解数据挖掘相关顶级期刊和会议。

(2) 重点及难点：

重点：数据挖掘的基本概念和发展历程。

难点：数据挖掘与其他科学之间的联系和区别。

(3) 作业及课外学习要求：

作业：选择数据挖掘研究中任意一个研究内容，从数据挖掘顶级会议上整理该研究近两年的研究成果。

课外学习：查阅文献了解最新数据挖掘研究技术进展。

2) 第二章　数据库与数据仓库 (2 学时)

(1) 学习成效要求：

数据库与数据仓库主要介绍数据库的定义，数据库管理系统，数据模型，实体联系模型，层次、关系、面向对象等模型的基本概念；数据仓库概念及特性，数据仓库的数据组织结构，数据仓库系统；联机分析处理与数据挖掘的关系。

基本要求：

① 了解数据库的定义和数据模型的基本概念。

② 掌握数据仓库的基本概念和特性。

③ 掌握数据仓库的组织结构和系统。

④ 理解联机分析处理与数据挖掘的关联。

(2) 重点及难点：

重点：数据库的基本概念、数据仓库的概念及特性、联机分析处理与数据挖掘。

难点：数据仓库系统结构。

(3) 作业及课外学习要求：

无。

3) 第三章　数据预处理 (2 学时)

(1) 学习成效要求：

数据预处理主要介绍数据对象与属性类型、数据的基本统计描述、数据可视化方式、数据预处理概述、数据清理 (异常值检测方法)、数据融合、数据归约、数据变换与数据离散化、数据仓库。

基本要求：

① 了解数据集及属性的基本概念、数据属性类型。

② 掌握数据基本统计描述。

③ 掌握数据预处理的常见方法。

(2) 重点及难点：

重点：数据属性、数据统计描述、数据预处理方法。

难点：盒图绘制。

(3) 作业及课外学习要求：

实验作业：

① 采用 PCA 和 SCD 算法对 Musk 数据集进行特征提取，采用 Python 语言实现。

② 对 KDDCup 的网络入侵数据集进行小波分解，使用 Python 语言实现。

4) 第四章　数据挖掘中的分类技术 (6 学时)

(1) 学习成效要求：

数据挖掘中的分类技术主要介绍数据挖掘中经典的有监督学习算法模型，模型评估与选择 (性能的度量、混淆矩阵、显著性检验选择模型、ROC 曲线)，分类中的其他问题：多类分类，弱监督学习、自监督学习、主动学习、迁移学习、集成学习。

基本要求：

① 掌握模型评估与选择方法：性能的度量、混淆矩阵、显著性检测、ROC 曲线。

② 理解数据挖掘中经典分类技术：决策树和随机森林算法原理。

③ 理解数据挖掘中经典分类技术：Boosting 集成学习算法及其改进算法原理。

④ 掌握数据挖掘中其他分类技术：主动学习、迁移学习、弱监督学习、自监督学习、强化学习等学习模型的核心思想及经典方法。

思政元素：

① 通过介绍集成学习的原理与特性，引导学生认识到“个人与团队”“家与国”的关系，培养学生的团队协作意识。

② 通过讲授数据挖掘技术在模型学习过程中，为了得到合适的优化模型，需要对模型的参数进行反复训练、不断调整。引导学生要专注每一次训练结果和参数调整的要点，要在挫折中不断寻找成功的方向，鼓励学生在实践中逐步培养严谨、耐心、专注的品质。

(2) 重点及难点：

重点：模型评估与选择方法的原理和计算，决策树原理，Boosting 算法原理，其他学习方法的核心思想。

难点：ROC 曲线绘制，决策树选择属性原理，Boosting 算法评估样本的准则。

(3) 作业及课外学习要求：

实验作业：

① 给定一组天气数据，使用决策树算法对该数据进行分析，输入一个基于不同特征的规则树，采用 Python 语言编程实现。

② 任意选择应用场景，采用经典的分类算法对其进行学习和预测，采用 Python 语言编程实现，完成实验并撰写对应实验报告。

5) 第五章　数据挖掘中的度量学习 (2 学时)

(1) 学习成效要求：

数据挖掘中的度量学习主要介绍度量学习的基本概念、经典距离测度 - 欧式距离、马氏距离等，度量学习经典算法：主成分分析和平均领域间隔最大化。

基本要求：

① 了解度量学习的基本概念。

② 掌握经典的距离测度方法。

③ 掌握经典度量学习算法：主成分分析、平均领域间隔最大化。

(2) 重点及难点：

重点：度量学习的基本概念，经典的距离测度，主成分分析基本原理。

难点：测度学习概念。

(3) 作业及课外学习要求：

无。

6) 第六章　数据挖掘中的聚类技术 (4 学时)

(1) 学习成效要求：

数据挖掘中的聚类技术主要介绍数据挖掘中经典的无监督学习算法模型，K-mean聚类算法，层次聚类算法 BIRCH 及其改进算法，基于密度聚类算法 DBSCAN 及其改进算法。

基本要求：

① 了解聚类算法的基本原理。

② 掌握数据挖掘中经典的聚类方法：层次聚类算法的原理。

③ 掌握数据挖掘中经典的聚类方法：密度聚类算法的原理。

(2) 重点及难点：

重点：聚类算法的核心原理，经典聚类算法，层次聚类算法，密度聚类算法。

难点：层次聚类算法的原理，密度聚类算法的原理。

(3) 作业及课外学习要求：

实验作业：

① 编程实现 PAM 对部分 waveform 数据集加 20% 的高斯噪声，同时对一幅噪声图像进行分割，撰写实验报告。

② 编程实现 K-means 算法针对 UCI 的 waveform 数据集中每类数据取 100 个，对一幅无噪图像进行分割，撰写实验报告。

7) 第七章　数据挖掘中的关联规则 (4 学时)

(1) 学习成效要求：

数据挖掘中的关联规则主要介绍关联规则的基本概念，关联规则的数学定义和描述，频繁模式挖掘，经典的关联规则算法：Apriori 算法和 FP-tree 算法的基本原理，多层和多维空间中的模式挖掘。

基本要求：

① 掌握关联规则的基本概念。

② 理解经典关联学习方法：Apriori 算法的原理。

③ 理解经典关联学习方法：FP-tree 算法的原理。

思政元素：

通过对关联规则的原理的介绍和分析，引导学生理解“因果关联”的原理，正确认识事物发展中的因果关联，激励学生培养积极努力、奋力拼搏的精神，同时也可分析社会经济发展的因素等。

(2) 重点及难点：

重点：关联规则的基本概念，关联规则形式化定义，频繁项集的定义，Apriori 算法，FP-tree 算法。

难点：频繁项集的计算，Apriorism 算法的原理。

(3) 作业及课外学习要求：

实验作业：使用 Python 语言实现关联规则挖掘 Apriori 算法，撰写实验报告。

8) 第八章　数据挖掘应用案例 (2 学时)

(1) 学习成效要求：

数据挖掘应用案例主要介绍以实际案例的形式对数据挖掘技术在医疗大数据挖掘、情感挖掘、智慧教育等的应用场景进行分析探讨。

基本要求：

了解数据挖掘技术的应用。

(2) 重点及难点：

重点：应用场景下的数据挖掘技术设计。

难点：不同应用场景下挖掘的核心问题获取。

(3) 作业及课外学习要求：

综合实践：下载一种数据集，并针对该数据集设计或实现一种基于模式挖掘的算法，要求挖掘出该数据中某一类中具有频繁性又有判别性的图片。

6. 教学安排及方式 (见表 1-70)

智能数据挖掘总学时 40 学时 (课外学习不计入总学时)，其中，讲授 24 学时，实验 0 学时，上机 32 学时，实践 0 学时，线上 0 学时。

课外学习预估 20 学时，其中，课前预习 8 学时，课后作业 8 学时，课程设计 2 学时，自主学习 2 学时，其他 (内容根据情况自拟)0 学时。

表 1-70　教学安排及方式

序号	教 学 目 标	教学方式	学时
1	掌握数据挖掘概念、可挖掘的数据类型、可挖掘的模式及技术，理解数据挖掘与其他学科的关联，了解数据挖掘的应用和发展趋势	讲授	2
2	了解数据库与数据仓库中与数据挖掘相关的基本知识点	讲授	2
3	掌握数据预处理的基本概念及基本方法	讲授	2
4	掌握数据预处理的基本概念及基本方法	上机	8
5	理解并掌握数据挖掘中经典的分类技术	讲授	6
6	掌握分类算法的实现及应用	上机	8
7	理解并掌握数据挖掘中的基本度量学习方式及方法	讲授	2
8	理解并掌握数据挖掘中经典的聚类技术	讲授	4
9	掌握聚类算法的实现及应用	上机	8
10	理解并掌握数据挖掘中关联规则技术	讲授	4
11	掌握关联规则挖掘算法实现	上机	8
12	了解数据挖掘一些经典应用案例	讲授	2

7. 教材及参考书目

[1] 缑水平，焦李成，刘芳，等．大数据智能挖掘与影像解译．西安：西安电子科技大学出版社，2022.

[2] Han Jiawei, Kamber Micheline．数据挖掘：概念与技术．范明，孟小峰译．北京：机械工业出版社，2012.

[3] Charu C.Aggarwal．数据挖掘：原理与实践．王晓阳，王建勇，禹晓辉，等译．北京：机械工业出版社，2020.

1.6.14　专业综合实践

课程名称：专业综合实践

英文名称：Machine Learning System Project

学分 / 学时：1/16

适用专业：智能科学与技术、人工智能

先修课程：数据结构、深度神经网络、微机原理

开课单位：人工智能学院

1. 课程的教学目标与任务

专业综合实践课程是智能科学与技术专业创新实验课程，注重新理论与新技术的融合，

针对真实应用需求，将人工智能理论算法在高性能计算硬件系统中实现。

课程的教学目标：

(1) 配合智能科学与技术专业课堂教学，使学生更好地掌握编程语言相关课程的内容。

(2) 掌握智能系统的硬件系统构架，能够针对复杂智能系统进行算法设计和软件编程，解决人工智能算法的应用问题。

(3) 加深学生对智能学科基本理论的理解，增强动手能力和创新能力。

课程的教学任务：本专业实验所包含的内容涉及多门专业课程，既考虑到对所学课程基本理论的验证和基本技术操作能力的培养，又反映了智能科学与技术学科发展中的新内容和新技术，为学生将来进一步从事人工智能相关技术工作，特别是科学研究打下一个好的工程能力基础。

2. 课程具体内容及基本要求 (见表 1-71)

表 1-71　课程具体内容及基本要求

毕业要求	观 测 点	课程目标、达成途径、评价依据
工程知识	1-2：能够运用恰当的数学、物理模型对智能信息系统软硬件设计、图像处理算法设计等复杂工程问题进行建模，保证模型的准确性，满足工程计算的实际要求	课程目标 1：配合智能科学与技术专业课堂教学，使学生更好地掌握图像与视频处理相关课程的内容。 达成途径：实验的理论讲解部分讲授实验内容的基本理论和软件实现方法，对与实验内容相关的最新技术发展进行介绍。针对实验内容，使学生掌握与之相关的算法模型构建方法，能将其应用到图像和视频处理的实际应用中。 评价依据：编程实现、效果评价、答问验收
研究使用现代工具	4-2：能够针对智能信息系统软硬件设计、图像处理算法设计等智能科学与技术领域的复杂工程问题设计实验方案、构建实验系统和测试平台、获取实验数据。 5-1：掌握基本的计算机操作和应用，至少掌握一种软件开发语言 (如 C、C++ 语言等)，并能够运用集成开发环境进行复杂程序设计	课程目标 2：掌握高性能计算硬件系统构架，能够针对复杂工程问题进行算法设计和软件编程，解决人工智能算法在自动驾驶、机器人等领域的应用问题； 达成途径：通过线上和线下案例实践理解 GPU 硬件系统，基于无人小车系统并针对自动驾驶、机器人系统等视觉处理的实验内容，利用 Python 语言编程，实现自动驾驶算法模型及其应用的实现。 评价依据：算法设计、效果评价、答问验收、实验报告
设计 / 开发解决方案	3-3：综合利用智能科学与技术领域的专业知识和新技术，在针对复杂工程问题的系统设计中体现创新意识	课程目标 3：加深学生对智能学科基本理论的理解，增强动手能力和创新能力。 达成途径：实验的理论讲解部分讲授实验内容的基本理论，并介绍最新技术发展，鼓励学生利用最新技术并创新；在自主实验部分，学生可以自拟题目并与指导教师讨论思路，最终编程实现。 评价依据：编程实现、效果评价、答问验收、实验报告

1) 人工智能计算系统系统概述 (2 学时)

讲述人工智能技术的发展与应用现状，本课程主要内容和考核方法。介绍人工智能计算系统软件和硬件模块的构成；讲述人工智能应用各子系统：数据的采集、标注、硬件子系统、软件子系统、算法训练和部署等任务。使用云计算和边缘计算协同的实践模式完成实验，实验结束后完成实验报告。

2) 自主设计实验 (8 学时)(支撑课程目标 3)

软硬件系统协同设计：针对应用场景，将所学算法、软硬件系统集成，完成智能计算系统开发。

在完成前面所有实验基础上，同学自选题目进行实验，将人工智能应用于自动驾驶、机器人控制和人机交互等场景，指导教师审核题目及内容，就实现思路进行讨论。

本次创新实验报告要求以论文形式书写，在完成实验的同时，训练学生的论文书写能力，论文主题包括：摘要、关键字、论文正文 (简介，算法描述，结果与分析，结论)，以及参考文献。要求列出参考文献，文献数目不少于 15 篇，而且近三年发表的文献至少为 6 篇，字数不少于 4000 字。

3) 项目答辩 (2 学时)(支撑课程目标 1、2)

学生展示项目作品功能，利用 PPT、视频等讲述系统模块组成以及实现技术，学生理解每一个子系统的功能及其相应的关键技术。

3. 教学安排及方式 (见表 1-72)

专业综合实践总学时 4 + 24 学时，其中，讲授 4 学时，实验 (或上机或综合练习或多种形式)24 学时。

表 1-72　教学安排及方式

序号	课 程 内 容	学时	教学方式
1	课程概述	2	讲授
2	自主设计实验	24	实验
3	项目答辩	2	讲授

注：教学方式填写“讲授、实验或实践、上机、综合练习、多种形式”。

4. 考核及成绩评定方式

1) 考核与评价方式及成绩评定

最终成绩由实验效果和答问、实验报告和自主设计实验成绩等组合而成。各部分所占比例如下：

实验效果和答问：40%，实验效果的考查，提问问题，考核对每次实验知识点的理解和掌握程度。

实验报告：30%，考核对实验的掌握程度，算法设计和实验数据处理能力，对实验的体会和总结。

自主设计实验：30%，主要考核创新、分析和解决问题的能力。

2) 实验评价标准

(1) 实验效果和答问评价标准见表 1-73。

表 1-73 实验效果和答问评价标准

课程目标	基 本 要 求	满分
课程目标 2	实验操作熟练情况	10
课程目标 2	程序的简洁和条理性，程序细节的把握程度	15
课程目标 1	模型的理解和掌握程度	15

(2) 实验报告评价标准见表 1-74。

表 1-74 实验报告评价标准

<table>
<tr><th colspan="2">评 分 细 则</th><th>分值</th><th>满分</th></tr>
<tr><td colspan="2">实验报告写作整洁</td><td>3</td><td rowspan="7">30</td></tr>
<tr><td colspan="2">实验报告完整(实验名称、实验目的、实验内容、实验原理、实验结果与讨论)</td><td>12</td></tr>
<tr><td rowspan="4">数据处理</td><td>算法初值</td><td>3</td></tr>
<tr><td>算法主体</td><td>3</td></tr>
<tr><td>算法核心</td><td>3</td></tr>
<tr><td>处理结果</td><td>3</td></tr>
<tr><td colspan="2">问题讨论</td><td>3</td></tr>
</table>

其中，自主设计实验主要考察论文书写的规范性：摘要、关键字、论文正文(简介，算法描述，结果与分析，结论)，以及参考文献、图表的引用等。

(3) 自主设计实验评价标准见表 1-75。

表 1-75 自主设计实验评价标准

课程目标	基 本 要 求	满分
课程目标 3	是否为领域热点问题，算法模型的新颖性	20
	自主发现、分析和解决问题的能力	10

5. 教材及参考书目

[1] 胡文美. 大规模并行处理器程序设计. 3版. 北京：机械工业出版社，2021.
[2] 陈云霁，李玲，李威，等. 智能计算系统. 北京：机械工业出版社，2020.
[3] Hulten, Geoff. Building Intelligent Systems: A Guide to Machine Learning Engineering. Apress, 2018.
[4] Ian Goodfellow,Yoshua Bengio, Aaron Courville. Deep Learning. MIT Press, 2016.
[5] 王建，徐国艳，陈竞凯，等. 自动驾驶技术概论. 北京：清华大学出版社，2019.
[6] 余贵珍，周彬，王阳，等. 自动驾驶系统设计及应用. 北京：清华大学出版社，2019.
[7] Sumit Ranjan. Applied Deep Learning and Computer Vision for Self-Driving Cars: Build autonomous vehicles using deep neural networks and behavior-cloning techniques. UK: Packt Publishing, 2020.

6. 说明

(1) 与相关课程的分工衔接：

先修课程：数据结构和算法应用，数据结构，图像理解与计算机视觉，深度学习，微机原理等。

后续课程：毕业设计。

(2) 其他说明：

实验会发放人工智能计算开发板、自动驾驶小车、机器人等实验器材，请同学们爱护。

1.6.15 图像理解与计算机视觉

课程名称：图像理解与计算机视觉

英文名称：Image Understanding and Computer Vision

学分 / 学时：3.5/56

适用专业：智能科学与技术

先修课程：信号与系统、数字信号处理

开课单位：人工智能学院

1. 课程简介

图像理解与计算机视觉是一门涉及多个交叉学科领域的课程。本课程侧重于计算机视觉中的图像基本处理和识别，包括图像与视觉系统、图像分析基础、图像变换等，并对图像分析的基本理论和实际应用进行系统介绍，包括图像增强和恢复、边缘检测、图像分割、数学形态学图像处理、纹理分析、计算机高层感知、智能视频处理、目标检测与语义分割等。

2. 课程目标与毕业要求

通过本课程的学习，学生应掌握计算机视觉和图像处理的基本概念、基本原理以及解决问题的基本思想方法；学习智能图像分析与理解的基本理论和技术，掌握智能图像分析与理解的基本理论和技术及相关应用。能够使用人工智能编程框架 Mind Spore 进行网络设计，能够理解 AI 算子开发语言 CANN 的运行机制以及华为昇腾 AI 处理器的芯片体系架构。具备将具体的复杂工程性问题做抽象建模的能力，能够将图像处理与分析技术应用到智能化信息感知、语义理解、检测与识别、控制等应用问题中，进行计算机视觉与图像处理方案的设计与实现，并提高问题设计与分析能力，为在模式识别、计算机视觉、图像通信、多媒体技术等领域从事研究与开发打下扎实的基础。

本课程的具体教学目标如下：

(1) 了解图像理解和计算机视觉领域的基本概念、历史发展与研究现状，熟悉图像理解与计算机视觉的研究领域、代表性算法与技术的基本原理及解决问题的基本思想方法。掌握智能图像分析与理解的基本理论和技术，了解各种智能图像理解与计算机视觉技术的相关应用。能够根据图像处理技术、算法等专业知识与原理去识别和表达复杂工程问题的关键环节与参数，并对分解后的问题进行分析。(支撑毕业要求 2-2)

(2) 学会将具体的复杂工程性问题做抽象建模，设计实验方案、构建实验系统和测试平台。具备解决智能化信息感知、语义理解、检测与识别、控制等应用问题的初步能力，为在模式识别、计算机视觉、图像通信、多媒体技术等领域从事研究与开发打下扎实的基础。(支撑毕业要求 4-2)

(3) 初步具备解决智能化信息感知、语义理解、检测识别、控制等复杂计算机视觉应用问题的能力，并能够对实验结果做合理有效的实验分析、解释，透过实验现象发现并解释其中蕴含的理论原理，并得到合理有效的结论。(支撑毕业要求 4-3)

(4) 学会基本的计算机操作和应用，至少掌握一种算机视觉软件开发语言 (如 Python/C 语言等)，可自主完成代码编译并实现正确，软件代码可读性好，为后续科研工作夯实代码基础。(支撑毕业要求 5-3)

(5) 具有良好的口头表达能力，能够清晰、有条理地表达自己的观点，掌握关于本课程基本的报告、设计文稿的撰写技能。(支撑毕业要求 10-1)

(6) 通过图像理解和计算机视觉的学习，了解自主学习的必要性，具有自主学习和终身学习的意识，有能力利用网络查询、检索本领域相关专业文献资料及相关软件工具，获

取计算机视觉领域建模方法的前沿与最新发展趋势。(支撑毕业要求 12-1)

通过本课程的学习，学生将重点掌握图像理解和计算机视觉的基础知识和基本技能，以及图像处理的一般应用。由于本课程理论性、逻辑性较强，因此非常注重启发式、引导式的教学方式，锻炼学生严谨的治学态度和缜密的思维能力，让学生将先进的工程技术应用于实际的科学思路和基本方法，形成严谨的科学研究方法，并提高自主学习的意识和能力。此外，通过撰写相关报告和大作业，可以提高学生利用网络查询、检索和阅读科技文献资料的能力，并探知图像理解与计算机视觉领域技术的最新发展趋势。最后，通过对人工智能发展趋势及伦理问题的介绍与讨论，实施“课程思政”的有效路径，形成协同效应，让学生不仅仅学习到专业知识技能，还能在潜移默化中培养勤勉务实的优良品质，增强社会责任感，胸怀祖国、服务人民、报效祖国的道德情操与价值观。

课程目标与毕业要求的关系矩阵如表 1-76 所示。

表 1-76 课程目标与毕业要求的关系矩阵

	毕业要求指标点					
	2-2	4-2	4-3	5-3	10-1	12-1
课程目标 1	√					
课程目标 2		√				
课程目标 3			√			
课程目标 4				√		
课程目标 5					√	
课程目标 6						√

3. 课程具体内容及基本要求

1) 绪论 (2 学时)

绪论主要介绍图像和图像处理的概述，发展历史和现状，图像处理的层次与相关研究领域。

(1) 基本要求：

① 熟练掌握图像和图像处理的基本概念和内容，了解图像处理的发展历史和现状，了解智能图像处理的相关学科。

② 了解图像处理的具体应用实例。

(2) 重点及难点：

重点：图像处理的基本概念。

难点：图像处理的层次。

(3) 思政元素设计：

从图像处理技术的起源与重要性出发，引出科技在当今国际局势中的重要性，讲述天问一号火星探测器、航母三剑客、奋斗者号潜水器、北斗卫星导航系统、长征五号、中国天眼等诸多大国重器，这些是我国科研、经济、人才技术等综合实力的整体表现，很多技术已走在世界前列。此外，让学生感受到我国的飞速发展已体现在方方面面，其中人才和关键性技术是重中之重，激发学生的爱国精神，树立起为振兴中华而勇担大任的使命感。

(4) 作业及课外学习要求：

课外学习要求：查阅相关文献，并总结图像处理领域的最新研究进展和相关应用领域。

2) 图像与视觉系统 (2 学时)

图像与视觉系统主要介绍人类视觉系统基本构造和模型，亮度视觉与颜色视觉的基本概念、模型及视觉特性。

(1) 基本要求：

① 了解人类视觉系统的基本构造，熟练掌握视网膜的构造和功能，掌握人类视觉通路模型。

② 熟练掌握人眼的单色视觉模型和彩色视觉模型。

③ 熟练掌握色彩的基本属性，了解光度学和色度学的基本概念和原理。

④ 掌握亮度和颜色感觉的视觉特性。

(2) 重点及难点：

重点：视网膜构造和功能、色彩的属性、亮度和颜色的视觉特性。

难点：光度学和色度学的基本概念和原理。

(3) 思政元素设计：

通过对视觉系统原理的讲授，引申到计算机视觉领域，让学生感受到计算机视觉技术有广泛的市场需求，也是当前全球科技竞争中竞争最激烈的战场之一，我国正加大投入抢占人工智能战场的制高点，抓住新一轮科技革命和产业变革机遇。专业人才的培养则是其中最关键的一环，让学生深刻认识到重任在肩，使命光荣。

(4) 作业及课外学习要求：

课外学习要求：查阅相关文献，总结视神经的神经生理机制，了解人类视觉系统的信息处理机制。

3) 图像分析基础 (2 学时)

图像分析基础主要介绍图像信号的数学表示，图像的采样和量化，图像像素的基本概念及相关概念，基本图像运算，图像的线性系统理论。

(1) 基本要求：

① 熟练掌握图像信号的采样和量化。

② 熟练掌握图像的灰度直方图。

③ 熟练掌握图像像素的基本概念及像素的邻域、像素间的连通性、像素间的距离度量。

④ 掌握图像的点运算、代数运算和几何运算。

⑤ 掌握线性系统的基本性质，了解二维线性平移不变系统。

⑥ 掌握图像的卷积计算，了解图像的统计特性。

(2) 重点及难点：

重点：图像的采样和量化、图像灰度直方图、图像像素的邻域、像素间的距离度量。

难点：图像像素的邻域、图像的点运算和代数运算。

说明：本章为进行数字图像处理的基础，讲解时以清晰明确的基本概念和基本定义为主，辅以简单的计算例题。

(3) 思政元素设计：

在层层深入的图像分析基础内容讲授中，重点介绍华人学者在数字图像解译领域中的贡献，让学生在了解科技发展史及市场需求的同时，关注国内学者的贡献，为我国当前良好的科研环境和科技进步感到自豪。研当以报效国家为己任，学必以服务人民为荣光，科学无国界，但科学家有祖国，引导学生树立科技兴则民族兴，科技强则国家强的观念，积极继承和发扬老一辈科学家胸怀祖国的爱国情操，把自身科研事业同国家民族命运紧密相连，主动肩负起历史赋予的科技创新重任，踊跃投身于全面建设社会主义现代化强国的伟大事业中去。

(4) 作业及课外学习要求：

课外学习要求：复习基本的图像运算操作和卷积积分、二维卷积、离散二维卷积等相关数学概念。

4) 图像变换 (2 学时)

图像变换主要介绍二维傅里叶变换及其基本性质，快速傅里叶变换，离散余弦变换，离散沃尔什变换，离散小波变换以及其他的二维正交变换。

(1) 基本要求：

① 熟练掌握二维傅里叶变换及其基本性质。

② 掌握二维正交变换的一般表示形式，了解二维离散余弦变换、二维离散沃尔什变换等。

③ 掌握二维小波变换。

(2) 重点及难点：

重点：二维离散傅里叶变换、二维离散余弦变换。

难点：二维离散小波变换。

说明：本章为图像处理的基本变换，讲解图像变换计算时以基本变换公式定义为主。

(3) 思政元素设计：

以“七巧板”“盲人摸象”等为例引入图像变换思想，启发学生对变换的理解，引导学生思考变换所蕴含的辩证唯物主义哲学思想。引经据典，前有傅里叶研究热传导方程时不畏权威，坚持真理，引导学生在科研、工作生活中都要有不畏权威、坚持不懈的精神；后有2021“感动中国”人物61岁的毛相林43年坚守，成就“绝壁天路”，引导学生一定要拥有驽马锲而不舍、坚持到底的精神。

(4) 作业及课外学习要求：

课外学习要求：调用MATLAB等工具包实现离散余弦变换。

5) 图像增强和恢复(4学时)

图像增强和恢复主要介绍图像的空域增强技术，频域增强技术，图像退化的基本模型及图像恢复的基本思想，图像恢复的基本技术。

(1) 基本要求：

① 掌握直方图均衡化和直方图规定化。

② 熟练掌握基本的图像空域滤波技术(平滑滤波器和锐化滤波器)。

③ 掌握常用的图像频域滤波技术(低通滤波器和高通滤波器，带通和带阻滤波器，同态滤波)。

④ 熟练掌握图像退化的数学模型。

⑤ 掌握图像复原的逆滤波方法。

⑥ 掌握维纳滤波复原方法。

(2) 重点及难点：

重点：直方图均衡化和规定化、平滑滤波器和锐化滤波器、同态滤波、图像复原的数学模型、逆滤波。

难点：直方图规定化、同态滤波、逆滤波。

说明：该章讲解时以数学思想为主，同态滤波和图像复原的内容以课下学生自学为主。

(3) 思政元素设计：

在讲授平滑滤波、锐化滤波时，均使用诸如天安门、天坛、西安鼓楼等具有浓厚文化与艺术价值的古建筑作为处理图像，这些是中华民族传统建筑艺术独特风格和辉煌成就的杰出代表，象征着中华文明五千年积淀的文化、艺术和传统，以此潜移默化地培养学生的文化自信与爱国情怀，引导学生明白，只有坚定文化自信，才能强化对自身文化的自觉意识，让建设社会主义文化强国的战略目标发挥更大的感召力和吸引力。

(4) 作业及课外学习要求：

课外学习要求：调用MATLAB/Python编程实现中值滤波，模板(掩模矩阵)法。

线上学习要求：通过线上视频的学习，了解机器学习、神经网络的基本概念。掌握神经网络的基础工作原理，了解卷积神经网络、循环神经网络等经典模型的特点与异同，并掌握设计神经网络基本架构的理论知识。

6) 图像边缘检测 (2 学时)

图像边缘检测主要介绍图像边缘的定义，图像边缘检测的基本步骤，常用边缘检测方法与基本算子，Hough 变换。

(1) 基本要求：

① 掌握图像边缘的定义，图像边缘检测的基本思想。

② 熟练掌握边缘检测的基本步骤。

③ 了解边缘检测的常用算子，例如，正交梯度，Sobel 算子，Laplacian 算子，Canny 算子等。

④ 理解 Hough 变换及其特性与基本操作，以及使用 Hough 变换进行边缘检测。

(2) 重点及难点：

重点：边缘检测的基本方法、基本步骤与定义，正交梯度法的边缘检测过程、Hough 变换，平滑梯度算子法，方向梯度法，Sobel 算子。

难点：二阶导数算子法，Canny 算子法，Hough 变换。

(3) 思政元素设计：

图像的边缘检测及视觉特征提取中，从简单差分到 Sobel 梯度，从 LoG 算子到 Canny 确定量化判据的检测思路，从 Harris 检测器到 SIFT 特征等一系列算法，无一不是从简单到复杂，从定性到定量的发展过程。借此引导学生深刻理解“量变质变规律”“发展观”及其方法论意义，把远大理想、崇高目标与脚踏实地、埋头苦干的精神相结合，既要重视量的积累，又要在量变引起质变时有破旧立新的勇气。

(4) 作业及课外学习要求：

课外学习要求：调用 MATLAB/Python 编程实现 Sobel 算子法，Laplacian 算子法。

7) 图像分割 (4 学时)

图像分割主要介绍视觉认知模式，图像分割概述，基于阈值的分割技术，基于区域的图像分割技术，图像分割评价。

(1) 基本要求：

① 了解图像分析系统的基本组成和图像分割基本概念。

② 熟练掌握基于阈值的基本图像分割技术 (直方图法、最佳阈值法、类间方差法)。

③ 熟练掌握基于区域的基本图像分割技术 (区域生长法、分裂合并法)。

④ 掌握基本的图像分割评价方法和测度等。

(2) 重点及难点：

重点：图像分割特征、阈值分割、区域生长、评价测度等。

难点：区域生长法、分裂合并、基于分水岭的分割。

(3) 课程思政设计：

通过对多种分割算法的讲授，引导学生领悟“物以类聚，人以群分”的道理，鼓励学生多和优秀的人学习和共事，多读名人传记，提升自己的人生追求和思想境界，致敬新中国成立以来那些扶大厦之将倾的诸位先辈们，以此为榜样，学以致用，报效祖国，为实现中华民族伟大复兴的中国梦而奋斗。

(4) 作业及课外学习要求：

课外学习要求：调用 MATLAB/Python 编程实现区域生长法。

线上学习要求：通过线上视频的学习，了解华为昇腾计算产业，包括最佳匹配昇腾 AI 处理器算力的全场景 AI 计算框架 Mind Spore(昇思)、统一异构计算架构 CANN(释放昇腾硬件澎湃算力) 以及基于自研达•芬奇架构的昇腾系列硬件等。理解华为昇腾全栈软硬件平台的优点与特性。

8) 数学形态学图像处理 (2 学时)

数学形态学图像处理主要介绍数学形态学的发展以及在图像处理中的应用，形态学图像处理的基本方法，形态学算法。

(1) 基本要求：

① 掌握数学形态学的基本方法，形态学处理图像的基本思想以及数学形态学的应用。

② 了解数学形态学中的基本符号和操作。

③ 掌握数学形态学中的二值腐蚀，二值膨胀，膨胀与腐蚀等操作。

④ 掌握开操作与闭操作、击中与击不中等形态学方法。

(2) 重点及难点：

重点：数学形态学的基本方法和基本概念，以及在图像处理中的应用。

难点：区域填充、粗化、骨架等其他形态学运算操作。

说明：本章涉及的数学形态学的概念和运算较多，需要对各种概念进行理解并融会贯通。

(3) 思政元素设计：

通过对腐蚀和膨胀两种对立过程的讲授，引导学生做科研切莫生搬硬套，要融会贯通，不能只注重理论的灌输，更要在实践中检验。让学生认识到实践是检验真理的唯一标准的道理，切勿一成不变，纸上谈兵，秉承唯物主义的辩证思想，树立在实践中检验和发展真理的观念，从而培养学生运用发展观点看待实践标准的能力。

(4) 作业及课外学习要求：

课外学习要求：查阅相关文献，了解本章内容以外的数学形态学的相关内容和研究方法。

9) 纹理分析 (4 学时)

纹理分析主要介绍图像纹理的概念与方法，纹理分析与合成，基于灰度共生矩阵的纹理分析、基于模型的纹理分析、信号处理方法、不变性纹理分析。

(1) 基本要求：

① 掌握纹理分析的概念与方法，纹理分析的定义、基本特征。

② 了解纹理分析的主要应用方向，纹理分割与分类，纹理合成的基本方法(统计方法、结构方法)。

③ 熟练掌握灰度共生矩阵的纹理分析方法。

④ 了解基于模型的纹理分析方法(Markov随机场、分形)。

⑤ 熟悉基于傅里叶变换、Gabor变化与小波变换的纹理分析方法。

(2) 重点及难点：

重点：灰度共生矩的基本方法，以及在图像处理中的应用。

难点：分形、马尔科夫随机场纹理特征提取的具体操作，傅里叶变换、小波变换的具体操作。

(3) 课程思政设计：

通过对灰度共生矩阵、Markov随机场等借助多层先验处理问题的算法，引申到科学研究都是曲折渐进式的发展规律，任何成就都需长期扎实的工作付出，引导学生在学习科研中不要急于求成，要脚踏实地，要有九层之台，起于累土的信念，一层先验不充分，多层先验才合理。让学生认识到科技创新要建立在扎实全面的科学理论基础之上，努力夯实专业基础，使科技创新和专业学习形成良性循环，这样有利于学生在科研上保持强大的竞争力。

(4) 作业及课外学习要求：

课外学习要求：查阅马尔科夫随机场的相关文献，在不同领域的相关前沿研究进展。

线上学习要求：通过线上视频的学习，理解推理应用的概念，了解基于昇腾的推理应用开发语言框架，并了解推理应用的编程模型推理方法。

10) 计算机视觉高层感知(4学时)

计算机视觉高层感知主要介绍计算机视觉理论，计算机视觉系统，视觉注意机制，图像的分类和识别。

(1) 基本要求：

① 了解计算机理论的定义、相关应用领域以及对应的前沿研究。

② 了解计算机视觉理论，Marr视觉计算框架。

③ 熟练掌握基于推理的视觉理论及其思想。

④ 掌握视觉注意模型的构建步骤、难点以及应用，Itti模型的基本结构。

⑤ 了解图像分类和识别所要解决的问题。

(2) 重点及难点：

重点：计算机高层感知理论的基本方法和操作，计算机系统模型的构建。

难点：分类器的设计以及训练、Marr视觉计算框架的构建。

说明：本章内容较为分散，知识点繁杂需要在课外进行认真的预习和复习。

(3) 思政元素设计：

利用视觉注意模型的构建过程，引导学生学会运用建模思想去分析社会现象，帮助学生更好地认知和把握个人与他人、社会及国家和民族的关系。此外，以计算机视觉高层感知机制的灵感启发为切点，引申出跨学科融合的重要性，鼓励学生打破学科边界，引领学生经历发现问题、解决问题、建构知识、运用知识、大胆创造的学习过程，在潜移默化中激发学生勇于开拓、敢于创新的精神。

(4) 作业及课外学习要求：

课外学习要求：查阅相关文献，学习和了解计算机高层感知理论在数字图像上的其他解译任务。

线上学习要求：通过线上视频的学习，熟悉全场景 AI 框架 Mind Spore，掌握 Mind Spore 编程模型及基本用法，理解 Mind Spore 框架的高级特性。

11) 智能视频处理 (6 学时)

智能视频处理主要介绍智能视频处理的背景和意义，智能视频处理的相关研究内容和应用方向。

(1) 基本要求：

① 了解智能视频处理现状以及瓶颈问题。

② 了解智能视频处理相关课题 (监控环境下视频增强、智能安防监控系统、视频单目标跟踪、多目标跟踪、人体骨骼关键点检测)。

(2) 重点及难点：

重点：智能视频处理的背景意义。

难点：视频多目标跟踪算法、强光图像增强、低质图像增强技术、雾天图像增强、夜间图像增强技术。

说明：本章为学生拓展新的图像处理研究视野，让学生了解最新的视频处理研究内容。

(3) 思政元素设计：

在教学过程中，从智能视频处理的广阔应用场景出发，培养学生的独立思考和团队协作能力，增强应用专业知识解决实际问题的能力和创新力等。同时也可以让学生从枯燥的理论学习看到解决问题的乐趣，进一步激发学生热爱科学、积极向上、不畏艰难、刻苦钻研的良好品质。

(4) 作业及课外学习要求：

课外学习要求：查阅智能视频处理的相关文献，在不同领域的相关前沿研究进展。

线上学习要求：通过线上视频的学习，掌握异构计算架构 (CANN) 概念，理解计算图的优化过程以及大规模分布式训练方法。

12) 基于深度学习的目标检测 (4 学时)

主要内容：目标检测介绍、卷积神经网络、深度学习中的热门算法以及部分弱监督算法。

(1) 基本要求：

① 熟悉理解目标检测的任务、评估和对应应用场景的数据集。

② 了解卷积神经网络的概述、历史以及讨论卷积神经网络的最新进展。

③ 了解深度学习中的热门方法 (“两阶段”方法以及“单阶段”方法)。

④ 了解深度学习中的弱监督 (TCBL,W2F) 以及其他方法 (OR-CNN,RAM,RRB,LPN)。

(2) 重点及难点：

重点：目标检测的概念、应用、评价指标，卷积神经网络。

难点：“两阶段”“单阶段”、弱监督等具体应用在目标检测中的深度学习算法。

说明：本章所涉及深度学习算法较多，只需要学生理解网络结构、应用方式等基本知识。

(3) 思政元素设计：

从深度学习经历数次寒冬期到如今迸发新活力的坎坷历程出发，引导学生要有敢于“啃硬骨头”、甘于“坐冷板凳”的科研精神，激发学生的科研活力和做真科研、落地科研，做终身科研的热情；鼓励学生保持一颗追求真理、勇于攀登的初心，为实现自我的人生价值、服务社会发展不断努力。

(4) 作业及课外学习要求：

课外学习要求：查阅深度学习目标检测任务的相关文献，在不同领域的相关前沿研究进展。

线上学习要求：通过线上视频的学习，了解神经网络处理器的应用价值，熟悉神经网络处理器的设计思路。在此基础上，进一步理解昇腾 AI 处理器与达 • 芬奇架构的优势与特性。

13) 基于深度学习的语义分割 (4 学时)

基于深度学习的语义分割主要介绍语义分割的简介、深度学习在分割的应用和关于深度学习的讨论。

(1) 基本要求：

① 了解什么是语义分割、为什么要语义分割。

② 了解深度学习前的语义分割、深度学习中的全监督以及弱监督方法在语义分割中的应用。

③ 了解自然语言表达中的分割问题，分割中的可迁移知识。

(2) 重点及难点：

重点：深度学习在分割中的应用，语义分割的定义。

难点：基于深度学习分割中多种方法的理解。

说明：本章内容较为分散，知识点繁杂需要在课外进行认真的复习和预习。

(3) 思政元素设计：

从语义分割的定义出发，引导学生认识到祖国神圣领土不容分割的含义。加强学生的爱国情感教育，让学生始终树立国家利益高于一切的观念，积极维护祖国统一和国家安全，同一切分裂祖国的势力作斗争。

(4) 作业及课外学习要求：

课外学习要求：查阅深度学习语义分割任务的相关文献，在不同领域的相关前沿研究进展。

线上学习要求：通过线上视频的学习，理解深度学习算子的概念，并掌握 CANN 算子、TBE-DSL 算子、TBE-TIK 算子的开发方式，了解各算子的运行流程。

14) 翻转课堂设计与要求 (4 学时)

结合课程进度，本课程包含两次翻转课堂。

(1) 基本要求：

① 学生自由分组 (3～7 人 / 组)，以小组为单位可以自拟题目或根据老师提供的 Project 题目结合课程学习内容，通过查阅文献资料，自主学习和实践开展开放性课题研究，完成题目任务要求。

② 每组派出代表在翻转课堂上对任务目标、研究内容、过程、结果等进行汇报和展示，任课教师查看学生执行情况，并进行答疑。

(2) 重点及难点：

重点：通过开放性课题提升学生分析和解决问题的能力，以小组为单位和现场汇报展示旨在提升学生协作能力和沟通表达能力。

难点：锻炼学生的自主学习能力、实践编程能力和理论联系实际能力。

(3) 作业及课外学习要求：

课外学习要求：课题任务要利用相关算法解决跟课程内容相关的实际问题，要求组内分工明确，在课题任务完成后要撰写并提交课题研究文档。

15) 企业授课设计与要求 (6 学时)

结合课程讲授，本课程包含三次企业授课。企业授课主讲者来自国内外相关行业的知名企业，均为技术部门负责人或在上述领域从业多年的资深技术人员，课程中着重介绍在实际产品开发和应用中涉及图像理解与计算机视觉的业务内容及应用。

(1) 基本要求：

① 使学生了解课程相关知识在实际应用中的业务需求以及研究概况。

② 使学生了解企业利用人工智能以及图像处理相关方法在推进经济、社会发展方面

的内容。

③ 使学生了解企业的研究领域，提早让学生了解所学课程与实际社会生产的结合点。

(2) 重点及难点：

重点：了解企业授课主讲者讲述的实际产品的研发和应用。

难点：理解主讲者介绍的实际产品中蕴含的基础理论和理论落地成产品的技术路线。

(3) 作业及课外学习要求：

课外学习要求：查阅相关文献和资料，进一步了解企业主讲者所在知名企业的落地产品与课程内容的内在关联性。

16) 复习答疑课 (4 学时)

课程开展过程中进行两次复习答疑，重点对学习过程中的重点、难点知识进行梳理和答疑。

4. 教学安排及方式 (见表 1-77)

图像理解与计算机视觉总学时 56 学时，其中，讲授 40 学时，线上 (或上机或综合练习或多种形式)16 学时。

表 1-77 教学安排及方式

序号	课 程 内 容	学时	教学方式
1	绪论	2	讲授
2	图像与视觉系统	2	讲授
3	图像分析基础	2	讲授
4	图像变换	2	讲授
5	图像增强和恢复	4	讲授 + 线上
6	图像边缘检测	2	讲授
7	企业授课	2	讲授
8	图像分割	4	讲授 + 线上
9	数学形态学图像处理	2	讲授
10	纹理分析	4	讲授 + 线上
11	计算机视觉的高层感知	4	讲授 + 线上
12	智能视频处理	6	讲授 + 线上
13	企业授课	2	讲授
14	基于深度学习的目标检测	4	讲授 + 线上
15	企业授课	2	讲授
16	基于深度学习的语义分割	4	讲授 + 线上

续表

序号	课 程 内 容	学时	教学方式
17	Project 汇报交流	2	讲授
18	Project 汇报交流	2	讲授
19	期末复习答疑课	2	讲授
20	期末复习答疑课	2	讲授

1) 上机内容

课程学时内不安排上机实验，在习题中可布置适当数量的上机习题，进行推理和计算，实现简单的超分辨重建、图像分割、图像生成、图像识别、视频追踪、目标检测、图像描述等算法，由学生课外完成。

2) 线上教学

学生可根据自己对课堂中各个章节掌握程度，通过西电平台或者老师准备的视频资源进入线上课程，开展对基于昇腾系列 (HUAWEI Ascend) 处理器和基础软件构建的全栈 AI 计算基础设施、行业应用及服务产业的特性化学习，自主完成对包括昇腾系列处理器、系列硬件、CANN 异构计算框架、AI 计算框架等内容的学习 (要求学习学时大于或等于 16 学时)。

3) 教学方法和建议

(1) 交代概念准确，推理证明严谨。

(2) 突出重点，精选例题，重视提高课堂教学效率。

(3) 注重学生推理能力和解决难题能力的培养。

(4) 采用“线下理论 + 线上实践”混合式教学，注重学生自主学习能力与团队协作能力的培养。

5. 考核及成绩评定方式

1) 考核与评价方式及成绩评定

最终成绩由平时成绩、综合大作业成绩、期末考试成绩三部分组合而成。各部分所占比例如下：

平时成绩：20%，主要考核学生的到课率和课堂的专注度，考核学生对每堂课知识点的复习、理解和掌握程度，以及根据线上课堂的观看时长和学习情况来综合评定成绩。

综合大作业成绩：40%，考查应用课程中学到的理论知识来解决问题的能力，主要考核计算机运用能力、总结展示能力，以及获取整理信息的能力以及理论联系实际的能力。学生可自拟题目或根据任课教师提出的题目撰写课程学习小论文，并由任课教师评定课程成绩。

期末考试成绩：40%，主要考核图像理解与计算机视觉基础知识的掌握程度。书面考试形式。题型为选择题、填空题、简答题和计算题等。

课程目标达成考核与评价方式及成绩评定对照如表 1-78 所示。

表 1-78 课程目标达成考核与评价方式及成绩评定对照表

		考核与评价方式及成绩比例 /%			成绩比例 /%
		平时成绩 (20%)	综合大作业 (40%)	期末考试 (40%)	
课程目标 1	支撑毕业要求 2-2	40		70	37
课程目标 2	支撑毕业要求 4-2	50	40	15	35
课程目标 3	支撑毕业要求 4-3		25	15	13
课程目标 4	支撑毕业要求 5-3		15		5
课程目标 5	支撑毕业要求 10-1	5	10		5
课程目标 6	支撑毕业要求 12-1	5	10		5
合计		100	100	100	100

注：该表格中比例为课程整体成绩比例。

2) 考核与评价标准

(1) 平时成绩考核与评价标准见表 1-79。

表 1-79 平时成绩考核与评价标准

	基本要求	评价标准				成绩比例 /%
		优秀	良好	合格	不合格	
平时成绩	课程目标 1 (支撑毕业要求 2-2)	按时交作业；对核心概念正确、论述逻辑清楚；层次分明，语言规范	按时交作业；对核心概念正确、论述基本清楚；语言较规范	按时交作业；对核心概念基本正确、论述基本清楚；语言较规范	不能按时交作业；或者对核心概念不清楚、论述不清楚	40
	课程目标 2 (支撑毕业要求 4-2)	能够针对复杂工程问题提出合理的解决方案；论述逻辑清楚；层次分明，语言规范	能够针对复杂工程问题提出较为合理的解决方案；论述清楚，语言较规范	能够针对复杂工程问题提出初步的解决方案；论述基本清楚，语言较规范	针对复杂工程问题不能提出初步的解决方案；或论述不清楚，语言不规范	50
	课程目标 5 (支撑毕业要求 10-1)	能够十分清晰、有条理地表达自己的观点，熟练掌握基本报告的撰写能力	能够较为清晰地表达自己的观点，掌握基本报告的撰写能力	能够表达自己的观点，掌握基本报告的撰写能力	不能准确表达自己的观点，不具备基本报告的撰写能力	5
	课程目标 6 (支撑毕业要求 12-1)	有很强的自主学习能力，有很强的能力获取本领域前沿发展趋势	有较强的自主学习能力，有较强的能力获取本领域前沿发展趋势	有一定的自主学习能力，有一定的能力获取本领域前沿发展趋势	没有自主学习能力，没有获取本领域前沿发展趋势的方法与途径	5

注：该表格中比例为平时成绩比例。

(2) 综合大作业成绩考核与评价标准见表 1-80。

表 1-80　综合大作业成绩考核与评价标准

	基本要求	评价标准				成绩比例/%
		优秀	良好	合格	不合格	
综合大作业	课程目标 2（支撑毕业要求 4-2）	按时提交大作业；理论描述充分，实验方案的理论描述充分，有充分的分析论证过程	按时提交大作业；实验方案的理论描述较充分，有较充分的分析论证过程	按时提交大作业；实验方案有部分理论描述、分析论证过程不足	不能按时提交大作业；或实验方案的理论描述不足，无分析论证过程	40
	课程目标 3（支撑毕业要求 4-3）	精准分析实验结果，透过实验现象发现并解释其中的理论原理	较合理地分析实验结果，并能够较好地解释现象的理论原理	实验结果不太理想，能够给出一部分原因解释	实验结果错误，实验数据与分析不正确	25
	课程目标 4（支撑毕业要求 5-3）	软件实现正确；软件代码可读性好	软件实现正确；软件代码可读性较好	软件实现基本正确；软件代码可读性较好	软件结果错误；代码杂乱无章	15
	课程目标 5（支撑毕业要求 10-1）	能够十分清晰、有条理地表达自己的观点，熟练掌握基本报告的撰写能力	能够较为清晰地表达自己的观点，掌握基本报告的撰写能力	能够表达自己的观点，掌握基本报告的撰写能力	不能准确表达自己的观点，不具备基本报告的撰写能力	10
	课程目标 6（支撑毕业要求 12-1）	有很强的自主学习能力，有很强的能力获取本领域前沿发展趋势	有较强的自主学习能力，有较强的能力获取本领域前沿发展趋势	有一定的自主学习能力，有一定的能力获取本领域前沿发展趋势	没有自主学习能力，没有获取本领域前沿发展趋势的方法与途径	10

注：该表格中比例为综合大作业成绩比例。

(3) 期末笔试考核与评价标准见表 1-81。

表 1-81　期末笔试考核与评价标准

<table>
<tr><th rowspan="2"></th><th rowspan="2">基本要求</th><th colspan="4">评价标准</th><th rowspan="2">比例成绩/%</th></tr>
<tr><th>优秀
(0.9～1)</th><th>良好
(0.7～0.89)</th><th>合格
(0.6～0.69)</th><th>不合格
(0～0.59)</th></tr>
<tr><td rowspan="3">期末考试</td><td>课程目标 1
(支撑毕业要求 2-2)</td><td>图像理解和计算机视觉的概念论述和理解正确；解决实际问题的思想正确，解答过程及结果正确</td><td>图像理解和计算机视觉的概念论述和理解基本正确；解决实际问题的思想绝大部分正确，解答过程及结果大部分正确</td><td>图像理解和计算机视觉的概念论述和理解大部分正确；解决实际问题的思想有些偏差，解答过程及结果有部分偏差</td><td>图像理解和计算机视觉的概念论述和理解错误；或解决实际问题的思想有较大偏差，解答过程及结果有较大偏差</td><td>70</td></tr>
<tr><td>课程目标 2
(支撑毕业要求 4-2)</td><td>对复杂工程问题的建模正确；方案正确；绘制的图表正确；语言论述正确、精练；实现结果正确</td><td>对复杂工程问题的建模正确；方案正确；绘制的图表基本正确；语言论述正确、精练；实现结果基本正确</td><td>对复杂工程问题的建模有偏差；方案正确；绘制的图表有些错误；有基本方案和工程实现方法；有基本的设计图表；有一定结果实现</td><td>对复杂工程问题的建模错误；或基本的方案和工程实现方法错误；或没有设计图表，且结果错误</td><td>15</td></tr>
<tr><td>课程目标 3
(支撑毕业要求 4-3)</td><td>对复杂工程问题的分析正确，论述全面，方案合理，语言凝练通顺</td><td>对复杂工程问题的分析基本正确，论述较为全面，方案较为合理，语言通顺</td><td>对复杂工程问题分析有些偏差，论述基本合理，语言大部分通顺</td><td>对复杂工程问题分析错误，或论述错误，语言不通顺</td><td>15</td></tr>
</table>

注：该表格中比例为期末考试试卷成绩比例。

6. 教材及参考书目

[1] 阮秋琦．数字图像处理．北京：电子工业出版社，2020.

[2] 章毓晋．图像工程(上)——图像处理．北京：清华大学出版社，2018.

[3] 章毓晋．图像工程(中)——图像分析．北京：清华大学出版社，2018.

[4] 章毓晋．图像工程(下)——图像理解．北京：清华大学出版社，2018.

[5] Kenntth R Castleman．数字图像处理．朱志刚译．北京：电子工业出版社，2011.
[6] W. K. Pratt．数字图像处理．邓鲁华，张延恒译．北京：机械工业出版社，2005.
[7] 陈传波，金先级．数字图像处理．北京：机械工业出版社，2004.
[8] Velho L, Frery A C, Gomes J. Computer Vision, Graphics and Image Processing. Springer, 2007.

7. 说明

与相关课程的分工衔接：本课程是一门结合应用的专业课程，是信号与系统、数字信号处理等课程的后续课程。

其他说明：课内不安排上机实验，在习题中可布置适当数量的上机习题，进行推理和计算，实现简单的超分辨重建、图像分割、图像生成、图像识别、视频追踪、目标检测、图像描述等算法，由学生课外完成。

1.6.16　智能信息感知技术

课程名称：智能信息感知技术

英文名称：Intelligent Information Perception Technology

学分 / 学时：2/32

适用专业：智能科学与技术

先修课程：高等数学、大学物理、电路分析基础、模拟电子技术基础、数字电路与系统设计、信号与系统

开课单位：人工智能学院

1. 课程的教学目标与任务

1) 中文简介

智能信息感知技术是人工智能学院智能科学与技术专业选修课。智能信息感知技术涉及微机械电子技术、计算机技术、信号处理技术、传感器技术和人工智能技术等多种学科的综合密集型技术，重点体现传统信息感知技术所不能完成的功能。本课程介绍了传统信息感知技术的基础，然后着重介绍典型的智能信息感知技术，包括智能生物感知技术、智能光学图像感知技术、智能语音信息感知技术、智能医学信息感知技术和智能遥感信息感知技术。最后以开放讲座的形式介绍智能信息感知系统应用，其中包括智能驾驶、智能交通、智能机器人和智能非接触生命信息感知系统等。

2) 英文简介

Intelligent information perception technology is an elective course of intelligent Science and

Technology in the School of Artificial Intelligence. Intelligent information perception technology involves micromechanical electronics technology, computer technology, signal processing technology, sensor technology, Artificial Intelligence technology and other comprehensive intensive technology, focusing on the functions could not be satisfied by the traditional information perception technology. This course introduces the basis of traditional information perception technology, and then focuses on typical intelligent information perception technology, including intelligent biological perception technology, intelligent optical image perception technology, intelligent voice information perception technology, intelligent medical information perception technology and intelligent remote sensing information perception technology. Finally, the application of intelligent information sensing system will be introduced in the form of open lecture, including intelligent driving, intelligent transportation, intelligent robot and intelligent non-contact life information sensing system.

2. 课程目标与毕业要求

通过对智能信息感知技术课程的学习，学生们能够熟悉传统信息感知的基础理论知识，掌握目前应用广泛的智能信息感知技术的相关知识，对智能信息感知技术的典型系统应用有所了解。为学生对智能传感技术系统进行分析、设计和应用提供全面的知识基础。

1) 教学目标

(1) 了解传统信息感知技术基础，包括传统传感器的基本概念和智能传感器的基本概念及技术趋势。掌握常用传感器的基本原理，以及在实际应用中如何选择合适的传感器。(支撑毕业要求 5-3)

(2) 掌握典型的五种智能信息感知技术，对每种信息感知技术的硬件设备原理，信息感知传输过程和后端智能信息获取的技术要求有全面的了解。数据采集、传输、处理的完整介绍，能够使学生对智能科学技术领域的硬件基础模块，软件处理技术建立完善的认知体系，加强其系统思维及设计能力。(支撑毕业要求 4-2)

(3) 通过介绍先进的智能信息感知系统，加强学生对于复杂智能信息感知系统的认知，培养学生结合相关专业知识与新技术，在针对复杂工程问题的系统设计中体现创新意识。(支撑毕业要求 3-3)

通过本课程的学习，培养学生利用现代电子技术、传感器技术和计算机技术解决生产实际中信息采集与处理问题的能力，为电子测量系统、计算机 (微处理器) 控制的设计与开发奠定良好基础。教学重点在于解决具体工程应用问题，能综合运用基本原理设计测控电路及分析、解决实际检测问题，提高分析具体工程问题和解决问题的能力。

课程目标与毕业要求的关系矩阵如表 1-82 所示。

表 1-82 课程目标与毕业要求的关系矩阵

课程目标	毕业要求指标点		
	3-3	4-2	5-3
课程目标 1			√
课程目标 2		√	
课程目标 3	√		

2) 课程思政目标

智能信息感知技术是人工智能技术应用领域的基础课程，它是一门综合性交叉学科，涉及基础的传感器技术以及先进的智能感知信息系统中的先进感知技术。目的培养学生掌握从前端传感器环境感知到后端深度语义感知中的关键技术，从感知系统层级对先进的智能信息感知系统有所了解认识从而使学生学会使用学习的理论方法来解决实际问题，为发展学生的主体精神和变革能力奠定基础。将思政教育完美融合于正常课程教学过程中，将传授知识与思政引导有机结合。课程教学秉承德智融合、立德树人的综合教育理念，凝练全局思维、发展思维、民族振兴、实践创新、工匠精神等思政主题，在知识传授、能力培养中引导学生树立正确的世界观、人生观和价值观，弘扬社会主义核心价值观，传播爱党、爱国、爱社会主义的正能量，培养实事求是、勇于实践、敢于创新的科学精神。

3. 课程具体内容与基本要求

1) 绪论及传感器的基本概念 (4 学时)

(1) 教学内容：

本章首先对智能信息感知的基本概念进行介绍，其次介绍了传统传感器的定义与基本组成，分类与原理，发展趋势和性能指标，然后主要介绍了智能传感器的定义，设计校准和应用方向。

(2) 基本要求：

① 了解传统传感器的定义、分类与相关工作原理，并了解传统传感器的发展趋势。

② 了解智能传感器的基本概念、发展、应用和意义。

(3) 重点及难点：

重点：不同类型传统传感器和智能传感器的相关原理、组成和应用。

难点：传感器智能化的机理。

(4) 思政元素设计：

列举多种智能信息感知的实际应用，例如智慧城市、智慧交通，以及在军事航天等国家重要领域，激发学生对智能信息感知领域的兴趣同时，也鼓励学生要具有爱国、卫国的意识。

(5) 作业及课外学习要求：

了解传统传感器的分类和相关工作机理。了解智能传感器的定义和相关概念。思考传统传感技术与智能传感技术之间的不同。

2) 常见的传感器介绍 (2 学时)

(1) 教学内容：

本章主要介绍几种常见的传感器，包括电阻式传感、电容式传感、电感式传感和光电传感器。详细地介绍了这几种常见传感器的工作原理、测量电路和典型应用，并对其他类型的传感器进行了简单介绍。

(2) 基本要求：

① 了解常见传感器件的工作机理、测量电路。

② 了解常见传感器的具体应用。

(3) 重点及难点：

重点：几种传感器的工作机理和具体应用。

难点：几种传感器测量电路的工作机理。

(4) 作业及课外学习要求：

了解常见的传感器的具体应用。

3) 智能传感器技术介绍 (4 学时)

(1) 教学内容：

本章主要介绍智能传感器与人工智能网络接口相关的知识，包括智能化网络传感器、多传感器信息融合、无线传感器网络、智能传感器与人工智能和智能传感器接口标准等相关基础概念和工作机制。

(2) 基本要求：

① 了解网络化传感器、多传感器信息融合的基本概念和具体应用场景。

② 了解智能传感器接口标准相关知识概念和电路结构。

(3) 重点及难点：

重点：网络化传感器考虑涉及到的技术要求。

难点：网络化智能传感器接口标准。

(4) 作业及课外学习要求：

了解网络化传感器的基本概念，应用和相关接口标准。

4) 智能生物信息感知技术 (4 学时)

(1) 教学内容：

本章介绍了智能生物传感基础理论，包括生物传感系统、生物视觉传感基本原理、生物听觉传感基本原理、生物触觉传感基本原理、脑机接口传感基本原理，其中主要介绍了各类生物智能传感相关的信息处理技术。

(2) 基本要求：

① 了解生物智能传感系统的基本组成和基本原理。

② 熟悉生物智能传感系统相关的信息处理技术。

(3) 重点及难点：

重点：生物智能传感基本原理。

难点：生物智能传感信息处理技术。

(4) 作业及课外学习要求：

了解生物智能传感系统的基本组成和基本原理，熟悉生物智能传感信息处理技术的相关概念和方法。

5) 智能光学图像信息感知技术 (4 学时)

(1) 教学内容：

本章介绍了智能光学图像传感技术，包括光学图像传感技术、光学图像传感器原理与分类和智能光学图像传感数据处理技术。针对光学图像处理技术，主要介绍了图像质量优化方法、图像语义分割、图像目标检测与识别和图像检索。

(2) 基本要求：

① 了解图像传感器的发展，基础概念和图像传感器的分类。

② 熟悉光学图像传感器的原理与分类。

③ 熟悉智能光学图像传感数据处理技术。

④ 了解光学图像传感典型应用。

(3) 重点及难点：

重点：光学图像传感器的分类和基本原理。

难点：智能光学图像传感数据处理技术。

(4) 思政元素设计：

光学图像信息感知的过程中，需要突出前景目标，排除背景的干扰，如同我们在处理事情时，往往所获得的信息是包含了很多不相关或是干扰信息，一定要清楚自己的目的，具有逻辑性地分析问题，寻找解决办法。

(5) 作业及课外学习要求：

了解光学图像传感器的原理、分类和基本概念。了解光学图像传感器的应用场景。熟悉智能光学图像传感数据处理技术。

6) 智能语音信息感知技术 (4 学时)

(1) 教学内容：

本章介绍了智能语音传感技术，包括智能语音传感技术基础、常见的智能语音传感技术、智能语音数据处理技术和智能语音传感技术典型应用。其中主要介绍了智能语音数据处理技术，包括语音特征提取和语音增强等技术。

(2) 基本要求：

① 了解传统语音传感的发展，基础概念。

② 熟悉常见的智能语音传感技术。

③ 熟悉语音数据处理技术。

④ 了解语音数据处理技术的典型应用。

(3) 重点及难点：

重点：智能语音传感技术的基本概念和发展。

难点：智能语音数据处理技术。

(4) 作业及课外学习要求：

了解传统的语音传感技术的基本概念和发展。了解智能语音传感系统的相关概念。熟悉智能语音处理技术。

7) 智能医学信息感知技术 (4 学时)

(1) 教学内容：

本章介绍了智能医学传感技术，包括智能医学传感技术基础，典型智能医学传感器、智能医学数据处理技术和智能医学传感器的典型应用。其中主要介绍了智能数据处理技术包括，超声波数据处理、CT 数据处理、MR 数据处理和其他数据处理技术。

(2) 基本要求：

① 了解智能医学传感技术的发展，基础概念。

② 了解典型的智能医学传感器。

③ 熟悉智能医学数据处理技术。

④ 了解智能医学传感器的典型应用。

(3) 重点及难点：

重点：典型的智能医学传感器的基本概念和发展。

难点：智能医学数据处理技术。

(4) 思政元素设计：

回顾智能医学信息感知的发展历史，无数科学家在这个过程中付出了非常多的心血，才能得到现在先进的各种医学检测手段。启示学生要具有人类社会大局观，可以为人类长久发展而付出努力的意识。

(5) 作业及课外学习要求：

了解智能医学传感技术的发展，基础概念。熟悉智能医学数据处理技术。了解智能医学传感器的典型应用。

8) 智能遥感信息感知技术 (4 学时)

(1) 教学内容：

本章介绍了智能遥感传感技术，包括智能遥感技术基础，常见的智能遥感技术、智能遥感数据处理技术、智能遥感技术典型应用。其中针对智能遥感数据处理技术主要介绍了遥感图像地物分类方法，遥感图像目标检测方法，遥感图像目标识别方法，遥感图像变化检测方法。

(2) 基本要求：

① 了解智能遥感技术的发展，基础概念和分类。

② 了解常见的智能传感器技术。

③ 熟悉智能遥感数据处理技术。

④ 了解智能遥感技术的典型应用。

(3) 重点及难点：

重点：典型的智能遥感技术的基本概念和发展。

难点：智能遥感数据处理技术。

(4) 思政元素设计：

中国的遥感事业在近些年来有突飞猛进的发展，航天遥感技术与世界领先技术的差距越来越小。北斗系统的建立打破了美国 GPS 导航的垄断，实现了我国自主导航，在国家军事安全、人民安居乐业起到了一定保障。引导学生具有忧患意识以及为我国科技自主化贡献力量的主动意识。

(5) 作业及课外学习要求：

了解智能医学传感技术的发展，基础概念。熟悉智能医学数据处理技术。了解智能医学传感器的典型应用。

9) 先进智能信息感知系统讨论 (2 学时)

(1) 教学内容：

本章介绍了当前热门的智能信息感知系统，例如智能驾驶系统、智能交通系统、智能机器人系统等，并与学生共同讨论这些智能系统中所存在的不足及可能的解决方案。

(2) 基本要求：

① 了解以上智能信息感知系统的基本架构及主要模块。

② 利用所学知识分析当前智能系统存在的不足。

③ 可以针对不足，提出自己的解决思路。

(3) 作业及课外学习要求：

查阅资料，扩展对更多智能信息感知系统的认识。

4. 教学安排及方式 (见表 1-83)

智能信息感知技术总学时 32 学时，其中，讲授 32 学时。

表 1-83　教学安排及方式

序号	课 程 内 容	学时	教学方式
1	第一章　传感器的基本概念	4	讲授
2	第二章　典型传感器原理及实例	2	讲授
3	第三章　智能传感器技术及接口标准	4	讲授
4	第四章　智能生物信息感知技术	4	讲授
5	第五章　智能光学图像信息感知技术	4	讲授
6	第六章　智能语音信息感知技术	4	讲授
7	第七章　智能医学信息感知技术	4	讲授
8	第八章　智能遥感信息感知技术	4	讲授
9	第九章　先进智能信息感知系统讨论	2	分组讨论
	总计	32	—

注：教学方式填写“讲授、实验或实践、上机、综合练习、多种形式”。

5. 考核及成绩评定方式

1) 考核与评价方式及成绩评定

本课程最终成绩由平时作业成绩，实验成绩和期末考试成绩组合而成。各部分所占比例如下：

平时成绩：10%，主要考查学生课堂表现及课后作业完成情况，包括考勤，问答，作业等。

实验作业：30%，主要考查学生对典型智能信息感知技术的掌握。学生根据老师给出的研究问题，自由组合，3 人为一小组，从问题背景调研、技术方案设计、实验验证等多方面出发，完成大作业，提交研究报告，根据研究方案设计的合理性、任务完成的效果以及实验报告的组织等多种因素进行全面评价给出成绩。

期末考试成绩：60%，主要考核学生对课堂中的重要知识点的掌握和运用的能力。考试形式为开卷考试。

课程目标达成考核与评价方式及成绩评定对照表如表 1-84 所示。

表 1-84　课程目标达成考核与评价方式及成绩评定对照表

课程目标	毕业要求观测点	考核与评价方式及成绩比例 /%		成绩比例 /%
		实验作业	期末考试	
课程目标 1	支撑毕业要求 5-3	0	30	21
课程目标 2	支撑毕业要求 4-2	30	50	44
课程目标 3	支撑毕业要求 3-3	70	20	35
合计		100	100	100

注：该表格中比例为课程整体成绩比例。

2) 考核与评价标准

(1) 实验作业成绩考核与评价标准见表 1-85。

表 1-85 实验作业成绩考核与评价标准

	基本要求	评价标准				成绩比例/%
		优秀	良好	合格	不合格	
实验作业	智能信息感知技术的重要技术点，包括传感器数据采集原理，数据传输方式，经典数据处理方法，经典信息感知算法。能够利用以上技术方法对实际工程问题设计合理的解决方案。(支撑毕业要求 4-2)	按时提交大作业；能够很好地对实际工程问题设计合理的智能信息感知系统；理论描述充分，实验方案的理论描述充分，有充分的分析论证过程；运行结果正确	按时提交大作业；能够较好地对实际工程问题设计合理的智能信息感知系统；实验方案有理论描述、分析论证过程；运行结果正确	按时提交大作业；基本能够对实际工程问题设计合理的智能信息感知系统；实验方案有理论描述、分析论证过程；运行结果基本正确	不能按时提交大作业；或者没有按照大作业要求进行实验；软件代码错误，结果不正确	30
	具有从系统的角度去设计实际工程问题的解决方案。(支撑毕业要求 3.4)	按时提交大作业及软件代码；能够很好地分析影响算法性能的多种因素；软件实现正确；软件代码可读性好	按时提交大作业及软件代码；能够较好地分析影响算法性能的多种因素；软件实现正确；软件代码可读性较好	按时提交大作业及软件代码；基本能够正确分析影响算法性能的多种因素；软件实现基本正确；软件代码可读性较好	没有按时提交大作业及软件代码；或者实验数据与分析不正确；软件结果不正确	70

(2) 期末考试考核与评价标准见表 1-86。

表 1-86 期末考试考核与评价标准

	基本要求	评价标准				比例/%
		优秀(0.9～1)	良好(0.7～0.89)	合格(0.6～0.69)	不合格(0～0.59)	
期末考试	掌握传统传感器技术的基本知识点。能够根据不同传感器的原理、特点等专业知识与实际问题进行结合，知道在特定情境下如何根据需要选择合适的传感器。(支撑毕业要求 5-3)	传统传感器技术的基本知识点论述和理解正确；应用理论解决实际问题正确，解答过程及结果正确	传统传感器技术的基本知识点的论述和理解基本正确；应用理论解决实际问题正确，解答过程及结果大部分正确	传统传感器技术的基本知识点论述和理解基本正确；应用理论解决实际问题基本正确，解答过程及结果较大部分正确	对应用理论解决实际问题正确基本错误；应用理论解决实际问题不正确，解答过程及结果大部分错误	30

续表

	基本要求	评价标准				比例/%
		优秀(0.9～1)	良好(0.7～0.89)	合格(0.6～0.69)	不合格(0～0.59)	
期末考试	掌握五种智能信息感知技术的重要技术点，包括：传感器数据采集原理，数据传输方式，经典数据处理方法，经典信息感知算法。对智能科学技术领域的硬件基础模块，软件处理技术建立完善的认知体系。(支撑毕业要求 4-2)	很好地掌握五种智能信息感知技术的重要技术点；对复杂工程问题的分析正确；方案正确；绘制的图表正确；语言论述正确、精练；实现结果正确	较好地掌握五种智能信息感知技术的重要技术点；对复杂工程问题的分析正确；方案正确；绘制的图表基本正确；语言论述正确、精练；实现结果基本正确	基本掌握五种智能信息感知技术的重要技术点；对复杂工程问题的分析正确；方案正确；绘制的图表基本正确；有基本的方案和工程实现方法；有基本的设计图表；有一定的实现结果	对复杂工程问题的分析错误；或者基本的方案和工程实现方法错误；或者没有设计图表，且结果错误	50
	掌握四种智能信息感知系统的系统组织架构，及整体系统工作流程。提高学生针对复杂工程问题的系统设计中体现创新意识。(支撑毕业要求 3-3)	很好地掌握分析影响算法性能多种因素的能力；对复杂工程问题分析正确，论述全面，方案合理，语言凝练通顺	较好地掌握分析影响算法性能多种因素的能力；对复杂工程问题分析基本正确，论述较为全面，方案合理，语言通顺	基本掌握分析影响算法性能多种因素的能力；对复杂工程问题分析基本正确，论述基本合理，语言较为通顺	对复杂工程问题分析错误，或者论述错误，语言不通顺	20

6. 教材与参考书目

[1] Steinmetz Ralf, Nahrstedt Klara．传感技术．潘志庚，叶绿，等译．北京：清华大学出版社．

[2] 赵学增．现代传感技术基础及应用．北京：清华大学出版社，2010.

[3] Huddleston C．智能传感器设计．张鼎等译．北京：人民邮电出版社，2009.

[4] 黄力宇．医学成像的基本原理．北京：电子工业出版社，2009.

[5] Reeves R G．遥感手册．汤定元译．北京：国防工业出版社，1979.

[6] Ulaby F T, Moore R K, Fung A K．微波遥感．侯世昌，马锡冠译．北京：科学出版社，1988.

[7] 姚伯威．机电一体化原理及应用．北京：国防工业出版社，2005.

[8] 张福学．机器人学：智能机器人传感技术．北京：电子工业出版社，1996.
[9] 罗四维．视觉感知系统信息处理理论．北京：电子工业出版社，2006.

7. 说明

与相关课程的分工衔接：

本课程中传感成像的光电基础，传感成像的光电器件，显微成像的荧光激发和吸收、偏振、位相等，X 射线成像原理，核磁共振成像原理，多光谱和高光谱遥感，微波遥感成像，声与振动传感成像、其他传感器等相关章节均需要先期学习过大学物理。本课程中传感成像的光电器件等相关章节均需要先期学习过模拟电子技术和数字电路。本课程中 X 射线成像，核磁共振成像，微波遥感成像，声与振动传感成像等相关章节均需要先期学习过信号与系统和数字信号处理等。

本课程中人工神经网络、视觉传感和信息处理是本专业后续课程模式识别的基础。视觉传感和信息处理、色觉和彩色信息处理是本专业后续课程图像理解与计算机视觉和计算机视觉及其应用的基础。本课程中机器人、智能建筑、物联网、智慧地球等相关章节是本专业后续课程智能系统专业实验、智能控制导论和机器学习等的基础。本课程中光谱遥感和微波遥感等相关章节是遥感原理与应用的基础。

其他说明：无。

1.6.17 智能控制导论

课程名称：智能控制导论
英文名称：Introduction to Intelligent Control
学分 / 学时：2.5/40 + 26
适用专业：智能科学与技术
先修要求：人工智能概论、Python 程序设计
开课单位：人工智能学院

1. 课程简介

1) 中文简介

智能控制导论是智能科学与技术的专业选修课程。本课程是关于如何将人工智能方法应用于工程控制的课程，介绍基于人工智能的控制方法、理论与技术，目的是使学生了解和掌握人工智能如何解决控制问题，为人工智能的工程应用与软件实践奠定良好的基础。通过本课程的学习，使学生掌握智能控制的基本原理和设计实现方法，学会用恰当的智能方法解决实际工程控制问题。

2) 英文简介

Introduction to Intelligent control is an elective course of intelligent science and technology.

This course is about how to apply Artificial Intelligence methods to engineering control, introducing control methods, theories and technologies based on Artificial Intelligence, with the purpose of enabling students to understand and master how to solve control problems with Artificial Intelligence, and laying a good foundation for engineering application and software practice of Artificial Intelligence. Through the study of this course, students can master the basic principle of intelligent control and design and implementation methods, and learn to solve practical engineering control problems with appropriate intelligent methods.

2. 课程目标

1) 课程教学目标

开设智能控制导论课程的目的是给智能科学与技术专业高年级本科生介绍智能控制的基本原理特点和技术应用前景。在扩宽学生知识面的同时，通过上机实验以及完成课程设计，使学生理解智能控制算法的原理与开发过程并提高学生的软件编程能力。课程教学注重拓展学生知识面，培养学生对工程实际问题的分析能力、设计 / 开发解决方案的能力。初步掌握专家系统、动态规划、最优化控制、深度强化学习和博弈控制技术，上机实验教学注重培养学生动手和解决实际问题的能力，为将来从事科研工作打下良好的基础。

通过本课程的学习，学生将重点掌握智能控制的基本原理和方法，以及智能控制的一般应用方向。由于本课程与工程控制的实际应用相结合，与人工智能学科、计算机学科、自动控制学科联系紧密，因而在介绍智能控制理论的同时，可拓展学生知识面，使学生自主拓展并应用上述学科的知识相关联，启发学生兴趣，培养学生积极思考、自主学习的能力。

通过上机实验完成课程设计大作业，使学生对智能控制算法的计算机实现有一定了解，初步具备智能控制算法设计和实现的能力，培养学生解决实际工程控制问题的能力。同时通过对智能控制的实际工程应用，加深学生对智能控制的特点的理解。

课程目标 1：了解智能控制的概念、发展历程及研究现状。熟悉自动控制系统及主要智能控制方法的基本原理、设计流程、实现方法。能够查询和阅读科技论文与技术报告，运用数学、自然科学、工程基础和专业知识，描述复杂工程控制问题 (支撑毕业要求 1-1)。

课程目标 2：掌握专家控制系统、动态规划与最优控制、深度强化学习控制系统、博弈控制系统计的基本原理与控制算法，了解其典型应用领域。能够应用高等数学、物理学的基本概念、原理和智能科学与技术的专业知识对复杂工程控制问题进行表达和有效分解，将工程控制问题转化成一个可以用智能控制方法解决的问题 (支撑毕业要求 2-2)。

课程目标 3：了解各种智能控制方法的优缺点，针对特定的智能控制问题，能够根据控制需求考虑控制的多方面、多层次要素，提出合理的控制方案 (支撑毕业要求 3-1)。

课程目标 4：针对提出合理的控制方案，能够用一种软件开发语言 (如 C、C++、Python、MATLAB 语言等) 编程，并做仿真实验，验证方案的正确性和性能 (支撑毕业要求 5-1)。

2) 课程思政目标

思政目标 1：通过对古代自动化装置的演化介绍，引入日常生活中的主动创造性对社会进步的重要性，充分激发学生的积极性主动性创造性，结合自身实际，自身能力，自身业务，推进原始创新。坚信比创造能力更重要的是创造意识，比创造成功更重要的是创造需求，只要我们想创造，我们就会找到创造的点；只要我们想创造，我们就能够发挥出个人潜能，就能够激发团队的合力，就能发挥优势，把创造性转化为实实在在的创造实绩。

思政目标 2：通过博弈论纳什均衡的概念，引入社会发展中自私自利的危害与资本主义的弊端，弘扬与人为善、互帮互助、共同富裕的社会主义核心价值观，培养学生“道路自信、理论自信、制度自信、文化自信”四个自信意识。

3. 考核及成绩评定方式

本课程的考核以考核学生能力培养目标的达成为主要目的，以检查学生对各知识点的掌握程度以及应用为重要内容。最终成绩由平时作业成绩、课程设计成绩和期末成绩组合而成，各部分所占比例如下：

平时作业成绩：20%，主要考核对每堂课知识点的复习、理解和掌握程度。分为课后作业和线上测试两部分。

课后作业：主要考核对每节课所授知识点的复习、理解和掌握程度。学生在任课教师指导下，通过网上平台提供的各种在线资源在课前或者课后进行学习。培养学生自我学习的能力和习惯。

线上测试：激励学生进行自主学习和复习，帮助他们巩固课堂上学到的知识。

激励学生认真参与课程，确保学生按时参加课程，便于维护课堂秩序，减少学生迟到和早退，提升课堂秩序。

课程设计成绩：20%，主要考核智能控制导论课程的知识的掌握程度，智能控制方案设计的掌握程度，和运用知识解决问题的能力。课程设计题目如下 (可根据实际教学情况变动题目，也可增加减少题目)：

① 设计专家 PID 控制器实现对挤塑机温度的控制，并撰写报告。

② 设计动态规划算法求解出租车上下客最优化问题，并撰写报告。

③ 设计深度 Q 学习算法，实现控制 Atari 游戏的智能体，并撰写报告。

④ 设计实现基于博弈的最小节点覆盖算法，并撰写报告。

⑤ 设计基于博弈的交叉路口交通控制系统，并撰写报告。

期末考试成绩：60%，主要考核学生对核心知识掌握和运用的能力，解决复杂智能控制问题，以及分析影响算法性能的多种因素的能力。书面开卷考试形式。

考核及成绩评定方式如表 1-87 所示。

表 1-87　考核及成绩评定方式

课程目标	平时作业	期末考试	考核方式 1(自定义)	合计
课程目标 1	50	33		30
课程目标 2	50	33		30
课程目标 3		34	50	30
课程目标 4			50	10
合计	100	100	100	100

4. 课程目标与毕业要求的对应关系(见表 1-88)

表 1-88　课程目标与毕业要求的对应关系

毕业要求	观 测 点	课程目标、达成途径、评价依据
能运用数学、自然科学、工程基础和专业知识，表述智能科学与技术领域的复杂工程问题。(毕业要求 1.1)	支撑毕业要求 1.1	课程目标 1：了解智能控制的概念、发展历程及研究现状。熟悉自动控制系统及主要智能控制方法的基本原理、设计流程、实现方法。能够查询和阅读科技论文与技术报告，运用数学、自然科学、工程基础和专业知识，描述复杂工程控制问题。通过平时作业、课程设计成绩以及期末考试来进行考察
能够识别和表达复杂工程问题的关键环节和参数，对分解后的问题进行分析。(毕业要求 2.2)	支撑毕业要求 2.2	课程目标 2：掌握专家控制系统、动态规划与最优控制、深度强化学习控制系统、博弈控制系统计的基本原理与控制算法，了解其典型应用领域。能够应用高等数学、物理学的基本概念、原理和智能科学与技术的专业知识对复杂工程控制问题进行表达和有效分解，将工程控制问题转化成一个可以用智能控制方法解决的问题，通过平时作业、课程设计成绩以及期末考试来进行考察
能够掌握本专业涉及的工程设计概念、原则和方法，能够针对复杂工程问题提出合理的解决方案。(毕业要求 3.1)	支撑毕业要求 3.1	课程目标 3：了解各种智能控制方法的优缺点，针对特定的智能控制问题，能够根据控制需求考虑控制的多方面、多层次要素，提出合理的控制方案，通过平时作业、课程设计成绩以及期末考试来进行考察
掌握基本的计算机操作和应用，至少掌握一种软件开发语言(如 C、C++ 语言等)，并能够运用集成开发环境进行复杂程序设计。(毕业要求 5.1)	支撑毕业要求 5.1	课程目标 4：针对提出合理的控制方案，能够用一种软件开发语言(如 C、C++、Python、MATLAB 语言等)编程，并做仿真实验，验证方案的正确性和性能，通过课程设计成绩以及期末考试来进行考察

5. 课程教学内容、学习成效要求

1) 智能控制简介 (2 学时)

(1) 学习成效要求：

① 了解智能控制的发展历史、研究现状及发展过程中的几个研究途径。

② 掌握智能控制的基本概念。

③ 思政元素：通过对古代自动化装置的演化介绍，引入日常生活中的主动创造性对社会进步的重要性，充分激发学生的积极性主动性创造性，结合自身实际，自身能力，自身业务，推进原始创新。

(2) 重点及难点：

重点：智能控制概念。

难点：智能控制的认知观。

(3) 作业及课外学习要求：

课外查阅文献，了解智能控制的具体应用领域。

2) 自动控制系统概述 (4 学时)

(1) 学习成效要求：

① 了解自动控制的发展历史、研究现状及发展过程中的几个研究途径。

② 掌握自动控制的基本概念。

(2) 重点及难点：

重点：自动控制概念。

难点：自动控制理论的应用。

(3) 作业及课外学习要求：

要求学生了解自动控制的产生背景和发展状况。

3) 专家控制系统 (3 学时)

(1) 学习成效要求：

① 了解专家系统的概念和分类。

② 掌握专家控制系统的构成和设计步骤，掌握各种设计方法。

(2) 重点及难点：

重点：专家控制系统构成。

难点：专家控制系统的设计步骤及要求。

(3) 作业及课外学习要求：

要求学生掌握专家控制系统的基本原理和系统设计方法，配合上机实验，掌握 C++ 语言和 MATLAB 语言编程技巧，能够独立建立简单的专家系统，培养学生的应用软件设计能力和计算机综合应用能力。

4) 模糊控制 (3 学时)

(1) 学习成效要求：

① 了解模糊控制的基本组成与工作原理，掌握模糊控制器的设计步骤。

② 掌握自适应模糊控制中的模糊逼近原理，了解直接自适应模糊控制与间接自适应模糊控制。

(2) 重点及难点：

重点：模糊控制器的设计步骤。

难点：模糊逼近原理。

(3) 作业及课外学习要求：

要求学生掌握模糊控制的基本原理和系统设计方法，配合上机实验，掌握 C++ 语言和 MATLAB 语言编程技巧，能够独立建立简单的 (自适应) 模糊控制器，培养学生的应用软件设计能力和计算机综合应用能力。

5) 动态规划与最优控制 (4 学时)

(1) 学习成效要求：

① 了解最优控制的基本概念与需要优化的目标。

② 理解和掌握马尔可夫决策过程的形式化描述。

③ 掌握动态规划算法的思想与程序设计。

(2) 重点及难点：

重点：马尔可夫决策过程与动态规划算法。

难点：动态规划算法的程序实现。

(3) 作业及课外学习要求：

要求学生掌握最优控制与马尔可夫决策过程的基本概念，理解并实现动态规划算法；配合上机实验，掌握 Python 语言编程技巧，能够独立建立编写动态规划算法程序，培养学生的程序设计与计算机综合应用能力。

6) 深度强化学习 (4 学时)

(1) 学习成效要求：

① 了解深度强化学习的概念和基本原理。

② 掌握强化学习的基本概念。

③ 理解并掌握深度强化学习中的策略梯度算法与状态值函数方法。

(2) 重点及难点：

重点：深度强化学习中的策略梯度算法与状态值函数方法。

难点：现代优化算法在智能控制中的应用。

(3) 作业及课外学习要求：

要求学生掌握深度强化学习方法的基本原理，配合上机实验，能够基于作业代码框架，独立完成深度Q学习算法的核心代码，完成基于深度强化学习的Atari游戏智能体，培养学生的应用软件设计能力和计算机综合应用能力。

7) 神经网络控制 (2学时)

(1) 学习成效要求：

① 了解神经网络控制的概念，掌握神经网络控制的分类与典型结构。

② 掌握神经网络数字控制的原理。

(2) 重点及难点：

重点：多种典型神经网络控制的设计思想与设计步骤。

难点：神经网络自校正控制算法与自适应控制算法。

(3) 作业及课外学习要求：

要求学生掌握典型神经网络控制的基本原理和系统设计方法，配合上机实验，掌握C++语言和MATLAB语言编程技巧，能够独立实现简单的神经网络自适应控制，培养学生的应用软件设计能力和计算机综合应用能力。

8) 基于博弈智能的控制 (10学时)

(1) 学习成效要求：

① 了解基本的博弈控制的原理。

② 熟悉博弈控制系统的基本分析方法。

③ 掌握博弈智能的基本概念。

④ 思政元素：通过博弈论纳什均衡的概念，引入社会发展中自私自利的危害与资本主义的弊端，弘扬与人为善、互帮互助、共同富裕的社会主义核心价值观，培养学生“道路自信、理论自信、制度自信、文化自信”四个自信意识。

(2) 重点及难点：

重点：博弈智能的基本原理，博弈分析方法。

难点：博弈智能在智能控制中的应用。

(3) 作业及课外学习要求：

要求学生掌握博弈分析的基本原理，配合上机实验，能够实现简单的基于博弈原理的控制器，培养学生的应用软件设计能力和计算机综合应用能力。

9) 智能控制实验 (8学时)

(1) 学习成效要求：

① 专家控制系统实验。

② 模糊控制系统实验。

③ 动态规划算法实验。

④ 强化学习算法实验。

⑤ 博弈控制算法实验。

(2) 重点及难点：

重点：理解各种智能控制系统的原理和工作流程，掌握各种控制算法的原理和编程实现。

难点：对具体问题进行分析、理解、和解决的能力。

(3) 作业及课外学习要求：

① 设计专家 PID 控制器实现对挤塑机温度的控制，并撰写报告。

② 设计动态规划算法求解出租车上下客最优化问题，并撰写报告。

③ 设计深度 Q 学习算法，实现控制 Atari 游戏的智能体，并撰写报告。

④ 设计实现基于博弈的最小节点覆盖算法，并撰写报告。

⑤ 设计基于博弈的交叉路口交通控制系统，并撰写报告。

6. 教学安排及方式 (见表 1-89)

智能控制导论总学时 40 学时 (课外学习不计入总学时)，其中，讲授 32 学时，实验 0 学时，上机 16 学时，实践 0 学时，线上 0 学时。

课外学习预估 26 学时，其中，课前预习 8 学时，课后作业 8 学时，课程设计 10 学时，自主学习 0 学时，其他 (内容根据情况自拟)0 学时。

表 1-89　教学安排及方式

序号	教 学 目 标	教学方式	学时
1	智能控制基础	讲授	2
2	自动控制系统概述	讲授	4
3	专家控制系统	讲授	3
4	模糊控制	讲授	3
5	动态规划与最优控制	讲授	4
6	深度强化学习控制	讲授	4
7	神经网络控制	讲授	2
8	基于博弈智能的控制	讲授	10
9	智能控制实验	实验	8

7. 教材及参考书目

[1] 蔡自兴，余伶俐，肖晓明．智能控制原理与应用．2 版．北京：清华大学出版社，2014.
[2] 蔡自兴．智能控制导论．北京：清华大学出版社，2011.
[3] 刘金琨．智能控制．3 版．北京：电子工业出版社，2014.
[4] 王建华，李众．智能控制基础．北京：科学出版社，1988.
[5] 易继锴，侯媛彬．智能控制技术．北京：科学出版社，1988.
[6] Dimitri P. Bertsekas. Reinforcement Learning and Optimal Control. Athena Scientific, 2019.

1.6.18 计算机视觉及其应用

课程名称：计算机视觉及其应用
英文名称：Computer Vision and Application
学分 / 学时：2/32 + 16
适用专业：智能科学与技术
先修要求：高等数学、概率论与数理统计、C 语言等基础课程
开课单位：人工智能学院

1. 课程简介

1) 中文简介

计算机视觉课程是智能科学与技术专业的一门选修课。作为计算机科学领域的国际前沿热门研究方向，计算机视觉与图像处理、模式识别、人工智能、神经物理学以及认知科学等都有着紧密的关系。通过本课程的学习，使学生准确、系统地理解计算机视觉的相关概念，熟练掌握分析计算机视觉问题的基本方法，培养学生用计算机视觉经典方法分析、解决工程问题的能力，为学生学习后续专业课学习、进行创新性研究和解决工程应用问题奠定坚实的理论基础和思想方法。

2) 英文简介

Computer vision course is an elective course in the field of intelligent science and technology. As a hot international research direction in the field of computer science, computer vision is closely related to image processing, pattern recognition, Artificial Intelligence, neuro physics, and cognitive science. Through the study of this course, students can accurately and systematically understand the relevant concepts of computer vision, proficiently master the basic methods of analyzing computer vision problems, cultivate their ability to analyze and solve engineering problems using classic methods of computer vision, and lay a solid theoretical foundation and ideological method for their subsequent professional courses, innovative research, and solving engineering application problems.

2. 课程目标

1) 课程教学目标

通过计算机视觉及其应用课程的学习，使学生掌握计算机视觉的相关概念，熟练掌握分析计算机视觉问题的基本方法，培养学生运用计算机视觉中的基本方法分析、解决工程问题的能力，为学生学习后续专业课学习、进行创新性研究和解决工程应用问题奠定坚实的理论基础和思想方法。课程目标如下：

(1) 了解计算机视觉的概念、历史及研究现状，熟悉计算机视觉的研究领域、代表性技术的基本原理，能够对计算机视觉领域复杂工程问题进行文献分析，寻求解决方案并进行正确表达。

(2) 掌握计算机视觉中图像分割、边缘检测、超像素分割、深度学习等典型方法，能够运用经典方法对实际工程问题设计合理的解决方案。

(3) 了解计算机视觉中的分类、检测与识别、跟踪等流行方法，能够查询和阅读科技论文与技术报告，能够根据计算机视觉中的专业知识与原理去解决复杂工程问题。

2) 课程思政目标

通过计算机视觉及其应用课程的学习，学生将重点掌握计算机视觉领域经典、流行方法和热门应用。本课程注重启发式、引导式的教学方式，使学生在掌握计算机解决领域相关的知识后，还具有将上述知识运用于实际的能力，并提高自主学习的意识和能力。此外，通过撰写相关报告，可以提高学生查询和阅读科技论文与技术报告的能力及多方面、多层次因素影响的分析能力。最后，对课程知识点所蕴含的思政元素进行梳理，主要思政元素包括科技服务社会、辩证思维、具体问题具体分析、社会主义核心价值观、AI 强国与时代担当五部分内容，培养学生正确的价值取向，增强社会责任感，实现民族复兴的理想和责任，提高为国家为人民造福的意识。

3. 考核及成绩评定方式 (见表 1-90)

最终成绩由平时作业成绩、综合大作业成绩、上机成绩三部分组合而成。各部分所占比例如下：

平时作业成绩：20%，主要考核学生对计算机视觉课堂知识点的复习、理解和掌握程度，以及利用计算机视觉方法解决应用问题的能力。根据学生考勤、课堂表现、平时作业等进行评分。

上机成绩：20%，主要考查学生识别和表达计算机视觉复杂应用问题的关键环节和参数，并对分解后的问题进行分析以及解决的能力。主要形式是实验报告。

综合大作业成绩：60%，主要考核学生对计算机视觉核心知识掌握和运用的能力，分析、解决计算机视觉中基本问题的能力，以及对影响算法性能的多种因素进行分析和调试算法的能力。学生根据任课教师布置的题目，编程解决对应问题，并撰写任务报告。根据任务完成的难度，任务完成的效果、报告中对影响算法性能的多种因素进行分析的全面程度进行评分。

表 1-90　考核及成绩评定方式

课程目标	平时作业	综合性大作业	实验成绩	合计
课程目标 1	60		50	22
课程目标 2	40	60	50	54
课程目标 3		40		24
合计	100	100	100	100

4. 课程目标与毕业要求的对应关系(见表 1-91)

表 1-91　课程目标与毕业要求的对应关系

毕业要求	观 测 点	课程目标、达成途径、评价依据
能够对计算机视觉领域复杂工程问题进行文献分析，寻求解决方案并进行正确表达	毕业要求 2.2	课程目标 1：了解计算机视觉的概念、历史及研究现状，熟悉计算机视觉的研究领域、代表性技术的基本原理，能够对计算机视觉领域复杂工程问题进行文献分析，寻求解决方案并进行正确表达。通过平时作业与上机来进行考察
能够运用经典方法对实际工程问题设计合理的解决方案	毕业要求 3.1	课程目标 2：掌握计算机视觉中图像分割、边缘检测、超像素分割、深度学习等典型方法，能够运用经典方法对实际工程问题设计合理的解决方案。通过平时作业、上机以及综合大作业来进行考察
能够查询和阅读科技论文与技术报告，能够根据计算机视觉中的专业知识与原理去解决复杂工程问题	毕业要求 5.2	课程目标 3：了解计算机视觉中的分类、检测与识别、跟踪等流行方法，能够查询和阅读科技论文与技术报告，能够根据计算机视觉中的专业知识与原理去解决复杂工程问题。通过综合大作业来进行考察

5. 课程教学内容、学习成效要求

1) 机器视觉与人类视觉 (4 学时)

(1) 学习成效要求：

机器视觉与人类视觉主要介绍基本概念、Marr 视觉计算理论、相关学科与应用场景介绍等，以及成像几何基础、人类视觉简介、感受野等基本知识。

基本要求：

① 了解机器视觉的发展历史、研究现状和基本理论。

② 理解机器视觉的概念。

③ 了解机器视觉与人类视觉的联系。

思政元素设计：

科技服务社会，计算机视觉在当今生活中的广泛应用，说明科学技术的重要性。

(2) 重点及难点：

重点：机器视觉概念。

难点：机器视觉与人类视觉的联系。

(3) 作业及课外学习要求：

查阅文献了解计算机视觉的发展成果及应用领域。

2) 计算机视觉中的预处理 (8 学时)

(1) 学习成效要求：

计算机视觉中的预处理主要介绍计算机视觉中的常见预处理操作，包括二值图像分析、边缘检测与分割、超像素分割。

基本要求：

① 掌握经典二值图像分析方法和边缘检测方法。

② 理解流行的超像素分割方法。

思政元素设计：

辩证思维。区域生成和边缘检测是不同的思路解决相同的问题，这两种方法的联系与区别可培养学生以辩证思维来思考问题，既看到事物之间的联系，又看到它们之间的差异。通过联系与区别的对比，学生可以深入理解事物的内在矛盾和对立统一关系，培养辩证思维的能力。

(2) 重点及难点：

重点：边缘点检测的概念、方法与常用的边缘检测算子。

难点：超像素分割的思想与典型方法。

(3) 作业及课外学习要求：

① 编程实现不同边缘检测算子，比较分析不同边缘检测算子各自优缺点和适用范围。

② 查阅资料了解超像素方法近年来的发展和不同领域应用。

3) 计算机视觉中的分类 (10 学时)

(1) 学习成效要求：

计算机视觉中的分类主要介绍计算机视觉中分类网络的原理与机制，自然图像分类应用，遥感图像分类应用，人脸识别应用。

基本要求：

① 理解计算机视觉中不同分类任务的概念与意义。

② 掌握计算机视觉中常见分类任务的概念与经典方法。

③ 了解计算机视觉中图像分类的流行方法。

思政元素设计

具体问题具体分析。虽然都是计算机视觉中的分类任务，但针对不同类型图像时，适合的图像特征和网络机制是各不相同的。

(2) 重点及难点：

重点：自然图像分类任务和遥感图像分类任务的经典深度学习方法，包括残差模块、注意力机制等网络结构。

难点：人脸识别任务的定义与方法。

(3) 作业及课外学习要求：

查阅文献，编程仿真计算机视觉中的自然图像分类与遥感图像分类的经典深度学习方法，加深对网络机制与原理的理解。

4) 计算机视觉中的检测与识别 (8 学时)

(1) 学习成效要求：

计算机视觉中的检测与识别主要介绍计算机视觉中目标检测网络的原理与机制，行人重识别应用。

基本要求：

① 理解计算机视觉中目标检测与识别的概念与意义。

② 掌握计算机视觉中常见目标检测任务的概念与经典方法。

③ 了解计算机视觉中目标检测的流行方法。

思政元素设计：

社会主义核心价值观。一阶段目标检测和两阶段目标检测两种不同的目标检测方法各有优劣，这两种思路之间的联系与区别可以引导学生理解和分析社会现象、价值观念等。通过对比不同的价值观，学生可以明确正确的价值取向，增强对社会主义核心价值观的认同和理解。

(2) 重点及难点：

重点：目标检测中的经典方法，包括 R-CNN、YOLO 等网络的原理与机制。

难点：行人中识别问题的定义与处理方法。

(3) 作业及课外学习要求：

查阅文献，编程仿真计算机视觉中目标检测与识别的经典方法，加深对 R-CNN、YOLO 等网络机制与原理的理解。

5) 计算机视觉中的跟踪 (2 学时)

(1) 学习成效要求：

计算机视觉中的跟踪主要介绍计算机视觉中单目标跟踪与多目标跟踪的定义与常见方法。

基本要求：

① 理解计算机视觉中目标跟踪的概念与意义。

② 了解计算机视觉中目标跟踪的流行方法。

思政元素设计：

AI 强国与时代担当。深度学习、计算机视觉等人工智能技术飞速发展，日常生活生产中随处可见的计算机视觉应用，如机场安检、智慧交通等，均体现出我们生活智能化水平的显著提升。

(2) 重点及难点：

重点：单目标跟踪任务的定义与常见方法。

难点：多目标跟踪任务的定义与处理方法。

(3) 作业及课外学习要求：

查阅文献了解已有计算机视觉经典跟踪方法。

6. 教学安排及方式 (见表 1-92)

计算机视觉及其应用总学时 32 学时 (课外学习不计入总学时)，其中，讲授 24 学时，实验 0 学时，上机 16 学时，实践 0 学时，线上 0 学时。

课外学习预估 16 学时，其中，课前预习 6 学时，课后作业 6 学时，课程设计 4 学时，自主学习 0 学时，其他 (内容根据情况自拟)0 学时。

表 1-92　教学安排及方式

序号	教 学 目 标	教学方式	学时
1	机器视觉与人类视觉	讲授	4
2	计算机视觉中的预处理	讲授 + 上机	6 + 4
3	计算机视觉中的分类	讲授 + 上机	6 + 8
4	计算机视觉中的检测与识别	讲授 + 上机	6 + 4
5	计算机视觉中的目标跟踪	讲授	2

7. 教材及参考书目

[1] Davies E R．计算机视觉：原理、算法、应用及学习．北京：机械工业出版社，2020.

[2] David Mar. Vision. Freeman and Company, 1982.

[3] 贾云得．机器视觉．北京：科学出版社，2020.

[4] Richard Szeliski．计算机视觉：算法与应用．北京：清华大学出版社，2011.

[5] Simon J. D. Prince．计算机视觉：模型、学习和推理．北京：机械工业出版社，2017.

第2章　研究生培养

2.1 智能科学与技术硕/博/直博培养方案

2.1.1　智能科学与技术学科硕士研究生培养方案

1. 发展历程

“智能科学与技术”一级学科于2022年9月13日批准设置，属于“交叉学科”门类，代码为1405。该学科主要研究智能形成、演化、实现的理论、技术和应用，以及其伦理与治理，它是在计算机科学与技术、控制科学与工程、数学、统计学、系统科学、生物医学工程、基础医学、管理科学与工程、心理学等基础上建立起来的一门新兴交叉学科。

西安电子科技大学于2017年成立了教育部直属高校第一个实体性人工智能学院。学院1986年就开始模式识别与智能系统学科点硕士的培养工作；2001年获批模式识别与智能系统的博士点；2004年获批智能科学与技术本科专业；2007年获批智能感知与图像理解教育部重点实验室；同年获批智能信息处理的高等学校学科创新引智基地；2008年获批智能科学与技术首个全国特色专业；建有模式识别与智能系统、智能信息处理二级学科博士和硕士学位授权点。

二十多年来，团队率先开展并不断创新课程体系，优化培养方案，探索智能科学与技术本硕博一体化贯通式培养模式。尤其是近五年，实施人机协同、AI赋能，开展了一系列数字化转型，推动教育教学不断深化改革，获得了4项国家级教学成果二等奖和多项省级教学成果奖，培养了一大批电子信息特色的智能科学与技术高水平人才，为本学科高水平人才自主培养体系建设奠定了坚实基础。

西安电子科技大学在智能科学与技术领域进行了长期的研究工作，在科研、教学相结合提升人才培养质量方面做了诸多有益探索。团队自2005年本科专业招生以来，培养了4000余名本科毕业生和硕博士人才，所在学院党支部被工业和信息化部授予“特别能吃苦，特别能战斗”团队荣誉称号，获评陕西省科协劳模创新工作室、学校首批黄大年式教师团队，学校三全育人综合改革试点单位，培养的孙其功博士获评2021年度“全国向上向善好青年”，“科技报国”的理想信念已经融入学院师生血脉。

团队覆盖的人工智能和智能科学与技术两个本科专业双双入选国家双一流专业，2023“软科中国大学专业”排名中智能科学与技术获评A+，排名第二。团队主要依托的计算机科学与技术学科成果显著，是国家双一流建设学科，在第五轮学科评估中获评A档，计算机科学稳定在全球ESI排名前1‰，位列全球高校第11，国内高校第3。近年来，学院获国家自然科学奖二等奖3项和国家级教学成果奖4项，建有4个国家级平台、9个省部级科研教学平台和9个创新团队，与华为、商汤科技等知名企业成立了15个联合实验室，积极推进了产教融合和校企合作，培养了一批以商汤科技联合创始人马堃和阿里达摩院城市大脑实验室负责人薄列峰为代表的行业精英和领军人才；牵头和参与制定国际及行业标准8项，在类脑认知、遥感脑、语义通信、人机交互与脑机混合等人工智能领域具有领先优势。

2. 培养定位及目标

学院以立德树人为根本任务，培养适应国家建设需求，具有国际视野，德、智、体、美、劳全面发展的高层次专门人才，为成为创新型学科带头人、行业骨干奠定基础。具体要求如下：

(1) 具有热爱祖国，遵纪守法，具有社会责任感和历史使命感，维护国家和人民的根本利益，推进人类社会的进步与发展的优秀品质；恪守学术道德，不以任何方式剽窃他人成果，不篡改、假造、选择性使用实验和观测数据，具有科学严谨和求真务实的学习态度和工作作风。

(2) 了解本领域发展动态和前沿；掌握智能科学与技术领域相关方向的基础理论、系统的专业知识和实践操作技能；勇于开拓，能够在科学或专门技术方面取得创造性成果。

(3) 掌握一门外语，能够熟练阅读本专业外文资料，具备专业写作能力和学术交流能力。

(4) 具有良好的身心素质和环境适应能力，注重人文精神与科学精神的结合；具有积极乐观的生活态度和价值观；身心健康，具有承担本学科各项专业工作的良好体魄。

3. 学位标准

本学科学术学位工学硕士应了解学科发展现状、趋势及研究前沿；根据学科需求，掌握坚实的智能科学、信息论、计算视觉、自然语言理解、机器学习、认知推理与决策规划、单体与群体智能、人机混合智能等方面的基础理论，并在上述至少一个方面掌握系统的专门知识，了解学科的发展现状、趋势及研究前沿，熟练掌握一门外语；具有严谨求实的科学态度和作风，能够运用本学科的方法、技术与工具从事智能领域和相关领域的基础研究、应用基础研究、应用研究、关键技术创新、系统设计开发与管理工作。学术学位工学硕士须完成课程学分、科研或教学实践和学位论文工作，并在导师指导下取得的科研成果达到最新版《西安电子科技大学研究生申请学位研究成果基本要求》。

4. 培养方向

本学科包含4个学科方向，这4个学科方向及其具体培养目标如下：

(1) 智能基础理论方向：开展人工智能新范式与新理论的研究，探索脑信息处理机制，充分发挥生物智能在感知、推理、归纳和学习等方面的优势，研究类脑认知理论与方法、群体智能、计算智能、混合增强智能理论与方法。学院建有国家级平台——2011 信息感知技术协同创新中心，获批国家基金委创新群体，有国家级及省部级人才多人，获国家自然科学奖二等奖 1 项、省部级科研和教学奖多项。

(2) 人工智能方向：开展数据、知识与认知协同的可解释人工智能理论与应用研究，重点研究大数据小样本的深度学习、动态开放条件下的视频图像认知与理解、大模型通用逼近理论及可解释问题、人机交互与脑机混合等技术和方法。学院建有国家级平台——智能信息处理科学与技术学科创新引智基地，获批国家基金委创新群体，有国家级及省部级人才多人，获国家自然科学奖二等奖 1 项、国家教学成果奖二等奖 3 项、省部级科研和教学奖多项。

(3) 智能交叉方向：开展智能＋遥感的交叉领域研究，借鉴视觉感知机理和脑认知机理，研究以地物要素提取、目标识别及变化检测为核心的大规模遥感影像智能解译技术，实现遥感领域核心软硬件技术国产自主可控。学院建有国家级平台——智能感知与计算国际联合研究中心，有国家级及省部级人才多人，获国家教学成果奖二等奖 1 项、省部级科研和教学奖多项。

(4) 人工智能应用方向；开展人工智能在教育、医疗和工业制造中的应用研究，研究学情精准诊断、个性化推荐、智能导师、智能决策、虚拟学伴等技术，提高教育教学的价值；研究医学影像分析与辅助诊疗、工业视觉与缺陷检测等技术，提升智能设备信息获取、分析与识别的能力。学院建有国家级平台——空天地一体化综合业务网全国重点实验室，有国家级及省部级人才多人，获省部级科研奖励多项。

5. 培养方式

本专业硕士生的培养采用全日制培养方式。实行以科研为主导的导师或导师组负责制。采用“课程学习＋学位论文”两阶段培养过程。导师或导师组负责研究生培养计划制定、学位论文选题、中期、论文撰写和学位申请等方面的指导工作。导师或导师组全面负责研究生的培养质量。

6. 学制与修业年限

全日制硕士研究生学制为三年，必要时可申请延长学习年限，最长学习时间不得超过四年 (含休学)。全日制硕士研究生一般用一年时间进行课程学习，其余时间用于学位论文工作。硕士生申请提前或延期毕业，须经导师同意，学院主管领导审核，研究生院批准，具体办法参照《西安电子科技大学硕士学位授予实施细则 (2019 年修订)》文件执行。

7. 必修环节

1) 学术活动

本学科定期或不定期组织各类学术活动，贯穿于研究生培养全过程，加强教师与学生、学生与学生之间的沟通交流。要求学术学位硕士研究生在全校范围内听取学术报告次数不少于 6 次，或者在校内外学术会议上做口头报告 1 次并完成一份综述报告，或者学生出国参加国际学术会议 1 次。达到要求者获得 1 学分。

2) 教学实践、科研实践

学术学位硕士研究生可在教学实践和科研实践中选择一项作为实践环节，通过考核者获得 1 学分，详见《西安电子科技大学研究生实践环节实施细则》。

教学实践以提高研究生综合素质为目的，要求研究生在学期间参与一定学时的教学辅导工作，教学实践完成后，学生须填写《教学实践学分认定表》，经导师和学院审核后，上报研究生院备案。

科研实践以提高研究生学术素养和创新能力为目的，导师 (导师组) 设计科学有效的科研训练体系，使学生了解科学研究的意义与价值，掌握相关的研究方法与技术。科研实践完成后，学生须填写《科研实践学分认定表》，经导师和学院审核后，上报研究生院备案。

学术学位硕士研究生要求必修环节不少于 2 学分。

8. 学位论文

研究生在修完学位课程并完成规定学分后，可以开展学位论文工作。研究生在导师或导师组指导下完成学位论文，导师为第一责任人，对论文质量全程把关。论文工作包括论文选题、开题报告、论文中期考核、论文撰写、论文答辩等几个环节。

(1) 论文选题。论文选题应结合导师科研任务进行，具有理论意义或较高实用价值，鼓励选择直接面向工程或具有探索性的应用课题。论文选题应具备一定的先进性、技术难度和工作量，在导师指导下由研究生独立完成。

(2) 开题报告。开题报告撰写以文献综述报告为基础，主要介绍课题研究目的、意义、技术路线、实施方案、计划安排和预期成果。研究生开题报告应于第三学期末之前完成，并在导师安排的正式会议上就课题研究范围、意义和价值、拟解决问题、研究方案和研究进度做出说明，并进行可行性论证，经认可通过后方可进行课题研究。

(3) 论文中期考核。学术学位硕士研究生在完成学位论文开题报告后半年内，须进行学位论文中期考核。中期考核内容包括：总结学位论文工作进展情况，阐明所取得的阶段性成果，对阶段性工作中与开题报告内容不相符部分须进行说明，并对下一步工作计划和研究内容进行阐述。

(4) 论文撰写。学位论文内容应包括课题背景、国内外研究动态、设计方案比较与评估、需要解决的主要问题和途径、本人在课题中所做的工作、理论分析、分析设计、测试装置和试验手段、试验数据处理、必要图纸、图表曲线与结论、研究结果及其技术和经济效果分析、引用参考文献等。与他人合作或在前人基础上继续进行的课题，必须在论文中明确指出本人所做工作。论文撰写要求按《西安电子科技大学研究生学位论文撰写标准》执行。

(5) 论文答辩。学术学位硕士论文答辩委员会由 3～5 名具有硕士指导资格的教师组成，其中至少有一位论文评阅人。若答辩委员会为 3 人，硕士生本人导师不能作为答辩委员会委员。通过答辩后，校学位评定委员会根据答辩委员会意见以及学院学位评定分委会审核意见，按照有关规定对申请授位研究生作出是否授予学位的决定。

(6) 学位授予。在攻读硕士学位期间，按要求完成培养方案中规定的所有环节，修完培养计划中所有课程，学分达标、成绩合格且学位课加权平均分不低于 75 分，并通过学位论文答辩者，经学院学位评定分委员会和学部、学校学位评定委员会审议通过，授予硕士学位。

论文工作中学位论文选题、开题、撰写、答辩以及授位标准等具体要求，按照《西安电子科技大学硕士研究生培养工作的规定》和《西安电子科技大学硕士学位授予工作的实施细则》执行。

9. 课程设置与学分要求

智能科学与技术专业硕士研究生课程设置如表 2-1 所示。

表 2-1　硕士研究生课程设置

课程类别	课程中文名称	学分	总学时	开课单位	开课学期	考核方式	备注
政治理论课	自然辩证法概论	1	18	人文学院	全年	考试	必修
	中国特色社会主义理论与实践	2	32	马克思主义学院	全年	考试	必修
英语公共课	加强班	3	0	研究生院	全年	考试	选修
	基础班	3	0	研究生院	全年	考试	选修
数学课	组合数学	3	48	计算机科学与技术学院（示范性软件学院）	秋季	考试	选修
	计算机科学使用的数理逻辑	3	48	计算机科学与技术学院（示范性软件学院）	秋季	考查	选修
	工程优化方法	3	48	数学与统计学院	全年	考试	选修
	矩阵论	3	48	电子工程学院	全年	考试	选修
	随机过程	3	48	数学与统计学院	全年	考试	选修
学科基础课	先进人工智能	2	32	计算机科学与技术学院（示范性软件学院）	秋季	考试	选修
	人工智能	3	48	人工智能学院	秋季	考试	选修
	神经网络基础与应用	3	48	人工智能学院	秋季	考试	选修

续表一

课程类别	课程中文名称	学分	总学时	开课单位	开课学期	考核方式	备注
学科基础课	大数据优化建模及优化算法	3	48	计算机科学与技术学院(示范性软件学院)	秋季	考试	选修
	计算生物信息学(双语)	3	48	计算机科学与技术学院(示范性软件学院)	秋季	考试	选修
	软件体系结构	3	48	计算机科学与技术学院(示范性软件学院)	春季	考试	选修
	模式识别	3	48	人工智能学院	春季	考试	选修
	最优化理论与方法(双语)	2	32	计算机科学与技术学院(示范性软件学院)	春季	考查	选修
	计算智能	2	32	计算机科学与技术学院(示范性软件学院)	春季	考查	选修
	先进数据库技术	3	48	计算机科学与技术学院(示范性软件学院)	春季	考试	选修
	算法分析与设计(双语)	3	48	计算机科学与技术学院(示范性软件学院)	春季	考试	选修
	计算智能 I	3	48	人工智能学院	全年	考试	选修
专业课	计算机图形学	2	32	计算机科学与技术学院(示范性软件学院)	秋季	考查	选修
	数据挖掘与知识发现	3	48	人工智能学院	秋季	考查	选修
	机器学习(全英文)	3	48	计算机科学与技术学院(示范性软件学院)	秋季	考试	选修
	服务计算与大数据	2	32	计算机科学与技术学院(示范性软件学院)	秋季	考试	选修
	程序的形式语义与验证	2	32	计算机科学与技术学院(示范性软件学院)	秋季	考试	选修
	语义计算	3	48	计算机科学与技术学院(示范性软件学院)	秋季	考查	选修

续表二

课程类别	课程中文名称	学分	总学时	开课单位	开课学期	考核方式	备注
专业课	进化算法基础	2	32	计算机科学与技术学院（示范性软件学院）	秋季	考查	选修
	量子力学在图像处理中的应用	2	32	计算机科学与技术学院（示范性软件学院）	春季	考试	选修
	数据挖掘原理与应用（双语）	3	48	计算机科学与技术学院（示范性软件学院）	春季	考查	选修
	智能目标识别分类技术	2	32	人工智能学院	春季	考查	选修
	非线性信号与图像处理	2	32	人工智能学院	春季	考查	选修
	复杂网络与群体智能	2	32	人工智能学院	春季	考查	选修
	非线性表征学习与优化	2	32	人工智能学院	春季	考查	选修
	视觉感知与目标跟踪	2	32	人工智能学院	春季	考查	选修
	图像处理的数学基础	2	32	计算机科学与技术学院（示范性软件学院）	春季	考查	选修
	复杂网络基础及应用	2	32	计算机科学与技术学院（示范性软件学院）	春季	考查	选修
	数据处理与价值发现	2	32	计算机科学与技术学院（示范性软件学院）	春季	考查	选修
	SAR 图像处理与解译	2	32	人工智能学院	全年	考试	选修
	自然计算	2	32	人工智能学院	全年	考试	选修
人文素养课	科学精神与人文精神专题	1	16	人文学院	秋季	考查	选修
	陕西民俗学概论 [1]	1	16	通信工程学院	秋季	考试	选修
	知识产权与专利申请	1	18	人文学院	秋季	考试	选修
	中国传统文化概论	1	16	人文学院	春季	考查	选修
	神话里的中国精神	1	16	人文学院	春季	考查	选修
	陕西民俗学概论 [2]	1	16	通信工程学院	春季	考查	选修
	知识产权法	1	16	研究生院	春季	考试	选修
	中国古代科技文献	1	16	人文学院	全年	考查	选修
	孔子专题	1	16	人文学院	全年	考查	选修

续表三

课程类别	课程中文名称	学分	总学时	开课单位	开课学期	考核方式	备注
人文素养课	科学道德与学风	1	20	电子工程学院	全年	考试	选修
	书法鉴赏	1	16	研究生院	全年	考试	选修
	现代与后现代科学人文思潮	1	16	人文学院	全年	考查	选修
学术前沿课	区块链技术基础及应用	2	32	计算机科学与技术学院（示范性软件学院）	秋季	考查	选修
	计算机前沿创新技术(IBM 校企联合课程)	2	32	计算机科学与技术学院（示范性软件学院）	秋季	考查	选修
	智能感知与先进计算新进展	2	32	人工智能学院	秋季	考查	选修
	工业互联网：技术与实践	1	16	计算机科学与技术学院（示范性软件学院）	秋季	考查	选修
	云原生技术及实践	1	16	计算机科学与技术学院（示范性软件学院）	秋季	考查	选修
	软件前沿技术讨论	2	32	计算机科学与技术学院（示范性软件学院）	秋季	考查	选修
	人工智能医学应用进展（双语）	1	16	计算机科学与技术学院（示范性软件学院）	秋季	考查	选修
	大数据分析	2	32	计算机科学与技术学院（示范性软件学院）	春季	考查	选修
	社会媒体信息挖掘前沿	1	16	计算机科学与技术学院（示范性软件学院）	春季	考查	选修
	计算机科学与技术新进展	2	32	计算机科学与技术学院（示范性软件学院）	全年	考查	选修
实验类课程	FPGA 设计实验	2	32	计算机科学与技术学院（示范性软件学院）	秋季	考查	选修
	现代可编程逻辑器件原理与应用	1	16	人工智能学院	春季	考查	选修
	人工智能创新实验	1	16	人工智能学院	春季	考查	选修

续表四

课程类别	课程中文名称	学分	总学时	开课单位	开课学期	考核方式	备注
实验类课程	计算机网络工程与实验	3	48	计算机科学与技术学院（示范性软件学院）	春季	考查	选修
	认知计算及决策技术实验	1	16	计算机科学与技术学院（示范性软件学院）	春季	考查	选修
	高性能智能计算实验	1	16	人工智能学院	全年	考查	选修
任选课	软件项目管理	2	32	计算机科学与技术学院（示范性软件学院）	秋季	考查	选修
	移动互联网技术	2	32	计算机科学与技术学院（示范性软件学院）	秋季	考查	选修
	Linux 内核原理与分析	2	32	计算机科学与技术学院（示范性软件学院）	秋季	考查	选修
	深度学习及其应用	2	32	计算机科学与技术学院（示范性软件学院）	秋季	考查	选修
	数据驱动优化学习（全英文）	2	32	人工智能学院	秋季	考试	选修
	自适应图像分析与识别	2	32	人工智能学院	秋季	考查	选修
	压缩感知理论与应用	2	32	人工智能学院	秋季	考查	选修
	视觉信息度量与评价	2	32	人工智能学院	秋季	考查	选修
	机器学习方法导论	2	32	计算机科学与技术学院（示范性软件学院）	秋季	考查	选修
	Web 开发模式	2	32	计算机科学与技术学院（示范性软件学院）	秋季	考查	选修
	复杂软件系统的分析、设计与实现	2	32	计算机科学与技术学院（示范性软件学院）	秋季	考查	选修
	医疗图像信息与处理	2	36	计算机科学与技术学院（示范性软件学院）	秋季	考查	选修
	工业控制与嵌入式系统	2	32	计算机科学与技术学院（示范性软件学院）	秋季	考查	选修

续表五

课程类别	课程中文名称	学分	总学时	开课单位	开课学期	考核方式	备注
任选课	云计算及其安全关键技术	2	32	计算机科学与技术学院(示范性软件学院)	秋季	考查	选修
	先进大数据分析与挖掘技术	2	32	计算机科学与技术学院(示范性软件学院)	秋季	考查	选修
	视觉计算及其AI框架	2	32	计算机科学与技术学院(示范性软件学院)	秋季	考查	选修
	深度学习基础理论与关键技术	3	48	计算机科学与技术学院(示范性软件学院)	秋季	考查	选修
	安全数据管理前沿	2	32	计算机科学与技术学院(示范性软件学院)	秋季	考查	选修
	敏捷软件开发	3	48	计算机科学与技术学院(示范性软件学院)	秋季	考查	选修
	知识中台技术	2	32	计算机科学与技术学院(示范性软件学院)	秋季	考查	选修
	软件项目组织与管理	3	48	计算机科学与技术学院(示范性软件学院)	秋季	考试	选修
	边缘计算与算力网络	1	16	计算机科学与技术学院(示范性软件学院)	秋季	考查	选修
	人工智能安全技术	1	16	计算机科学与技术学院(示范性软件学院)	秋季	考查	选修
	人工智能与模式识别导论	3	48	计算机科学与技术学院(示范性软件学院)	秋季	考查	选修
	算法博弈论(双语)	2	32	计算机科学与技术学院(示范性软件学院)	秋季	考查	选修
	因果推理	3	48	计算机科学与技术学院(示范性软件学院)	秋季	考试	选修
	智能感知与决策方法	2	32	计算机科学与技术学院(示范性软件学院)	秋季	考查	选修

续表六

课程类别	课程中文名称	学分	总学时	开课单位	开课学期	考核方式	备注
任选课	模糊系统理论与应用	1	16	计算机科学与技术学院（示范性软件学院）	秋季	考查	选修
	卫星有效载荷技术（企业课）	2	32	研究生院	秋季	考查	选修
	党史专题	1	16	马克思主义学院	秋季	考查	选修
	软件测试与质量管理	3	48	计算机科学与技术学院（示范性软件学院）	秋季	考查	选修
	并行算法与程序设计	1	16	计算机科学与技术学院（示范性软件学院）	秋季	考查	选修
	移动普适计算	1	16	计算机科学与技术学院（示范性软件学院）	秋季	考查	选修
	计算机视觉	2	32	计算机科学与技术学院（示范性软件学院）	春季	考查	选修
	虚拟现实与三维仿真技术及应用	2	32	计算机科学与技术学院（示范性软件学院）	春季	考查	选修
	自然语言处理	2	32	计算机科学与技术学院（示范性软件学院）	春季	考查	选修
	数据分析原理与方法	2	32	计算机科学与技术学院（示范性软件学院）	春季	考查	选修
	雷达图像处理与理解	2	32	人工智能学院	春季	考查	选修
	统计学习理论应用	2	32	人工智能学院	春季	考查	选修
	量子计算优化与学习	2	32	人工智能学院	春季	考查	选修
	多源信息融合	2	32	人工智能学院	春季	考查	选修
	图像稀疏表示及应用	1	16	人工智能学院	春季	考查	选修
	估值理论和方法选讲	1	16	计算机科学与技术学院（示范性软件学院）	春季	考查	选修
	智能软件工程	2	32	计算机科学与技术学院（示范性软件学院）	春季	考查	选修

续表七

课程类别	课程中文名称	学分	总学时	开课单位	开课学期	考核方式	备注
任选课	人机交互	2	32	计算机科学与技术学院（示范性软件学院）	春季	考查	选修
	图的挖掘与表示学习（双语）	2	32	计算机科学与技术学院（示范性软件学院）	春季	考查	选修
	复杂数字系统设计方法及硬件描述语言	2	32	计算机科学与技术学院（示范性软件学院）	春季	考查	选修
	粗糙集与概念格基础	2	32	计算机科学与技术学院（示范性软件学院）	春季	考查	选修
	计算机科学中的信息论基础	2	32	计算机科学与技术学院（示范性软件学院）	春季	考试	选修
	Web 工程与技术	2	32	计算机科学与技术学院（示范性软件学院）	春季	考查	选修
	复杂数字系统设计方法	2	32	人工智能学院	春季	考查	选修
	数字信号处理（二）	3	48	电子工程学院	全年	考试	选修
	信息隐藏及其应用	1	16	计算机科学与技术学院（示范性软件学院）	全年	考查	选修
	研究生的压力应对与心理健康	1	16	研究生院	全年	考查	选修
	运动与健康	1	16	研究生院	全年	考试	选修
必修环节	社会实践	1	0	研究生院	全年	考查	必修
	学术活动	0.5	16	研究生院	全年	考查	必修
	学术规范与论文写作	0.5	16	研究生院	全年	考查	必修

2.1.2 智能科学与技术学科博士研究生培养方案

1. 发展历程

“智能科学与技术”一级学科于 2022 年 9 月 13 日批准设置，属于“交叉学科”门类，代码为 1405。该学科主要研究智能形成、演化、实现的理论、技术和应用及其伦理与治理，它是在计算机科学与技术、控制科学与工程、数学、统计学、系统科学、生物医学工程、基础医学、管理科学与工程、心理学等基础上建立起来的一门新兴交叉学科。

西安电子科技大学于2017年成立了教育部直属高校第一个实体性人工智能学院。学院1986年就开始模式识别与智能系统学科点硕士的培养工作；2001年获批模式识别与智能系统的博士点；2004年获批智能科学与技术本科专业；2007年获批智能感知与图像理解教育部重点实验室；同年获批智能信息处理的高等学校学科创新引智基地；2008年获批智能科学与技术首个全国特色专业；建有模式识别与智能系统、智能信息处理二级学科博士和硕士学位授权点。

二十多年来，团队率先开展并不断创新课程体系，优化培养方案，探索智能科学与技术本硕博一体化贯通式培养模式。尤其是近五年，实施人机协同、AI赋能，开展了一系列数字化转型，推动教育教学不断深化改革，获得了4项国家级教学成果二等奖和多项省级教学成果奖，培养了一大批电子信息特色的智能科学与技术高水平人才，为本学科高水平人才自主培养体系建设奠定了坚实基础。

西安电子科技大学在智能科学与技术领域进行了长期的研究工作，在科研、教学相结合提升人才培养质量方面做了诸多有益探索。团队自2005年本科专业招生以来，培养了4000余名本科毕业生和硕博士人才，90%的研究生在中西部国家国防重点单位及科大讯飞、华为、中兴等知名企业和军工研究所工作。所在学院党支部被工业和信息化部授予“特别能吃苦，特别能战斗”团队荣誉称号，获评陕西省科协劳模创新工作室、学校首批黄大年式教师团队，学校三全育人综合改革试点单位，培养的孙其功博士获评2021年度“全国向上向善好青年”，“科技报国”的理想信念已经融入学院师生血脉。

团队覆盖的人工智能和智能科学与技术两个本科专业双双入选国家双一流专业，2023“软科中国大学专业”排名中智能科学与技术获评A+，排名第二。团队主要依托的计算机科学与技术学科成果显著，是国家双一流建设学科，在第五轮学科评估中获评A档，计算机科学稳定在全球ESI排名前1‰，位列全球高校第11，国内高校第3。近年来，学院获国家自然科学奖二等奖3项和国家级教学成果奖4项，建有4个国家级平台、9个省部级科研教学平台和9个创新团队，与华为、商汤科技等知名企业成立了15个联合实验室，积极推进了产教融合和校企合作，培养了一批以商汤科技联合创始人马堃和阿里达摩院城市大脑实验室负责人薄列峰为代表的行业精英和领军人才；牵头和参与制定国际及行业标准8项，在类脑认知、遥感脑、语义通信、人机交互与脑机混合等人工智能领域具有领先优势。

2. 培养定位及目标

学院以立德树人为根本任务，培养适应国家建设需求，具有国际视野，德、智、体、美、劳全面发展的高层次专门人才，为成为创新型学科带头人、行业骨干奠定基础。具体要求如下：

(1) 具有热爱祖国，遵纪守法，具有社会责任感和历史使命感，维护国家和人民的根本利益，推进人类社会的进步与发展的优秀品质；恪守学术道德，不以任何方式剽窃他人成果，不篡改、假造、选择性使用实验和观测数据，具有科学严谨和求真务实的学习态度和工作作风。

(2) 了解本领域发展动态和前沿；掌握智能科学与技术领域相关方向的基础理论、系统的专业知识和实践操作技能；勇于开拓，能够在科学或专门技术方面取得创造性成果。

(3) 掌握一门外语，能够熟练阅读本专业外文资料，具备专业写作能力和学术交流能力。

(4) 具有良好的身心素质和环境适应能力，注重人文精神与科学精神的结合；具有积极乐观的生活态度和价值观；身心健康，具有承担本学科各项专业工作的良好体魄。

3. 学位标准

本学科学术型攻读工学博士应掌握坚实宽广的智能科学、信息论、计算机视觉、自然语言理解、机器学习、认知推理与决策规划、单体与群体智能、人机混合智能等方面的基础理论，并在上述至少一个方面掌握系统而深入的专门知识，深入了解学科的发展现状、趋势及研究前沿，熟练掌握一门外语；具有严谨求实的科学态度和作风；对本学科相关领域的重要理论、方法与技术有透彻的了解和把握，善于发现学科的前沿性问题，并能对之进行深入研究和探索；能运用智能科学与技术学科的理论、方法、技术和工具，开展高水平的基础研究与应用基础研究，进行理论与技术创新，或开展大型复杂智能系统的设计、开发与运行管理工作，取得创造性成果；在本学科和相关学科领域具备独立从事科学研究的能力。

取得的科研成果应达到《西安电子科技大学研究生申请学位研究成果基本要求 (2018 年修订)》《西安电子科技大学关于加强博士学位论文质量监控的相关规定》和《西安电子科技大学博士学位授予实施细则 (2019 年修订)》的要求。

4. 培养方向

本学科包含 4 个学科方向，这 4 个学科方向及其具体培养目标如下：

(1) 智能基础理论方向：开展人工智能新范式与新理论的研究，探索脑信息处理机制，充分发挥生物智能在感知、推理、归纳和学习等方面的优势，研究类脑认知理论与方法、群体智能、计算智能、混合增强智能理论与方法。学院建有国家级平台——2011 信息感知技术协同创新中心，获批国家基金委创新群体，有国家级及省部级人才多人，获国家自然科学奖二等奖 1 项、省部级科研和教学奖多项。

(2) 人工智能方向：开展数据、知识与认知协同的可解释人工智能理论与应用研究，重点研究大数据小样本的深度学习、动态开放条件下的视频图像认知与理解、大模型通用逼近理论及可解释问题、人机交互与脑机混合等技术和方法。学院建有国家级平台——智能信息处理科学与技术学科创新引智基地，获批国家基金委创新群体，有国家级及省部级人才多人，获国家自然科学奖二等奖 1 项、国家教学成果奖二等奖 3 项、省部级科研和教学奖多项。

(3) 智能交叉方向：开展智能 + 遥感的交叉领域研究，借鉴视觉感知机理和脑认知机理，研究以地物要素提取、目标识别及变化检测为核心的大规模遥感影像智能解译技术，实现遥感领域核心软硬件技术国产自主可控。学院建有国家级平台——智能感知与计算国际联合研究中心，有国家级及省部级人才多人，获国家教学成果奖二等奖 1 项、省部级科研和教学奖多项。

(4) 人工智能应用方向：开展人工智能在教育、医疗和工业制造中的应用研究，研究学情精准诊断、个性化推荐、智能导师、智能决策、虚拟学件等技术，提高教育教学的价值；研究医学影像分析与辅助诊疗、工业视觉与缺陷检测等技术，提升智能设备信息获取、分析与识别的能力。学院建有国家级平台——空天地一体化综合业务网全国重点实验室，有国家级及省部级人才多人，获省部级科研奖励多项。

5. 培养方式

(1) 实行导师负责制。新生入学后由导师为其制定培养计划，导师负责全面培养工作。培养计划主要包括：① 课程学习计划。按照课程学习要求完成相应学分。② 科研实践。科学研究是博士研究生培养的重要组成部分，是培养学生独立工作能力和创新能力的主要途径，是提高研究生培养质量的关键环节。③ 学位论文。在科研实践基础上，在导师指导下安排论文进度与内容，并进行相应的中期考核。

(2) 采用课程学习 + 论文的培养模式。学生入学一年后完成课程学习，并在导师的指导下着手准备毕业论文选课和开题工作。应不迟于第三学期初完成选题报告，经博士生指导小组评议通过后进入学位论文的实施阶段。

6. 学制与修业年限

本学科的博士研究生学制为 4 年。普通招考博士及第六学期取得博士学籍的硕博连读生修业年限为 3 至 6 年 (在职博士研究生最长学习年限为 7 年)。第三到第五学期取得博士学籍的硕博连读生 (从硕士入学开始计算) 修业年限为 5 至 7 年。

7. 必修环节

1) 综合考试

各学科根据本学科博士生培养要求，制定博士研究生必须掌握的基础理论、专业知识及相关学科知识的具体要求。在开题之前对博士生的思想政治素质、学习工作态度、学科基础理论和专业知识等情况、研究能力和研究潜力进行综合考评。通过者获得 1 学分，准予继续进行博士论文研究工作。

2) 学术活动

各学科可定期或不定期组织各类学术活动，要求博士研究生听取一定数量的学术报告或在学术会议上做口头报告，并完成一份综述报告。原则上要求每位博士在学期间出国参加国际会议至少一次，且参加各类学术报告不少于10次，其中在国内外学术会议上口头报告不少于3次。

3) 社会实践

社会实践旨在完善研究生培养体系，增强研究生服务国家、服务社会的责任，提高研究生综合培养素质。社会实践分为校外素质拓展实践、校内教学服务实践和国家级科技竞赛三类，研究生根据自己的兴趣爱好选择参加其中一种即可。管理和考核的具体实施办法参照《西安电子科技大学必修环节实施细则》执行。

4) 学术规范与论文写作

加强学术规范和学术道德教育，提升学生论文写作能力。学生须完成学校《学术规范与论文写作》相关课程的培训与导师安排的训练，完成后经过审核自动获得学分。

8. 学位论文

博士研究生在修完学位课程并完成规定学分后，可以开展学位论文工作。博士生在导师或导师组指导下完成学位论文，导师是第一责任人，对论文质量全程把关。学位论文工作包括选题与开题、论文中期检查、预答辩、学位论文答辩和学位授予等环节。

1) 选题与开题

博士研究生学位论文应结合导师科研任务开展，选题应为本学科前沿，有理论意义和实际意义。博士研究生应在第三学期末之前进行学位论文开题报告。开题报告的内容包括：选题来源与选题意义，与选题相关的国内外研究现状，主要研究内容，拟采取的研究方法、技术路线、实验方案，以及可行性分析，预期成果和工作进度安排等。

2) 论文中期检查

博士研究生在完成学位论文开题报告后的一年内，必须进行学位论文中期检查。中期考核内容包括：总结学位论文工作进展情况，阐明所取得的阶段性成果，对阶段性工作中与开题报告内容不相符部分须进行说明，以及对下一步工作计划和研究内容进行阐述。

3) 预答辩

博士研究生应在学部或学院规定的时间点提出学位论文预答辩申请，具体实施办法请参照《西安电子科技大学关于加强研究生学位论文质量监控的相关规定》。

4) 学位论文答辩

博士研究生申请学位论文答辩的条件及有关要求见《西安电子科技大学博士学位授予工作的实施细则》。

5) 学位授予

博士研究生按要求完成培养方案中规定的所有环节修完培养计划中所有课程，学分达标、成绩合格并通过学位论文答辩，经学院学位评定分委员会和学部、学校学位评定委员会审议通过，授予博士学位。

论文工作中学位论文选题、开题、撰写、答辩以及授位标准等具体要求，按照《西安电子科技大学关于加强研究生学位论文质量监控的相关规定》和《西安电子科技大学博士学位授予工作的实施细则》执行。

9. 课程设置与学分要求

本学科博士研究生课程设置如表 2-2 所示。

表 2-2　博士研究生课程设置

课程类别	课程中文名称	学分	总学时	开课单位	开课学期	考核方式	备注
政治理论课	中国马克思主义与当代	2	36	马克思主义学院	全年	考试	选修
英语公共课	学术交流英语	1	36	外国语学院	全年	考试	选修
数学课	组合数学	3	48	计算机科学与技术学院（示范性软件学院）	秋季	考试	选修
	计算机科学使用的数理逻辑	3	48	计算机科学与技术学院（示范性软件学院）	秋季	考查	选修
	矩阵论	3	48	电子工程学院	全年	考试	选修
	随机过程	3	48	数学与统计学院	全年	考试	选修
	数值泛函与小波理论	3	48	数学与统计学院	全年	考试	选修
学科基础课	人工智能	3	48	人工智能学院	秋季	考试	选修
	神经网络基础与应用	3	48	人工智能学院	秋季	考试	选修
	大数据优化建模及优化算法	3	48	计算机科学与技术学院（示范性软件学院）	秋季	考试	选修
	计算生物信息学（双语）	3	48	计算机科学与技术学院（示范性软件学院）	秋季	考试	选修
	程序的形式语义与验证	2	32	计算机科学与技术学院（示范性软件学院）	秋季	考试	选修
	模式识别	3	48	人工智能学院	春季	考试	选修
	最优化理论与方法（双语）	2	32	计算机科学与技术学院（示范性软件学院）	春季	考查	选修
	计算智能	2	32	计算机科学与技术学院（示范性软件学院）	春季	考查	选修

续表一

课程类别	课程中文名称	学分	总学时	开课单位	开课学期	考核方式	备注
学科基础课	先进数据库技术	3	48	计算机科学与技术学院(示范性软件学院)	春季	考试	选修
	算法分析与设计(双语)	3	48	计算机科学与技术学院(示范性软件学院)	春季	考试	选修
	计算智能 I	3	48	人工智能学院	全年	考试	选修
专业课	先进人工智能	2	32	计算机科学与技术学院(示范性软件学院)	秋季	考试	选修
	数据挖掘与知识发现	3	48	人工智能学院	秋季	考查	选修
	机器学习(全英文)	3	48	计算机科学与技术学院(示范性软件学院)	秋季	考试	选修
	智能目标识别分类技术	2	32	人工智能学院	春季	考查	选修
	非线性信号与图像处理	2	32	人工智能学院	春季	考查	选修
	复杂网络与群体智能	2	32	人工智能学院	春季	考查	选修
	非线性表征学习与优化	2	32	人工智能学院	春季	考查	选修
	视觉感知与目标跟踪	2	32	人工智能学院	春季	考查	选修
	图像处理的数学基础	2	32	计算机科学与技术学院(示范性软件学院)	春季	考查	选修
	复杂网络基础及应用	2	32	计算机科学与技术学院(示范性软件学院)	春季	考查	选修
	SAR 图像处理与解译	2	32	人工智能学院	全年	考试	选修
	自然计算	2	32	人工智能学院	全年	考试	选修
人文素养课	科学精神与人文精神专题	1	16	人文学院	秋季	考查	选修
	陕西民俗学概论 [1]	1	16	通信工程学院	秋季	考试	选修
	知识产权与专利申请	1	18	人文学院	秋季	考试	选修
	中国传统文化概论	1	16	人文学院	春季	考查	选修
	神话里的中国精神	1	16	人文学院	春季	考查	选修
	陕西民俗学概论 [2]	1	16	通信工程学院	春季	考查	选修
	知识产权法	1	16	研究生院	春季	考试	选修

续表二

课程类别	课程中文名称	学分	总学时	开课单位	开课学期	考核方式	备注
人文素养课	中国古代科技文献	1	16	人文学院	全年	考查	选修
	孔子专题	1	16	人文学院	全年	考查	选修
	科学道德与学风	1	20	电子工程学院	全年	考试	选修
	书法鉴赏	1	16	研究生院	全年	考试	选修
	现代与后现代科学人文思潮	1	16	人文学院	全年	考查	选修
学术前沿课	智能感知与先进计算新进展	2	32	人工智能学院	秋季	考查	选修
	云原生技术及实践	1	16	计算机科学与技术学院（示范性软件学院）	秋季	考查	选修
	安全数据管理前沿	2	32	计算机科学与技术学院（示范性软件学院）	秋季	考查	选修
	人工智能医学应用进展（双语）	1	16	计算机科学与技术学院（示范性软件学院）	秋季	考查	选修
	智能软件工程	2	32	计算机科学与技术学院（示范性软件学院）	春季	考查	选修
	社会媒体信息挖掘前沿	1	16	计算机科学与技术学院（示范性软件学院）	春季	考查	选修
	计算机科学与技术新进展	2	32	计算机科学与技术学院（示范性软件学院）	全年	考查	选修
任选课	深度学习及其应用	2	32	计算机科学与技术学院（示范性软件学院）	秋季	考查	选修
	数据驱动优化学习（全英文）	2	32	人工智能学院	秋季	考试	选修
	自适应图像分析与识别	2	32	人工智能学院	秋季	考查	选修
	压缩感知理论与应用	2	32	人工智能学院	秋季	考查	选修
	视觉信息度量与评价	2	32	人工智能学院	秋季	考查	选修
	服务计算与大数据	2	32	计算机科学与技术学院（示范性软件学院）	秋季	考试	选修
	机器学习方法导论	2	32	计算机科学与技术学院（示范性软件学院）	秋季	考查	选修

续表三

课程类别	课程中文名称	学分	总学时	开课单位	开课学期	考核方式	备注
任选课	Web 开发模式	2	32	计算机科学与技术学院（示范性软件学院）	秋季	考查	选修
	复杂软件系统的分析、设计与实现	2	32	计算机科学与技术学院（示范性软件学院）	秋季	考查	选修
	医疗图像信息与处理	2	36	计算机科学与技术学院（示范性软件学院）	秋季	考查	选修
	语义计算	3	48	计算机科学与技术学院（示范性软件学院）	秋季	考查	选修
	视觉计算及其 AI 框架	2	32	计算机科学与技术学院（示范性软件学院）	秋季	考查	选修
	深度学习基础理论与关键技术	3	48	计算机科学与技术学院（示范性软件学院）	秋季	考查	选修
	工业互联网：技术与实践	1	16	计算机科学与技术学院（示范性软件学院）	秋季	考查	选修
	敏捷软件开发	3	48	计算机科学与技术学院（示范性软件学院）	秋季	考查	选修
	知识中台技术	2	32	计算机科学与技术学院（示范性软件学院）	秋季	考查	选修
	软件项目组织与管理	3	48	计算机科学与技术学院（示范性软件学院）	秋季	考试	选修
	边缘计算与算力网络	1	16	计算机科学与技术学院（示范性软件学院）	秋季	考查	选修
	人工智能安全技术	1	16	计算机科学与技术学院（示范性软件学院）	秋季	考查	选修
	人工智能与模式识别导论	3	48	计算机科学与技术学院（示范性软件学院）	秋季	考查	选修
	算法博弈论（双语）	2	32	计算机科学与技术学院（示范性软件学院）	秋季	考查	选修

续表四

课程类别	课程中文名称	学分	总学时	开课单位	开课学期	考核方式	备注
任选课	因果推理	3	48	计算机科学与技术学院（示范性软件学院）	秋季	考试	选修
	智能感知与决策方法	2	32	计算机科学与技术学院（示范性软件学院）	秋季	考查	选修
	软件前沿技术讨论	2	32	计算机科学与技术学院（示范性软件学院）	秋季	考查	选修
	进化算法基础	2	32	计算机科学与技术学院（示范性软件学院）	秋季	考查	选修
	模糊系统理论与应用	1	16	计算机科学与技术学院（示范性软件学院）	秋季	考查	选修
	党史专题	1	16	马克思主义学院	秋季	考查	选修
	并行算法与程序设计	1	16	计算机科学与技术学院（示范性软件学院）	秋季	考查	选修
	移动普适计算	1	16	计算机科学与技术学院（示范性软件学院）	秋季	考查	选修
	软件体系结构	3	48	计算机科学与技术学院（示范性软件学院）	春季	考试	选修
	数据挖掘原理与应用（双语）	3	48	计算机科学与技术学院（示范性软件学院）	春季	考查	选修
	现代可编程逻辑器件原理与应用	1	16	人工智能学院	春季	考查	选修
	雷达图像处理与理解	2	32	人工智能学院	春季	考查	选修
	统计学习理论应用	2	32	人工智能学院	春季	考查	选修
	量子计算优化与学习	2	32	人工智能学院	春季	考查	选修
	多源信息融合	2	32	人工智能学院	春季	考查	选修
	图像稀疏表示及应用	1	16	人工智能学院	春季	考查	选修
	人工智能创新实验	1	16	人工智能学院	春季	考查	选修

续表五

课程类别	课程中文名称	学分	总学时	开课单位	开课学期	考核方式	备注
任选课	数据处理与价值发现	2	32	计算机科学与技术学院（示范性软件学院）	春季	考查	选修
	估值理论和方法选讲	1	16	计算机科学与技术学院（示范性软件学院）	春季	考查	选修
	人机交互	2	32	计算机科学与技术学院（示范性软件学院）	春季	考查	选修
	图的挖掘与表示学习（双语）	2	32	计算机科学与技术学院（示范性软件学院）	春季	考查	选修
	复杂数字系统设计方法及硬件描述语言	2	32	计算机科学与技术学院（示范性软件学院）	春季	考查	选修
	粗糙集与概念格基础	2	32	计算机科学与技术学院（示范性软件学院）	春季	考试	选修
	计算机科学中的信息论基础	2	32	计算机科学与技术学院（示范性软件学院）	春季	考试	选修
	复杂数字系统设计方法	2	32	人工智能学院	春季	考查	选修
	高性能智能计算实验	1	16	人工智能学院	全年	考查	选修
	信息隐藏及其应用	1	16	计算机科学与技术学院（示范性软件学院）	全年	考查	选修
	研究生的压力应对与心理健康	1	16	研究生院	全年	考查	选修
必修环节	综合考试	1	0	研究生院	全年	考试	必修
	社会实践	1	0	研究生院	全年	考试	必修
	学术活动	0.5	16	研究生院	全年	考查	必修
	学术规范与论文写作	0.5	16	研究生院	全年	考查	必修

2.1.3　智能科学与技术学科直博生培养方案

1. 发展历程

“智能科学与技术”一级学科于 2022 年 9 月 13 日批准设置，属于“交叉学科”门类，代码为1405。该学科主要研究智能形成、演化、实现的理论、技术和应用，以及其伦理与治理，它是在计算机科学与技术、控制科学与工程、数学、统计学、系统科学、生物医学工程、基础医学、管理科学与工程、心理学等基础上建立起来的一门新兴交叉学科。

西安电子科技大学于2017年成立了教育部直属高校第一个实体性人工智能学院。学院1986年就开始模式识别与智能系统学科点硕士的培养工作；2001年获批模式识别与智能系统的博士点；2004年获批智能科学与技术本科专业；2007年获批智能感知与图像理解教育部重点实验室；同年获批智能信息处理的高等学校学科创新引智基地；2008年获批智能科学与技术首个全国特色专业；建有模式识别与智能系统、智能信息处理二级学科博士和硕士学位授权点。

二十多年来，团队率先开展并不断创新课程体系，优化培养方案，探索智能科学与技术本硕博一体化贯通式培养模式。尤其是近五年，实施人机协同、AI赋能，开展了一系列数字化转型，推动教育教学不断深化改革，获得了4项国家级教学成果二等奖和多项省级教学成果奖，培养了一大批电子信息特色的智能科学与技术高水平人才，为本学科高水平人才自主培养体系建设奠定了坚实基础。

西安电子科技大学在智能科学与技术领域进行了长期的研究工作，在科研、教学相结合提升人才培养质量方面做了诸多有益探索。团队自2005年本科专业招生以来，培养了4000余名本科毕业生和硕博士人才，90%的研究生在中西部国家国防重点单位及科大讯飞、华为、中兴等知名企业和军工研究所工作。所在学院党支部被工业和信息化部授予“特别能吃苦，特别能战斗”团队荣誉称号，获评陕西省科协劳模创新工作室、学校首批黄大年式教师团队，学校三全育人综合改革试点单位，培养的孙其功博士获评2021年度“全国向上向善好青年”，“科技报国”的理想信念已经融入学院师生血脉。

团队覆盖的人工智能和智能科学与技术两个本科专业双双入选国家双一流专业，2023“软科中国大学专业”排名中智能科学与技术获评A+，排名第二。团队主要依托的计算机科学与技术学科成果显著，是国家双一流建设学科，在第五轮学科评估中获评A档，计算机科学稳定在全球ESI排名前1‰，位列全球高校第11，国内高校第3。近年来，学院获国家自然科学奖二等奖3项和国家级教学成果奖4项，建有4个国家级平台、9个省部级科研教学平台和9个创新团队，与华为、商汤科技等知名企业成立了15个联合实验室，积极推进了产教融合和校企合作，培养了一批以商汤科技联合创始人马堃和阿里达摩院城市大脑实验室负责人薄列峰为代表的行业精英和领军人才；牵头和参与制定国际及行业标准8项，在类脑认知、遥感脑、语义通信、人机交互与脑机混合等人工智能领域具有领先优势。

2. 培养定位及目标

学院以立德树人为根本任务，培养适应国家建设需求，具有国际视野，德、智、体、美、劳全面发展的高层次专门人才，为成为创新型学科带头人、行业骨干奠定基础。具体要求如下：

(1) 具有热爱祖国，遵纪守法，具有社会责任感和历史使命感，维护国家和人民的根本利益，推进人类社会的进步与发展的优秀品质；恪守学术道德，不以任何方式剽窃他人成果，不篡改、假造、选择性使用实验和观测数据，具有科学严谨和求真务实的学习态度和工作作风。

(2) 了解本领域发展动态和前沿；掌握智能科学与技术领域相关方向的基础理论、系统的专业知识和实践操作技能；勇于开拓，能够在科学或专门技术方面取得创造性成果。

(3) 掌握一门外语，能够熟练阅读本专业外文资料，具备专业写作能力和学术交流能力。

(4) 具有良好的身心素质和环境适应能力，注重人文精神与科学精神的结合；具有积极乐观的生活态度和价值观；身心健康，具有承担本学科各项专业工作的良好体魄。

3. 学位标准

本学科直博生应掌握坚实宽广的智能科学、信息论、计算机视觉、自然语言理解、机器学习、认知推理与决策规划、单体与群体智能、人机混合智能等方面的基础理论，并在上述至少一个方面掌握系统而深入的专门知识，深入了解学科的发展现状、趋势及研究前沿；熟练掌握一门外语；具有严谨求实的科学态度和作风；对本学科相关领域的重要理论、方法与技术有透彻的了解和把握，善于发现学科的前沿性问题，并能对之进行深入研究和探索；能运用智能科学与技术学科的理论、方法、技术和工具，开展高水平的基础研究与应用基础研究，进行理论与技术创新，或开展大型复杂智能系统的设计、开发与运行管理工作，取得创造性成果；在本学科和相关学科领域具备独立从事科学研究的能力。

科研成果应达到《西安电子科技大学直接攻博研究生培养与管理工作的有关规定》《西安电子科技大学研究生申请学位研究成果基本要求 (2018 年修订)》《西安电子科技大学关于加强博士学位论文质量监控的相关规定》和《西安电子科技大学博士学位授予实施细则 (2019 年修订)》的要求。

4. 培养方向

本学科包含 4 个学科方向，这 4 个学科方向及其具体培养目标如下：

(1) 智能基础理论方向：开展人工智能新范式与新理论的研究，探索脑信息处理机制，充分发挥生物智能在感知、推理、归纳和学习等方面的优势，研究类脑认知理论与方法、群体智能、计算智能、混合增强智能理论与方法。学院建有国家级平台——2011 信息感知技术协同创新中心，获批国家基金委创新群体，有国家级及省部级人才多人，获国家自然科学奖二等奖 1 项、省部级科研和教学奖多项。

(2) 人工智能方向：开展数据、知识与认知协同的可解释人工智能理论与应用研究，重点研究大数据小样本的深度学习、动态开放条件下的视频图像认知与理解、大模型通用逼近理论及可解释问题、人机交互与脑机混合等技术和方法。学院建有国家级平台——智能信息处理科学与技术学科创新引智基地，获批国家基金委创新群体，有国家级及省部级人才多人，获国家自然科学奖二等奖 1 项、国家教学成果奖二等奖 3 项、省部级科研和教学奖多项。

(3) 智能交叉方向：开展智能 + 遥感的交叉领域研究，借鉴视觉感知机理和脑认知机理，研究以地物要素提取、目标识别及变化检测为核心的大规模遥感影像智能解译技术，实现遥感领域核心软硬件技术国产自主可控。学院建有国家级平台——智能感知与计算国际联合研究中心，有国家级及省部级人才多人，获国家教学成果奖二等奖 1 项、省部级科研和教学奖多项。

(4) 人工智能应用方向：开展人工智能在教育、医疗和工业制造中的应用研究，研究学情精准诊断、个性化推荐、智能导师、智能决策、虚拟学伴等技术，提高教育教学的价值；研究医学影像分析与辅助诊疗、工业视觉与缺陷检测等技术，提升智能设备信息获取、分析与识别的能力。学院建有国家级平台——空天地一体化综合业务网全国重点实验室，有国家级及省部级人才多人，获省部级科研奖励多项。

5. 培养方式

(1) 实行导师负责制。新生入学后由导师为其制定培养计划，导师负责全面培养工作。培养计划主要包括：① 课程学习计划。按照课程学习要求完成相应学分。② 科研实践。科学研究是博士研究生培养的重要组成部分，是培养学生独立工作能力和创新能力的主要途径，是提高研究生培养质量的关键环节。③ 学位论文。在科研实践基础上，在导师指导下安排论文进度与内容，并进行相应的中期考核。

(2) 采用课程学习 + 论文的培养模式。学生入学一年后完成课程学习，并在导师的指导下着手准备毕业论文选课和开题工作。应不迟于第三学期初完成选题报告，经博士生指导小组评议通过后进入学位论文的实施阶段。

6. 学制与修业年限

本学科直接攻读博士学位研究生 (以下简称直博生) 学制为 5 年。必要时可申请延长学习年限，直博生的修业年限为 5 至 7 年 (含休学)。直博生要求于两年内修完理论课程，其余时间用于学位论文工作。若申请提前或延期毕业，须经导师同意，学院主管领导审核，研究生院批准，具体办法参照《西安电子科技大学博士学位授予工作的实施细则》文件执行。

7. 必修环节

1) 综合考试

各学科根据本学科博士生培养要求，制定博士研究生必须掌握的基础理论、专业知识及相关学科知识的具体要求。在开题之前对博士生的思想政治素质、学习工作态度、学科基础理论和专业知识等情况、研究能力和研究潜力进行综合考评。通过者获得 1 学分，准予继续进行博士论文研究工作。

2) 学术活动

各学科可定期或不定期组织各类学术活动，要求博士研究生听取一定数量的学术报告或在学术会议上做口头报告，并完成一份综述报告。原则上要求每位直博生在学期间出国参加国际会议至少一次，且参加各类学术报告不少于10次，其中在国内外学术会议上口头报告不少于3次。

3) 社会实践

社会实践旨在完善研究生培养体系，增强研究生服务国家、服务社会的责任，提高研究生综合培养素质。社会实践分为校外素质拓展实践、校内教学服务实践和国家级科技竞赛三类，研究生根据自己的兴趣爱好选择参加其中一种即可。管理和考核的具体实施办法参照《西安电子科技大学必修环节实施细则》执行。

4) 学术规范与论文写作

加强学术规范和学术道德教育，提升学生论文写作能力。学生须完成学校《学术规范与论文写作》相关课程的培训与导师安排的训练，完成后经过审核自动获得学分。

8. 学位论文

直博生在修完学位课程并完成规定学分后，可以开展学位论文工作。直博生在导师或导师组指导下完成学位论文，导师是第一责任人，对论文质量全程把关。学位论文工作包括论文开题、中期检查、论文撰写、预答辩、答辩等几个环节。

1) 选题与开题

博士研究生学位论文应结合导师科研任务开展，选题应为本学科前沿，有理论意义和实际意义。博士研究生应在第三学期末之前进行学位论文开题报告。开题报告的内容包括：选题来源与选题意义，与选题相关的国内外研究现状，主要研究内容，拟采取的研究方法、技术路线、实验方案，以及可行性分析，预期成果和工作进度安排等。

2) 论文中期检查

博士研究生在完成学位论文开题报告后的一年内，必须进行学位论文中期检查。中期考核内容包括：总结学位论文工作进展情况，阐明所取得的阶段性成果，对阶段性工作中与开题报告内容不相符部分须进行说明，以及对下一步工作计划和研究内容进行阐述。

3) 预答辩

博士研究生应在学部或学院规定的时间点提出学位论文预答辩申请，具体实施办法请参照《西安电子科技大学关于加强研究生学位论文质量监控的相关规定》。

4) 学位论文答辩

博士研究生申请学位论文答辩的条件及有关要求见《西安电子科技大学博士学位授予工作的实施细则》。

5) 学位授予

博士研究生按要求完成培养方案中规定的所有环节修完培养计划中所有课程，学分达标、成绩合格并通过学位论文答辩，经学院学位评定分委员会和学部、学校学位评定委员会审议通过，授予博士学位。

论文工作中学位论文选题、开题、撰写、答辩以及授位标准等具体要求，按照《西安电子科技大学关于加强研究生学位论文质量监控的相关规定》和《西安电子科技大学博士学位授予工作的实施细则》执行。

9. 课程设置与学分要求

本学科直博生课程设置如表 2-3 所示。

表 2-3　直博生课程设置

课程类别	课程中文名称	学分	总学时	开课单位	开课学期	考核方式	备注
政治理论课	中国马克思主义与当代	2	36	马克思主义学院	全年	考试	必修
	中国特色社会主义理论与实践	2	32	马克思主义学院	全年	考试	必修
英语公共课	学术交流英语	1	36	外国语学院	全年	考试	选修
数学课	组合数学	3	48	计算机科学与技术学院（示范性软件学院）	秋季	考试	选修
	计算机科学使用的数理逻辑	3	48	计算机科学与技术学院（示范性软件学院）	秋季	考查	选修
	矩阵论	3	48	电子工程学院	全年	考试	选修
	随机过程	3	48	数学与统计学院	全年	考试	选修
	数值泛函与小波理论	3	48	数学与统计学院	全年	考试	选修
学科基础课	人工智能	3	48	人工智能学院	秋季	考试	选修
	神经网络基础与应用	3	48	人工智能学院	秋季	考试	选修
	大数据优化建模及优化算法	3	48	计算机科学与技术学院（示范性软件学院）	秋季	考试	选修
	计算生物信息学（双语）	3	48	计算机科学与技术学院（示范性软件学院）	秋季	考试	选修
	程序的形式语义与验证	2	32	计算机科学与技术学院（示范性软件学院）	秋季	考试	选修

续表一

课程类别	课程中文名称	学分	总学时	开课单位	开课学期	考核方式	备注
学科基础课	模式识别	3	48	人工智能学院	春季	考试	选修
	最优化理论与方法(双语)	2	32	计算机科学与技术学院(示范性软件学院)	春季	考查	选修
	计算智能	2	32	计算机科学与技术学院(示范性软件学院)	春季	考查	选修
	算法分析与设计(双语)	3	48	计算机科学与技术学院(示范性软件学院)	春季	考试	选修
	计算智能 I	3	48	人工智能学院	全年	考试	选修
专业课	先进人工智能	2	32	计算机科学与技术学院(示范性软件学院)	秋季	考试	选修
	数据挖掘与知识发现	3	48	人工智能学院	秋季	考查	选修
	机器学习(全英文课程)	3	48	计算机科学与技术学院(示范性软件学院)	秋季	考试	选修
	智能目标识别分类技术	2	32	人工智能学院	春季	考查	选修
	非线性信号与图像处理	2	32	人工智能学院	春季	考查	选修
	复杂网络与群体智能	2	32	人工智能学院	春季	考查	选修
	非线性表征学习与优化	2	32	人工智能学院	春季	考查	选修
	视觉感知与目标跟踪	2	32	人工智能学院	春季	考查	选修
	图像处理的数学基础	2	32	计算机科学与技术学院(示范性软件学院)	春季	考查	选修
	复杂网络基础及应用	2	32	计算机科学与技术学院(示范性软件学院)	春季	考查	选修
	先进数据库技术	3	48	计算机科学与技术学院(示范性软件学院)	春季	考试	选修
	SAR 图像处理与解译	2	32	人工智能学院	全年	考试	选修
	自然计算	2	32	人工智能学院	全年	考试	选修

续表二

课程类别	课程中文名称	学分	总学时	开课单位	开课学期	考核方式	备注
人文素养课	科学精神与人文精神专题	1	16	人文学院	秋季	考查	选修
	陕西民俗学概论 [1]	1	16	通信工程学院	秋季	考试	选修
	知识产权与专利申请	1	18	人文学院	秋季	考试	选修
	中国传统文化概论	1	16	人文学院	春季	考查	选修
	神话里的中国精神	1	16	人文学院	春季	考查	选修
	陕西民俗学概论 [2]	1	16	通信工程学院	春季	考查	选修
	知识产权法	1	16	研究生院	春季	考试	选修
	中国古代科技文献	1	16	人文学院	全年	考查	选修
	孔子专题	1	16	人文学院	全年	考查	选修
	科学道德与学风	1	20	电子工程学院	全年	考试	选修
	书法鉴赏	1	16	研究生院	全年	考试	选修
	现代与后现代科学人文思潮	1	16	人文学院	全年	考查	选修
学术前沿课	计算机前沿创新技术(IBM 校企联合课程)	2	32	计算机科学与技术学院(示范性软件学院)	秋季	考查	选修
	智能感知与先进计算新进展	2	32	人工智能学院	秋季	考查	选修
	工业互联网：技术与实践	1	16	计算机科学与技术学院(示范性软件学院)	秋季	考查	选修
	云原生技术及实践	1	16	计算机科学与技术学院(示范性软件学院)	秋季	考查	选修
	安全数据管理前沿	2	32	计算机科学与技术学院(示范性软件学院)	秋季	考查	选修
	人工智能医学应用进展(双语)	1	16	计算机科学与技术学院(示范性软件学院)	秋季	考查	选修
	社会媒体信息挖掘前沿	1	16	计算机科学与技术学院(示范性软件学院)	春季	考查	选修
	计算机科学与技术新进展	2	32	计算机科学与技术学院(示范性软件学院)	全年	考查	选修

续表三

课程类别	课程中文名称	学分	总学时	开课单位	开课学期	考核方式	备注
实验类课程	FPGA 设计实验	2	32	计算机科学与技术学院（示范性软件学院）	秋季	考查	选修
	现代可编程逻辑器件原理与应用	1	16	人工智能学院	春季	考查	选修
	人工智能创新实验	1	16	人工智能学院	春季	考查	选修
	计算机网络工程与实验	3	48	计算机科学与技术学院（示范性软件学院）	春季	考查	选修
	认知计算及决策技术实验	1	16	计算机科学与技术学院（示范性软件学院）	春季	考查	选修
	高性能智能计算实验	1	16	人工智能学院	全年	考查	选修
任选课	计算机图形学	2	32	计算机科学与技术学院（示范性软件学院）	秋季	考查	选修
	移动互联网技术	2	32	计算机科学与技术学院（示范性软件学院）	秋季	考查	选修
	深度学习及其应用	2	32	计算机科学与技术学院（示范性软件学院）	秋季	考查	选修
	数据驱动优化学习（全英文）	2	32	人工智能学院	秋季	考试	选修
	自适应图像分析与识别	2	32	人工智能学院	秋季	考查	选修
	压缩感知理论与应用	2	32	人工智能学院	秋季	考查	选修
	视觉信息度量与评价	2	32	人工智能学院	秋季	考查	选修
	服务计算与大数据	2	32	计算机科学与技术学院（示范性软件学院）	秋季	考试	选修
	机器学习方法导论	2	32	计算机科学与技术学院（示范性软件学院）	秋季	考查	选修
	Web 开发模式	2	32	计算机科学与技术学院（示范性软件学院）	秋季	考查	选修
	复杂软件系统的分析、设计与实现	2	32	计算机科学与技术学院（示范性软件学院）	秋季	考查	选修

续表四

课程类别	课程中文名称	学分	总学时	开课单位	开课学期	考核方式	备注
任选课	医疗图像信息与处理	2	36	计算机科学与技术学院(示范性软件学院)	秋季	考查	选修
	语义计算	3	48	计算机科学与技术学院(示范性软件学院)	秋季	考查	选修
	视觉计算及其AI框架	2	32	计算机科学与技术学院(示范性软件学院)	秋季	考查	选修
	深度学习基础理论与关键技术	3	48	计算机科学与技术学院(示范性软件学院)	秋季	考查	选修
	敏捷软件开发	3	48	计算机科学与技术学院(示范性软件学院)	秋季	考查	选修
	知识中台技术	2	32	计算机科学与技术学院(示范性软件学院)	秋季	考查	选修
	软件项目组织与管理	3	48	计算机科学与技术学院(示范性软件学院)	秋季	考试	选修
	边缘计算与算力网络	1	16	计算机科学与技术学院(示范性软件学院)	秋季	考查	选修
	人工智能安全技术	1	16	计算机科学与技术学院(示范性软件学院)	秋季	考查	选修
	人工智能与模式识别导论	3	48	计算机科学与技术学院(示范性软件学院)	秋季	考查	选修
	算法博弈论(双语)	2	32	计算机科学与技术学院(示范性软件学院)	秋季	考查	选修
	因果推理	3	48	计算机科学与技术学院(示范性软件学院)	秋季	考试	选修
	智能感知与决策方法	2	32	计算机科学与技术学院(示范性软件学院)	秋季	考查	选修

续表五

课程类别	课程中文名称	学分	总学时	开课单位	开课学期	考核方式	备注
任选课	软件前沿技术讨论	2	32	计算机科学与技术学院（示范性软件学院）	秋季	考查	选修
	进化算法基础	2	32	计算机科学与技术学院（示范性软件学院）	秋季	考查	选修
	模糊系统理论与应用	1	16	计算机科学与技术学院（示范性软件学院）	秋季	考查	选修
	党史专题	1	16	马克思主义学院	秋季	考查	选修
	并行算法与程序设计	1	16	计算机科学与技术学院（示范性软件学院）	秋季	考查	选修
	移动普适计算	1	16	计算机科学与技术学院（示范性软件学院）	秋季	考查	选修
	软件体系结构	3	48	计算机科学与技术学院（示范性软件学院）	春季	考查	选修
	自然语言处理	2	32	计算机科学与技术学院（示范性软件学院）	春季	考查	选修
	雷达图像处理与理解	2	32	人工智能学院	春季	考查	选修
	统计学习理论应用	2	32	人工智能学院	春季	考查	选修
	量子计算优化与学习	2	32	人工智能学院	春季	考查	选修
	多源信息融合	2	32	人工智能学院	春季	考查	选修
	图像稀疏表示及应用	1	16	人工智能学院	春季	考查	选修
	数据处理与价值发现	2	32	计算机科学与技术学院（示范性软件学院）	春季	考查	选修
	估值理论和方法选讲	1	16	计算机科学与技术学院（示范性软件学院）	春季	考查	选修
	智能软件工程	2	32	计算机科学与技术学院（示范性软件学院）	春季	考查	选修

续表六

课程类别	课程中文名称	学分	总学时	开课单位	开课学期	考核方式	备注
任选课	人机交互	2	32	计算机科学与技术学院（示范性软件学院）	春季	考查	选修
	图的挖掘与表示学习（双语）	2	32	计算机科学与技术学院（示范性软件学院）	春季	考查	选修
	复杂数字系统设计方法及硬件描述语言	2	32	计算机科学与技术学院（示范性软件学院）	春季	考查	选修
	粗糙集与概念格基础	2	32	计算机科学与技术学院（示范性软件学院）	春季	考试	选修
	计算机科学中的信息论基础	2	32	计算机科学与技术学院（示范性软件学院）	春季	考试	选修
	Web 工程与技术	2	32	计算机科学与技术学院（示范性软件学院）	春季	考查	选修
	复杂数字系统设计方法	2	32	人工智能学院	春季	考查	选修
	信息隐藏及其应用	1	16	计算机科学与技术学院（示范性软件学院）	全年	考查	选修
	研究生的压力应对与心理健康	1	16	研究生院	全年	考查	选修
	运动与健康	1	16	研究生院	全年	考试	选修
必修环节	综合考试	1	0	研究生院	全年	考试	必修
	社会实践	1	0	研究生院	全年	考试	必修
	学术活动	0.5	16	研究生院	全年	考查	必修
	学术规范与论文写作	0.5	16	研究生院	全年	考查	必修

2.2 人工智能领域专业学位硕士生培养方案

1. 领域简介

人工智能领域是面向国家重大战略布局和国际前沿发展需求的国家重点建设领域，其理论和技术具有普适性、迁移性和渗透性的特点。学院重视人工智能与电子信息、计算机、控制、神经科学、认知科学、语言学、数学、心理学、经济学、法学、社会学等学科专业教育的交叉融合，突出导师制、小班化、个性化和国际化，借助由海外知名大学导师和学院骨干教师组成的教学团队，设计、构建和应用人工智能系统所需的基本知识和实践技能，并通过人工智能领域多主体协同育人机制和深化产学合作协同育人，加强学生的应用和创新能力培养。

本领域所依托的人工智能学院在人工智能领域有着十余年的科教探索与实践，构建了“国际化 + 西电特色”的本硕博一体化人才培养体系。结合人工智能领域专业学位研究生的培养特色，将计算智能与深度学习、类脑感知与成像、遥感影像解译与认知、大数据挖掘与知识发现、图像 / 视频 / 语音一体化智能处理及智能硬件等方向相结合，发展交叉学科，推动技术改革，培养具有多学科知识交叉、融合和创新能力的人工智能领域应用型人才。

学院在本领域实力雄厚，队伍结构合理，形成了以长江学者、杰青、优青、全国工程专业学位研究生教指委委员等为中青年骨干的学术梯队。学院现有专任教师近百人，90%的教师具有海外经历。学院建设有智能感知与计算国际联合研究中心等 3 个国家级平台，以及智能感知与图像理解教育部重点实验室等 7 个省部级科研和教学团队。人才培养特色鲜明，仪器设备精良，学术氛围浓厚，国内外学术交流活动活跃，为人工智能领域人才的培养和成长提供了良好环境。

2. 培养定位及目标

学院深入贯彻十九大、二十大报告精神和《新一代人工智能发展规划》，践行“互联网 +”“一带一路”和创新型国家建设、军民融合发展等一系列国家战略，以立德树人为根本任务，探索适合我校实际、满足社会发展需求的人工智能领域高层次创新型应用人才培养模式。学院在本领域的研究瞄准国家重大战略布局和国际前沿发展需求，驱动基础研究、应用研究和专业实践的有机结合，着力解决我国人工智能与其交叉领域的核心技术，培养具有国际视野，德、智、体、美、劳全面发展的应用型、复合型高层次人工智能领域技术和管理人才。学院对该领域专业学位硕士研究生的具体要求如下：

(1) 热爱祖国，遵纪守法，具有社会责任感和历史使命感，维护国家和人民的根本利益，推进人类社会的进步与发展。恪守学术道德，不以任何方式剽窃他人成果，不篡改、假造、选择性使用实验和观测数据，具有科学严谨和求真务实的学习态度和工作作风。

(2) 掌握本领域相关的研究伦理知识，在计算智能与深度学习、类脑感知与成像、遥感影像解译与认知、大数据挖掘与知识发现、图像 / 视频 / 语音一体化智能处理及智能硬件等方向上具有坚实宽广的基础理论，系统深入的专门知识；具有系统的工程实践学习经验，了解本领域的发展动态和前沿，有独立设计与运行、分析与集成、研究与开发、管理与决策等能力，勇于开拓，能在科学或专门技术取得创造性成果。

(3) 掌握一门外语，能够熟练阅读本专业的外文资料，具备专业写作能力和学术交流能力。

(4) 具有良好的身心素质和环境适应能力，注重人文精神与科学精神的结合；具有积极乐观的生活态度和价值观，善于处理人与人、人与社会及人与自然的关系，能够正确对待成功与失败；身心健康，具有承担本领域各项专业工作的良好体魄。

3. 学习方式及修业年限

专业学位硕士研究生可采用全日制和非全日制两种学习方式。

全日制专业学位硕士研究生学制为 3 年，最长修业年限为 4 年。非全日制专业学位研究生学制为 3 年，最长修业年限为 5 年 (工程类专业学位修业年限以此作为标准，其他专业学位类别如有国家相关规定，以国家规定为准)。

4. 培养方式及导师指导

专业学位硕士研究生采用课程学习、专业实践和学位论文相结合的培养方式。培养实行双导师制，由校内导师和企业导师共同指导研究生培养的全过程，鼓励导师组指导研究生。校内导师由具有较高学术水平和丰富指导经验的教师担任，企业导师由具有丰富工程实践经验的专家担任 (工程类专业学位修业年限以此作为标准，其他专业学位类别如有国家相关规定，以国家规定为准)。

5. 课程学习及学分要求

本领域专业学位硕士研究生的课程学习和专业实践实行学分制，总学分不低于 33 学分，其中学位课学分为 19 分。学位课由公共基础课 (8 学分)、专业基础课 (9 学分) 和专业课 (2 学分) 组成。详细课程设置请查看表 2-10～表 2-12(工程类专业学位修业年限以此作为标准，其他专业学位类别如有国家相关规定，以国家规定为准)。

(1) 公共基础课 8 学分：政治理论课 3 学分，外语课 4 学分，工程伦理 1 学分。

(2) 专业基础课 9 学分：数学类基础课 6 学分，领域基础课 3 学分。

(3) 专业课 (学位课)2 学分。

(4) 职业素养课 1 学分。

(5) 应用类专题课 2 学分。

(6) 实验类课程 1 学分。

(7) 任选课 8 学分。

(8) 必修环节 2 学分：学术活动 1 学分，专业实践 1 学分。

6. 专业实践

专业实践是工程类硕士专业学位研究生获得实践经验，提高实践能力的重要环节。工程类硕士专业学位研究生应开展专业实践，可采用集中实践和分段实践相结合的方式。具有 2 年及以上企业工作经历的工程类硕士专业学位研究生专业实践时间应不少于 6 个月，不具有 2 年企业工作经历的工程类硕士专业学位研究生专业实践时间应不少于 1 年。非全日制工程类硕士专业学位研究生专业实践可结合自身工作岗位任务开展。

学生可在实习基地进行实习，了解工程实际需要，培养必要的工程实际技能。实践期间实行“双导师制”，研究生接受校内导师与企业导师的共同指导，所完成的实践学分应占总学分的 20%，实践成果直接服务于实践单位的技术开发、技术改造和高效生产。学生要提交实践学习计划，在导师指导下撰写实践学习报告，所提交的实践总结要具有一定的深度和独到的见解，通过专家评审后获得相应学分。学生亦可根据课题需要，参加在校导师所承担的国家科研任务及与企业合作的横向课题的研究工作，但要保障实践学习时间。

7. 学位论文

学位论文是研究生培养的重要环节，研究生在修完学位课程并完成规定学分后，可以开展学位论文工作。硕士研究生在校内外导师联合指导下完成学位论文，校内导师为第一导师，对质量全程把关。

专业学位硕士研究生学位论文具有多种类型。根据我校专业类别和工程领域特点，论文类型可分为八类，分别是工程 (规划) 设计类、调研报告类、应用基础技术类、实用新型技术类、应用软件技术类、技术报告类、工程 (项目) 管理类和案例分析类以及技术论文类。每一类论文的要求见《西安电子科技大学专业学位硕士研究生培养工作的实施细则》。

学位论文工作包括论文选题、开题报告、中期检查、论文撰写、论文答辩等几个环节，各环节具体要求按照《西安电子科技大学专业学位硕士研究生培养与管理工作的有关规定》和《西安电子科技大学专业学位硕士授予专业工作的实施细则》执行。

1) 论文选题与开题

专业学位硕士学位论文选题应来源于实际应用或者具有明确的应用背景，其研究成果要有实际或潜在的应用价值。同时，选题要有一定的先进性、技术难度和工作量，要具有一定的理论深度，可以是一个完整的工程技术项目的设计或研究课题，可以是技术攻关、技术改造专题，可以是新系统、新设备、新产品、新方法、新技术的研发，可以是引进、消化、吸收和应用国外先进智能领域技术项目，也可以是人工智能领域的应用基础性研究和预研专题。

所有学生均须在第三学期末结束前进行开题。开题报告的内容包括：选题来源与意义，与选题相关的国内外研究现状，主要研究内容，拟采取的研究方法、技术路线、实验方案及可行性，预期研究成果，以及工作进度安排等。在规定的时间期限内休学的研究生，开题的时间期限相应顺延。具体开题要求参照《西安电子科技大学关于加强研究生学位论文质量监控的相关规定》。

2) 论文中期考核

专业学位研究生在完成学位论文开题报告后半年内，须进行学位论文中期考核。中期考核的内容包括：总结学位论文工作进展情况，阐明所取得的阶段性成果，对阶段性工作中与开题报告内容不相符的部分须进行说明，并对下一步的工作计划和研究内容进行阐述。

在学位论文中期考核规定的时间期限内休学的研究生，中期考核的时间期限相应顺延。具体考核要求参照《西安电子科技大学关于加强研究生学位论文质量监控的相关规定》。

3) 论文撰写

学位论文一般由以下几个部分组成：封面、独创性声明、学位论文版权使用授权书、中英文摘要、关键词、论文目录、正文、参考文献、发表文章和申请专利目录、致谢和必要的附录等。文献综述应对选题所涉及的工程技术问题或研究课题的国内外状况有清晰的描述与分析，正文应综合应用基础理论、科学方法、专业知识和技术手段对所解决的科研问题或工程实际问题进行分析研究，并能在某些方面提出独立见解。

学位论文撰写要求概念清晰，逻辑严谨，结构合理，层次分明，文字通顺，图标清晰，数据可靠，计算正确，格式规范，引用他人文章应注明标注。

4) 论文评审与答辩

申请学位论文答辩的条件及有关要求见《西安电子科技大学研究生申请学位研究成果

基本要求》。

论文须有两位本领域或相关领域的专家评阅。答辩委员会须由 3 至 5 位本领域或相关领域的教授、副教授或相当职务的专家组成。学位论文评阅和答辩应有相关的企业专家参加。

5) 学位授予

在攻读专业学位硕士学位期间，完成培养方案中规定的所有环节，学分达标，成绩合格，且学位课加权平均分不低于 75 分，并通过学位论文答辩者，经学院学位评定分委员会和学部、学校学位评定委员会审议通过，授予专业学位硕士研究生学位。本领域专业学位硕士生学位课如表 2-4 所示，非学位课如表 2-5 所示，必修环节如表 2-6 所示。

表 2-4 学 位 课

<table>
<tr><th colspan="2">课程类别</th><th>课程中文名称</th><th>学时</th><th>学分</th><th>考核方式</th><th>开课学期</th><th>开课单位</th><th colspan="2">备 注</th></tr>
<tr><td rowspan="16">公共基础课</td><td rowspan="2">政治理论</td><td>中国特色社会主义理论与实践</td><td>36</td><td>2</td><td>考试</td><td>秋季</td><td>人文学院</td><td colspan="2" rowspan="3">必修</td></tr>
<tr><td>自然辩证法概论</td><td>18</td><td>1</td><td>考试</td><td>春季</td><td>人文学院</td></tr>
<tr><td>素养</td><td>工程伦理</td><td>20</td><td>1</td><td>考查</td><td>考查</td><td>研究生院</td></tr>
<tr><td rowspan="13">英语课程</td><td>国际英语考试班</td><td></td><td></td><td>考试</td><td>全年</td><td>外国语学院</td><td colspan="2" rowspan="2">二选一</td></tr>
<tr><td>校内英语课程班</td><td></td><td></td><td>考试</td><td>全年</td><td>外国语学院</td></tr>
<tr><td>学术文献阅读</td><td>48</td><td>2</td><td>考试</td><td>全年</td><td>外国语学院</td><td>必修</td><td rowspan="11">校内英语课程班选课</td></tr>
<tr><td>专业英语</td><td>32</td><td>1</td><td>考试</td><td>全年</td><td>外国语学院</td><td rowspan="3">三选一</td></tr>
<tr><td>基础写作</td><td>32</td><td>1</td><td>考试</td><td>全年</td><td>外国语学院</td></tr>
<tr><td>英语听说</td><td>32</td><td>1</td><td>考试</td><td>全年</td><td>外国语学院</td></tr>
<tr><td>跨文化交际</td><td>32</td><td>1</td><td>考试</td><td>春季</td><td>外国语学院</td><td rowspan="7">七选一</td></tr>
<tr><td>商务英语</td><td>32</td><td>1</td><td>考试</td><td>春季</td><td>外国语学院</td></tr>
<tr><td>英美文化</td><td>32</td><td>1</td><td>考试</td><td>春季</td><td>外国语学院</td></tr>
<tr><td>英美报刊选读</td><td>32</td><td>1</td><td>考试</td><td>春季</td><td>外国语学院</td></tr>
<tr><td>西方名著赏析</td><td>32</td><td>1</td><td>考试</td><td>春季</td><td>外国语学院</td></tr>
<tr><td>影视鉴赏</td><td>32</td><td>1</td><td>考试</td><td>春季</td><td>外国语学院</td></tr>
<tr><td>英语演讲与辩论</td><td>32</td><td>1</td><td>考试</td><td>春季</td><td>外国语学院</td></tr>
</table>

续表

课程类别		课程中文名称	学时	学分	考核方式	开课学期	开课单位	备注
专业基础课	数学课	矩阵论	48	3	考试	全年	电子工程学院	选三门
		工程优化方法及应用	48	3	考试	全年	数学与统计学院	
		计算方法	48	3	考试	全年	数学与统计学院	
		应用随机过程	48	3	考试	全年	数学与统计学院	
		应用泛函分析	48	3	考试	全年	数学与统计学院	
	领域基础课	人工智能	48	3	考试	秋季	人工智能学院	
		算法设计导论	48	3	考试	春季	人工智能学院	
		计算智能Ⅰ	48	3	考试	全年	人工智能学院	
		神经网络基础与应用	48	3	考试	秋季	人工智能学院	
		模式识别	48	3	考试	春季	人工智能学院	
		计算成像与理解	48	3	考试	秋季	人工智能学院	
		遥感影像分析与处理	48	3	考试	秋季	人工智能学院	
专业课		数据挖掘与知识发现	32	2	考试	秋季	人工智能学院	≥2 学分
		非线性信号与图像处理	32	2	考试	春季	人工智能学院	
		自然计算	32	2	考试	全年	人工智能学院	
		智能感知与先进计算新进展	32	2	考查	秋季	人工智能学院	
		机器学习与深度学习理论（双语）	32	2	考试	春季	人工智能学院	
		SAR 图像处理与解译	32	2	考试	全年	人工智能学院	
		智能目标识别分类技术	32	2	考查	春季	人工智能学院	
		图像处理与成像制导	32	2	考试	春季	人工智能学院	
		群体智能	32	2	待定	待定	人工智能学院	
		智能算法导论	32	2	待定	待定	人工智能学院	
		非线性表征学习与优化	32	2	考试	春季	人工智能学院	

表2-5 非学位课

课程类别		课程中文名称	学时	学分	考核方式	开课学期	开课单位	备注
非学位课	职业素养课	知识产权与专利申请	18	1	考查	秋季	人文学院	选1学分
		职业生涯与职业规划	16	1	考查	春季	人文学院	
		创新创业课(网课)	16	1	网考	全年	研究生院	
	应用类专题课	图像理解与视频分析	32	2	考试	秋季	人工智能学院	选2学分
		雷达图像处理与理解	32	2	考试	春季	人工智能学院	
		智能信息处理新理论、新技术专题研讨	32	2	考查	秋季	人工智能学院	
		数据驱动优化学习(全英文)	32	2	考试	秋季	人工智能学院	
		复杂数字系统设计方法	32	2	考查	春季	人工智能学院	
	实验类课程	现代可编程逻辑器件原理与应用	16	1	考查	春季	人工智能学院	选1学分
		人工智能创新实验	16	1	考查	春季	人工智能学院	
		嵌入式智能系统实验	16	1	考查	春季	人工智能学院	
		高性能智能计算实验	16	1	考查	全年	人工智能学院	
		计算成像实验	16	1	考查	秋季	人工智能学院	
	任选课	自适应图像分析与识别	32	2	考试	春季	人工智能学院	选8学分
		现代机器学习理论	32	2	考试	全年	人工智能学院	
		统计学习理论应用	32	2	考试	春季	人工智能学院	
		量子计算优化与学习	32	2	考查	春季	人工智能学院	
		复杂网络与多智能体系统	32	2	考试	春季	人工智能学院	
		认知计算(全英文)	32	2	考试	秋季	人工智能学院	
		压缩感知理论与应用	32	2	考查	秋季	人工智能学院	
		图像低维结构建模	16	1	考查	秋季	人工智能学院	
		计算机视觉(双语)	32	2	考试	秋季	人工智能学院	
		多源信息融合	32	2	考查	春季	人工智能学院	
		神经计算科学(双语)	32	2	考试	秋季	人工智能学院	

续表

课程类别		课程中文名称	学时	学分	考核方式	开课学期	开课单位	备注
非学位课	任选课	数字图像理解	32	2	考试	秋季	人工智能学院	选 8 学分
		知识图谱	32	2	待定	待定	人工智能学院	
		语音分析与处理	32	2	待定	待定	人工智能学院	
		专家系统推理	32	2	待定	待定	人工智能学院	
		智能机器人	32	2	待定	待定	人工智能学院	
		海外引进课程（开课前确定具体课程名称）	32	2	考查	全年	人工智能学院	
		校企合作课程（开课前确定具体课程名称）	32	2	考查	全年	人工智能学院	
		科学道德与学风	16	1	网考	秋季	电子工程学院	

表 2-6　必 修 环 节

课程类别	课程中文名称	学时	学分	考核方式	开课学期	开课单位	备注	
必修环节	学术活动		1				必修	选 2 学分
	专业实践		1				必修	

2.3 人工智能领域工程博士培养方案(定向工程博士和非定向工程博士)

2.3.1　人工智能领域定向工程博士培养方案

1. 专业学位类别简介

西安电子科技大学于 1981 年首批获得通信与电子系统工学博士学位授权，1997 年首批获得工程硕士专业学位授权，在电子与通信工程等 13 个工程领域开展非全日制工程专业学位硕士研究生培养，2009 年开始招收全日制工程专业学位硕士研究生，2018 年获得工程类博士专业学位授权，在电子信息和机械类别招收博士专业学位研究生。

学校电子信息学科专业优势特色鲜明，信息与通信工程、计算机科学与技术入选国家“双一流”建设学科，工程学和计算机科学ESI全球排名均位列1‰。全国第四轮一级学科评估中，电子科学与技术、信息与通信工程、计算机科学与技术三个学科均为A档。学校建有全国一流网络安全示范学院、全国示范性微电子学院、全国示范性软件学院，建有国家信息感知技术协同创新中心、综合业务网理论及关键技术国家重点实验室、雷达信号处理国防科技重点实验室、天线与微波技术国防科技重点实验室，以及宽禁带半导体材料与器件国防重点学科实验室、天线教育部工程研究中心等一批国家级、省部级科研平台。与中电科技集团、国内知名行业企业以及广州、昆山、芜湖等地方政府建立了长期稳定的合作关系，建有3个全国工程专业学位研究生联合培养示范基地、10个陕西省研究生联合培养工作站，7个异地研究院等产学研平台，开展工程类专业学位研究生培养。

学校大力推进专业学位研究生培养模式改革，针对专业学位人才培养特点，修订培养方案和学位标准，加强课程体系和实践基地建设，积极探索多元评价机制。学校还设立研究生创新基金和国际交流基金，支持研究生参与各类学科竞赛，开展创新实践、成果转化和学术交流等。学校坚持立德树人，实施“思想立魂、创新立身、规矩立基”三大育人计划，构建三全育人体系，通过走进国防军工重点企业和世界500强企业等社会实践活动，强化研究生的社会责任感，培育家国情怀。

学校优秀生源充足，培养质量好，就业率和就业质量一直位居全国同类型高校前列。

2. 培养方向

培养方向包括新一代电子信息技术(含量子技术)、通信工程(含宽带网络、移动通信等)、集成电路工程、计算机技术、软件工程、控制工程、仪器仪表工程、光电信息工程、生物医学工程、人工智能、网络与信息安全。

3. 培养定位及目标

西安电子科技大学电子信息博士培养服务国家、国防、行业和区域发展需求，面向企业(行业)工程实际，坚持以立德树人为根本任务，发挥学校在电子信息领域的学科和工程技术优势，依托国家、地方和行业企业重要工程技术项目，培养相关领域的一线工程技术领军人才。

拥护中国共产党的领导，热爱祖国，遵纪守法，有服务国家和人民的高度社会责任感、良好的职业道德和创业精神、科学严谨的学习态度和求真务实的工作作风，身心健康。

在相关专业领域理学基础理论功底扎实、工学专业技术能力和水平突出，具备较强工程技术创新创造能力，善于解决复杂工程技术难题，国际视野宽广，扎根工程实践，能够承担重大工程项目。

4. 学习方式及修业年限

西安电子科技大学工程博士均为全日制培养。定向工程博士的学制为5年，最长修业年限为7年。

5. 培养方式

(1) 采用课程学习、专业实践、学位论文相结合的培养方式。学生完成课程学习并获得相应的学分后在定向委培企业完成专业实践和学位论文工作。学生在第三学期完成学位论文开题工作,第四至第五学期完成学位论文中期检查工作,学位论文工作时间不少于2学年。

专业实践须紧密结合学位论文工作开展，不少于18个月。须在导师组的指导下认真严格制定专业实践工作计划，撰写专业实践总结报告，专业实践成效可认定为学位成果。学位论文后续工作主要包括中期考核、年度工作进展报告、学位论文撰写、预答辩、学术规范检查、论文评审与答辩等环节。

(2) 校企导师联合指导。由校内负责导师和企业负责导师共同组成导师组联合指导学生。校企导师均须满足学校和企业相关的导师选聘标准。导师组须要求研究生定期汇报在课程学习、专业实践、学位论文及工程技术项目研究等阶段的进展情况，并根据实际情况，协商解决培养过程中的具体问题，为研究生完成课程学习、工程技术项目研究、学位论文撰写等提供切实有效的指导。在课程学习阶段，学校责任导师为学生培养的第一责任人，在专业实践阶段，企业责任导师为学生培养的第一责任人。

6. 专业实践

专业实践是工程博士研究生培养的必修环节，是培养研究生熟悉相关工程领域工艺、流程、标准、相关技术和职业规范等的有效途径，是研究生结合工程实际开展学位论文选题的重要阶段，也是申请学位的必要条件。专业实践不少于6学分。

工程博士研究生须在导师组指导下，以国家、国防、航企的重大科技工程项目为支撑开展专业实践。专业实践开始前，制定《专业实践工作计划》，并严格按照工作计划落实实践任务；结束后须撰写《专业实践总结报告》，并经实践单位的考核评价以及导师组的审核。重点审查学生完成专业实践计划任务情况、取得的专业实践成效等内容。

7. 学位论文

工程博士研究生一般应以学位论文形式申请学位。学位论文一般应为应用研究类论文，表明研究生具有独立担负专门技术工作，并做出创新性成果的能力。

学位论文工作须与专业实践紧密联系，选题应直接来源于工程实际，属于相关专业领域亟需解决的重大、重要工程实践问题，应有较好的理论基础和技术创新，具备充足的工作量，研究成果要有重要的实际应用价值和较好的推广价值，能够体现作者综合运用科学理论、方法和技术手段解决工程技术问题的能力。

学位论文工作包括学位论文开题、中期考核、年度工作进展报告、学位论文撰写、预答辩、学术规范检查、论文评审和答辩等环节。

1) 学位论文开题

工程博士研究生应依托联合培养单位的工程项目开展学位论文选题。应具有理论深度和先进性，拟解决的问题要有较大的技术难度和饱满的工作量，研究成果要有重要的实际应用价值和较好的推广价值。选题范围主要涵盖 (不限于) 以下方面：

① 技术攻关、技术改造、技术推广与应用。

② 新工艺、新材料、新产品、新设备的研制与开发。

③ 引进、消化、吸收和应用国外先进技术项目。

④ 工程技术项目的规划或研究。

⑤ 工程设计与实施。

⑥ 技术标准制定。

⑦ 其他同等水平的工程应用类研究。

工程博士研究生一般应在入学后第三学年结束前完成学位论文开题工作。开题报告的内容包括选题来源与选题意义，与选题相关的国内外相关技术研究、项目设计实施或产品研发的最新进展，主要研究内容，拟采取的技术路线、项目实施方案、可行性分析，预期成果以及工作进度安排等。

2) 中期考核

工程博士研究生须在完成学位论文开题后的一年内，进行学位论文中期检查并提交中期考核报告。中期考核报告的内容包括学位论文工作进展情况，所取得的阶段性成果，对阶段性工作中存在的主要问题以及与开题报告内容不相符的部分进行说明，并对下一阶段的研究内容和工作计划进行阐述。

3) 年度工作进展报告

工程博士研究生在完成学位论文开题后，每年应提交年度工作进展报告，重点总结取得的研究进展，存在的主要问题，下一步的工作计划等，导师组给予指导和督促，及时协助解决相关问题。

4) 预答辩

学位论文预答辩是研究生完成既定论文工作，学位论文定稿之前的重要环节，对进一步完善学位论文内容和提高学位论文质量具有重要的作用。工程博士研究生应在学校规定的时间节点提出学位论文预答辩申请。

5) 学术不端检测

学位论文撰写应恪守科研和学术规范，严禁弄虚作假、抄袭剽窃。为加强学术道德和学术规范建设，建立良好学术风尚，防范学术不端行为，保证研究生学位论文质量，按照《西安电子科技大学研究生学位论文相似性检测实施办法》，对拟申请学位论文答辩的所有研究生开展学位论文相似性检测。如学位论文涉及作假行为，应依据《西安电子科技大学学位论文作假行为处理实施细则》进行界定和处理。

8. 学位评审与答辩

学位论文须至少由 6 位相关专业领域具有工程博士研究生指导资格或具有高级职称的

专家评审，其中至少有 1 位相关专业领域的企业专家。

学位论文答辩由校内外导师组织专家开展，答辩委员会由 5 至 7 名相关学科专家 (原则上应为博士生导师) 组成，其中至少有 2 名外单位专家，其中至少有 1 位为企业 / 行业专家。

9. 毕业与学位授予

工程博士研究生在规定的修业年限内，按要求完成培养方案中规定的所有环节，成绩合格，符合毕业条件，由学校颁发毕业证书。

工程博士研究生达到申请学位研究成果基本要求，通过学位论文答辩，由学校和合作企业联合授予相关工程类别博士学位。

申请学位成果要求及评价应破除“唯论文”倾向，注重将工程新技术研究、重大工程设计、新产品或新装置研制等方面取得的创新性成果作为学位授予的重要依据，突出对工程技术创新、解决工程问题成效以及推广应用价值等评价，切实反映研究生的实践创新能力和理论技术水平。丰富学位成果形式，省部级及以上科技奖励、成果鉴定意见、学术论文、技术发明专利、技术报告、技术标准、新产品、新装置、软件等均可认定为学位成果。

10. 课程设置与学分要求

人工智能领域定向工程博士课程设置如表 2-7 所示。

表 2-7 定向工程博士课程设置

课程类别	课程中文名称	学分	总学时	开课单位	开课学期	考核方式	备注
政治理论课	中国马克思主义与当代	2	36	马克思主义学院	全年	考试	必修
英语公共课	学术交流英语	1	36	外国语学院	全年	考试	必修
专业课	数据挖掘与知识发现	3	48	人工智能学院	秋季	考查	选修
	大规模视觉认知与计算	3	48	电子工程学院	秋季	考试	选修
	电磁场与微波技术	2	32	电子工程学院	秋季	考试	选修
	电子系统集成设计技术	3	48	电子工程学院	秋季	考试	选修
	多传感器数据融合技术	3	48	电子工程学院	秋季	考试	选修
	高等天线理论	3	48	电子工程学院	秋季	考试	选修
	高等微波网络	3	48	电子工程学院	秋季	考试	选修
	混合信号专用集成电路设计	3	48	电子工程学院	秋季	考试	选修
	微波电路与系统	2	32	电子工程学院	秋季	考试	选修
	分数阶系统和信号处理 (双语)	2	32	电子工程学院	秋季	考查	选修
	人类视觉基础	2	32	电子工程学院	秋季	考查	选修

续表一

课程类别	课程中文名称	学分	总学时	开课单位	开课学期	考核方式	备注
专业课	统计信号处理	2	32	电子工程学院	秋季	考试	选修
	现代天线理论	3	48	电子工程学院	春季	考试	选修
	射频微电子学	3	48	微电子学院	春季	考试	选修
	ULSI 器件可靠性物理	3	48	微电子学院	春季	考试	选修
	智能目标识别分类技术	2	32	人工智能学院	春季	考查	选修
	非线性信号与图像处理	2	32	人工智能学院	春季	考查	选修
	复杂网络与群体智能	2	32	人工智能学院	春季	考查	选修
	非线性表征学习与优化	2	32	人工智能学院	春季	考查	选修
	视觉感知与目标跟踪	2	32	人工智能学院	春季	考查	选修
	电磁场数值分析	3	48	电子工程学院	春季	考查	选修
	非平稳信号分析与处理	2	32	电子工程学院	春季	考查	选修
	计算电磁学中的时域方法	3	48	电子工程学院	春季	考试	选修
	现代电子对抗系统	3	48	电子工程学院	春季	考试	选修
	智能控制理论及应用	3	48	电子工程学院	春季	考查	选修
	SAR 图像处理与解译	2	32	人工智能学院	全年	考试	选修
	自然计算	2	32	人工智能学院	全年	考试	选修
专业基础课	SoC 设计方法学	3	48	微电子学院	秋季	考试	选修
	纳米电子学与系统集成	3	48	微电子学院	秋季	考试	选修
	半导体异质结器件物理	3	48	微电子学院	秋季	考试	选修
	人工智能	3	48	人工智能学院	秋季	考试	选修
	神经网络基础与应用	3	48	人工智能学院	秋季	考试	选修
	数字图像处理	3	48	电子工程学院	秋季	考试	选修
	现代信号处理	3	48	电子工程学院	秋季	考试	选修
	模式识别	3	48	人工智能学院	春季	考试	选修
	电子战信号分析	3	48	电子工程学院	春季	考试	选修
	高阶谱分析及其应用（现代信号处理）	2	32	电子工程学院	春季	考试	选修
	阵列信号处理	3	48	电子工程学院	春季	考试	选修

续表二

课程类别	课程中文名称	学分	总学时	开课单位	开课学期	考核方式	备注
专业基础课	最优化方法	3	48	数学与统计学院	全年	考试	选修
	计算智能 I	3	48	人工智能学院	全年	考试	选修
	矩阵论	3	48	电子工程学院	全年	考试	选修
	随机过程	3	48	数学与统计学院	全年	考试	选修
	泛函分析引论	3	48	数学与统计学院	全年	考试	选修
	数值泛函与小波理论	3	48	数学与统计学院	全年	考试	选修
职业素养课	工程伦理	1	20	研究生院	全年	考试	必修
	项目管理	1	20	研究生院	全年	考试	必修
必修环节	学术活动	0.5	16	研究生院	全年	考查	必修
	学术规范与论文写作	0.5	16	研究生院	全年	考查	必修
	工程专业实践	6	100	研究生院	全年	考查	必修

2.3.2　人工智能领域非定向工程博士培养方案

1. 专业学位类别简介

学校于 1981 年首批获得通信与电子系统工学博士学位授权，1997 年首批获得工程硕士专业学位授权，在电子与通信工程等 13 个工程领域开展非全日制工程专业学位硕士研究生培养，2009 年开始招收全日制工程专业学位硕士研究生，2018 年获得工程类博士专业学位授权，在电子信息和机械类别招收博士专业学位研究生。

学校电子信息学科专业优势特色鲜明，信息与通信工程、计算机科学与技术入选国家“双一流”建设学科，工程学和计算机科学 ESI 全球排名均位列 1‰。全国第四轮一级学科评估中，电子科学与技术、信息与通信工程、计算机科学与技术三个学科均为 A 档。学校建有全国一流网络安全示范学院、全国示范性微电子学院、全国示范性软件学院，建有国家信息感知技术协同创新中心、综合业务网理论及关键技术国家重点实验室、雷达信号处理国防科技重点实验室、天线与微波技术国防科技重点实验室，以及宽禁带半导体材料与器件国防重点学科实验室、天线教育部工程研究中心等一批国家级、省部级科研平台。与中电科技集团、国内知名行业企业以及广州、昆山、芜湖等地方政府建立了长期稳定的合作关系，建有 3 个全国工程专业学位研究生联合培养示范基地、10 个陕西省研究生联合培养工作站，7 个异地研究院等产学研平台，开展工程类专业学位研究生培养。

学校大力推进专业学位研究生培养模式改革，针对专业学位人才培养特点，修订培养方案和学位标准，加强课程体系和实践基地建设，积极探索多元评价机制。学校还设立研究生创新基金和国际交流基金，支持研究生参与各类学科竞赛，开展创新实践、成果转化和学术交流等。学校坚持立德树人，实施“思想立魂、创新立身、规矩立基”三大育人计划，构建三全育人体系，通过走进国防军工重点企业和世界 500 强企业等社会实践活动，强化研究生的社会责任感，培育家国情怀。

学校优秀生源充足，培养质量好，就业率和就业质量一直位居全国同类型高校前列。

2. 培养方向

培养方向包括新一代电子信息技术 (含量子技术)、通信工程 (含宽带网络、移动通信等)、集成电路工程、计算机技术、软件工程、控制工程、仪器仪表工程、光电信息工程、生物医学工程、人工智能、网络与信息安全。

3. 培养定位及目标

西安电子科技大学电子信息博士培养服务国家、国防、行业和区域发展需求，面向企业 (行业) 工程实际，坚持以立德树人为根本任务，发挥学校在电子信息领域的学科和工程技术优势，依托国家、地方和行业企业重要工程技术项目，培养相关领域的一线工程技术领军人才。

拥护中国共产党的领导，热爱祖国，遵纪守法，有服务国家和人民的高度社会责任感、良好的职业道德和创业精神、科学严谨的学习态度和求真务实的工作作风，身心健康。

在相关专业领域理学基础理论功底扎实、工学专业技术能力和水平突出，具备较强工程技术创新创造能力，善于解决复杂工程技术难题，国际视野宽广，扎根工程实践，能够承担重大工程项目。

4. 学习方式及修业年限

西安电子科技大学工程博士均为全日制培养。非定向工程博士的学制为 4 年，最长修业年限为 6 年。

5. 培养方式

(1) 采用课程学习、专业实践、学位论文相结合的培养方式。学生完成课程学习并获得相应的学分后在定向委培企业完成专业实践和学位论文工作。学生在第三学期完成学位论文开题工作，第四至第五学期完成学位论文中期检查工作，学位论文工作时间不少于 2 学年。

专业实践须紧密结合学位论文工作开展，不少于 18 个月。须在导师组的指导下认真严格制定专业实践工作计划，撰写专业实践总结报告，专业实践成效可认定为学位成果。学位论文后续工作主要包括中期考核、年度工作进展报告、学位论文撰写、预答辩、学术规范检查、论文评审与答辩等环节。

(2) 校企导师联合指导。由校内负责导师和企业负责导师共同组成导师组联合指导学生。校企导师均须满足学校和企业相关的导师选聘标准。导师组须要求研究生定期汇报在课程学习、专业实践、学位论文及工程技术项目研究等阶段的进展情况，并根据实际情况，协商解决培养过程中的具体问题，为研究生完成课程学习、工程技术项目研究、学位论文撰写等提供切实有效的指导。在课程学习阶段，学校责任导师为学生培养的第一责任人，在专业实践阶段，企业责任导师为学生培养的第一责任人。

6. 专业实践

专业实践是工程博士研究生培养的必修环节，是培养研究生熟悉相关工程领域工艺、流程、标准、相关技术和职业规范等的有效途径，是研究生结合工程实际开展学位论文选题的重要阶段，也是申请学位的必要条件。专业实践不少于 6 学分。

工程博士研究生须在导师组指导下，以国家、国防、航企的重大科技工程项目为支撑开展专业实践。专业实践开始前，制定《专业实践工作计划》，并严格按照工作计划落实实践任务；结束后须撰写《专业实践总结报告》，并经实践单位的考核评价以及导师组的审核。重点审查学生完成专业实践计划任务情况、取得的专业实践成效等内容。

7. 学位论文

工程博士研究生一般应以学位论文形式申请学位。学位论文一般应为应用研究类论文，表明研究生具有独立担负专门技术工作，并做出创新性成果的能力。

学位论文工作须与专业实践紧密联系，选题应直接来源于工程实际，属于相关专业领域亟需解决的重大、重要工程实践问题，应有较好的理论基础和技术创新，具备充足的工作量，研究成果要有重要的实际应用价值和较好的推广价值，能够体现作者综合运用科学理论、方法和技术手段解决工程技术问题的能力。

学位论文工作包括学位论文开题、中期考核、年度工作进展报告、学位论文撰写、预答辩、学术规范检查、论文评审和答辩等环节。

1) 学位论文开题

工程博士研究生应依托联合培养单位的工程项目开展学位论文选题。应具有理论深度和先进性，拟解决的问题要有较大的技术难度和饱满的工作量，研究成果要有重要的实际应用价值和较好的推广价值。选题范围主要涵盖 (不限于) 以下方面：

(1) 技术攻关、技术改造、技术推广与应用。

(2) 新工艺、新材料、新产品、新设备的研制与开发。

(3) 引进、消化、吸收和应用国外先进技术项目。

(4) 工程技术项目的规划或研究。

(5) 工程设计与实施。

(6) 技术标准制定。

(7) 其他同等水平的工程应用类研究。

工程博士研究生一般应在入学后第三学年结束前完成学位论文开题工作。开题报告的内容包括选题来源与选题意义，与选题相关的国内外相关技术研究、项目设计实施或产品研发的最新进展，主要研究内容，拟采取的技术路线、项目实施方案、可行性分析，预期成果以及工作进度安排等。

2) 中期考核

工程博士研究生须在完成学位论文开题后的一年内，进行学位论文中期检查并提交中期考核报告。中期考核报告的内容包括学位论文工作进展情况，所取得的阶段性成果，对阶段性工作中存在的主要问题以及与开题报告内容不相符的部分进行说明，并对下一阶段的研究内容和工作计划进行阐述。

3) 年度工作进展报告

工程博士研究生在完成学位论文开题后，每年应提交年度工作进展报告，重点总结取得的研究进展，存在的主要问题，下一步的工作计划等，导师组给予指导和督促，及时协助解决相关问题。

4) 预答辩

学位论文预答辩是研究生完成既定论文工作，学位论文定稿之前的重要环节，对进一步完善学位论文内容和提高学位论文质量具有重要的作用。工程博士研究生应在学校规定的时间节点提出学位论文预答辩申请。

5) 学术不端检测

学位论文撰写应恪守科研和学术规范，严禁弄虚作假、抄袭剽窃。为加强学术道德和学术规范建设，建立良好学术风尚，防范学术不端行为，保证研究生学位论文质量，按照《西安电子科技大学研究生学位论文相似性检测实施办法》，对拟申请学位论文答辩的所有研究生开展学位论文相似性检测。如学位论文涉及作假行为，应依据《西安电子科技大学学位论文作假行为处理实施细则》进行界定和处理。

8. 学位评审与答辩

学位论文须至少由6位相关专业领域具有工程博士研究生指导资格或具有高级职称的专家评审，其中至少有1位相关专业领域的企业专家。

学位论文答辩由校内外导师组织专家开展，答辩委员会由5至7名相关学科专家(原则上应为博士生导师)组成，其中至少有2名外单位专家，其中至少有1位为企业/行业专家。

9. 毕业与学位授予

工程博士研究生在规定的修业年限内，按要求完成培养方案中规定的所有环节，成绩合格，符合毕业条件，由学校颁发毕业证书。

工程博士研究生达到申请学位研究成果基本要求，通过学位论文答辩，由学校和合作企业联合授予相关工程类别博士学位。

申请学位成果要求及评价应破除“唯论文”倾向，注重将工程新技术研究、重大工程设计、新产品或新装置研制等方面取得的创新性成果作为学位授予的重要依据，突出对工程技术创新、解决工程问题成效以及推广应用价值等评价，切实反映研究生的实践创新能力和理论技术水平。丰富学位成果形式，省部级及以上科技奖励、成果鉴定意见、学术论文、技术发明专利、技术报告、技术标准、新产品、新装置、软件等均可认定为学位成果。

10. 课程设置与学分要求

人工智能领域非定向工程博士课程设置如表 2-8 所示。

表 2-8 非定向工程博士课程设置

课程类别	课程中文名称	学分	总学时	开课单位	开课学期	考核方式	备注
政治理论课	中国马克思主义与当代	2	36	马克思主义学院	全年	考试	必修
英语公共课	学术交流英语	1	36	外国语学院	全年	考试	必修
专业课	数据挖掘与知识发现	3	48	人工智能学院	秋季	考查	选修
	大规模视觉认知与计算	3	48	电子工程学院	秋季	考试	选修
	电磁场与微波技术	2	32	电子工程学院	秋季	考试	选修
	电子系统集成设计技术	3	48	电子工程学院	秋季	考试	选修
	多传感器数据融合技术	3	48	电子工程学院	秋季	考试	选修
	高等天线理论	3	48	电子工程学院	秋季	考试	选修
	高等微波网络	3	48	电子工程学院	秋季	考试	选修
	混合信号专用集成电路设计	3	48	电子工程学院	秋季	考试	选修
	微波电路与系统	2	32	电子工程学院	秋季	考试	选修
	分数阶系统和信号处理（双语）	2	32	电子工程学院	秋季	考查	选修
	人类视觉基础	2	32	电子工程学院	秋季	考查	选修
	统计信号处理	2	32	电子工程学院	秋季	考试	选修
	现代天线理论	3	48	电子工程学院	春季	考试	选修
	射频微电子学	3	48	微电子学院	春季	考试	选修
	ULSI 器件可靠性物理	3	48	微电子学院	春季	考试	选修
	智能目标识别分类技术	2	32	人工智能学院	春季	考查	选修
	非线性信号与图像处理	2	32	人工智能学院	春季	考查	选修

续表一

课程类别	课程中文名称	学分	总学时	开课单位	开课学期	考核方式	备注
专业课	复杂网络与群体智能	2	32	人工智能学院	春季	考查	选修
	非线性表征学习与优化	2	32	人工智能学院	春季	考查	选修
	视觉感知与目标跟踪	2	32	人工智能学院	春季	考查	选修
	电磁场数值分析	3	48	电子工程学院	春季	考查	选修
	非平稳信号分析与处理	2	32	电子工程学院	春季	考查	选修
	计算电磁学中的时域方法	3	48	电子工程学院	春季	考试	选修
	现代电子对抗系统	3	48	电子工程学院	春季	考试	选修
	智能控制理论及应用	3	48	电子工程学院	春季	考查	选修
	SAR 图像处理与解译	2	32	人工智能学院	全年	考试	选修
	自然计算	2	32	人工智能学院	全年	考试	选修
	SoC 设计方法学	3	48	微电子学院	秋季	考试	选修
	纳米电子学与系统集成	3	48	微电子学院	秋季	考试	选修
	半导体异质结器件物理	3	48	微电子学院	秋季	考试	选修
	人工智能	3	48	人工智能学院	秋季	考试	选修
	神经网络基础与应用	3	48	人工智能学院	秋季	考试	选修
	数字图像处理	3	48	电子工程学院	秋季	考试	选修
	现代信号处理	3	48	电子工程学院	秋季	考试	选修
	模式识别	3	48	人工智能学院	春季	考试	选修
	电子战信号分析	3	48	电子工程学院	春季	考试	备修
	高阶谱分析及其应用（现代信号处理）	2	32	电子工程学院	春季	考试	选修
	阵列信号处理	3	48	电子工程学院	春季	考试	选修
	最优化方法	3	48	数学与统计学院	全年	考试	选修
	计算智能 I	3	48	人工智能学院	全年	考试	选修
	矩阵论	3	48	电子工程学院	全年	考试	选修
	随机过程	3	48	数学与统计学院	全年	考试	选修
	泛函分析引论	3	48	数学与统计学院	全年	考试	选修
	数值泛函与小波理论	3	48	数学与统计学院	全年	考试	选修

续表二

课程类别	课程中文名称	学分	总学时	开课单位	开课学期	考核方式	备注
人文素养课	陕西民俗学概论 [1]	1	16	通信工程学院	秋季	考试	选修
	知识产权与专利申请	1	18	人文学院	秋季	考试	选修
	中国传统文化概论	1	16	人文学院	春季	考查	选修
	神话里的中国精神	1	16	人文学院	春季	考查	选修
	陕西民俗学概论 [2]	1	16	通信工程学院	春季	考查	选修
	知识产权法	1	16	研究生院	春季	考试	选修
	中国古代科技文献	1	16	人文学院	全年	考查	选修
	孔子专题	1	16	人文学院	全年	考查	选修
	科学道德与学风	1	20	电子工程学院	全年	考试	选修
	书法鉴赏	1	16	研究生院	全年	考试	选修
	现代与后现代科学人文	1	16	人文学院	全年	考查	选修
职业素养课	工程伦理	1	20	研究生院	全年	考试	必修
	项目管理	1	20	研究生院	全年	考试	必修
必修环节	学术活动	0.5	16	研究生院	全年	考查	必修
	学术规范与论文写作	0.5	16	研究生院	全年	考查	必修
	工程专业实践	6	100	研究生院	全年	考查	必修

人工智能与模式识别专业全英文授课硕士研究生培养方案
(Artificial Intelligence and Pattern Recognition Major Full-English Teaching Postgraduate Training ogram)

1. 培养模式与目标 (Training Model and Objectives)

基于人工智能的国家重大战略布局与迫切需求，西安电子科技大学人工智能学院开设全英授课人工智能特色专业。本专业基于电子信息、计算机和脑认知的多学科融合，确立起了“国际化 + 西安电子科技大学特色”的人工智能专业全英培养体系。特色专业学制 3 年，突出导师制、小班化、个性化和国际化，加强科研和创新能力培养，以海外知名大学导师 + 学院骨干教师为教学团队，打造精英教育。以“国际学术前沿 + 国家重大需求”“科学研究 + 创新实践协同育人”和“高水平平台 + 高层次人才”为目标的新工科精英教育。

Based on the national major strategic layout and urgent needs of Artificial Intelligence, the school of Artificial Intelligence of Xidian University has opened a characteristic Artificial Intelligence full-English Teaching major. This major is based on the multi-disciplinary integration of electronic information, computer and brain cognition, and has established a full-English training system for Artificial Intelligence major with the “internationalization + characteristics of Xidian University”. It has a special professional education system for 3 years, highlights the tutor system, small class, individualization and internationalization, strengthens the cultivation of scientific research and innovation ability, and builds elite education with the overseas famous university tutor + college backbone teachers as the teaching team. It is a new engineering elite education with the goal of “International Academic Frontier + National Major Demand”, “Scientific Research + Innovation Practice Collaborative Education” and “High Level Platform + High Level Talents”.

2. 基本要求 (Basic Requirements)

掌握人工智能领域坚实的基础理论，系统的专业知识和基本技能，对本专业有系统完整的了解。

Master the solid basic theory, systematic professional knowledge and basic skills of Artificial Intelligence, and have a systematic and complete understanding of this profession.

掌握文献检索、资料查询的基本方法，具有较强的实际工作能力。

Master the basic methods of literature search and data query, and have strong practical work ability.

能较熟练地阅读和撰写本专业的英文资料；具有研究、开发新系统、新技术的能力。

Be able to read and write English materials of this major skillfully; and have the ability to research and develop new systems and new technologies.

通过学习和研究，培养和形成从事人工智能领域研究和实践工作的综合能力。

Develop and form comprehensive capabilities for research and practice in the field of Artificial Intelligence through learning and research.

具有较宽的知识面，正确的学术倾向和科学的研究方法，具有从事人工智能类专业研究，教学或独立担负专门技术工作的能力。

Have a broad knowledge, correct academic orientation and scientific research methods, and have the ability to engage in Artificial Intelligence professional research, teaching or independent professional work.

具有较高的语言和专业知识运用能力，具有一定的学术研究能力，组织能力、管理能力。

Have a high ability to use language and professional knowledge, have certain academic research ability, organizing ability and management ability.

了解体育养生健身知识，熟悉至少 1 项运动项目，掌握锻炼身体的基本技能，养成科学锻炼身体的习惯，具有健康的体魄。

Understand the sports health fitness knowledge, be familiar with at least one sports program, master the basic skills of physical exercise, develop the habit of scientific exercise, and have a healthy body.

3. 学分要求 (Credit Requirements)

总学分不得低于 30 学分，其中必修课 19 学分，选修课 11 学分。

The total credits must be no less than 30 credits, including 19 credits for compulsory courses and 11 credits for elective courses.

4. 学制与学位 (School System and Degree)

基本学制：3 年。

Basic school system: 3 years.

学位：工学硕士。

Degree: Master of Engineering.

5. 主干课程设置 (Main Curriculum Provision)

课程分为必修课和选修课。

The course is divided into compulsory courses and elective courses.

数学基础类：随机过程、矩阵论。

Mathematical foundation courses: Stochastic Process, Matrix Theory.

学科基础类：人工智能基础、脑科学基础、认知计算导论。

Subject foundation courses: Fundamentals of Artificial Intelligence, Brain Science Foundation, and Introduction to Cognitive Computing.

电子信息处理类：数字信号处理 II、信号理论。

Electronic information Processing courses: Digital Signal Processing II, Signal Theory.

计算机类：算法设计与分析、网络计算。

Computer courses: Algorithm Design and Analysis, Network Computing.

智能信息处理类：机器学习、人工神经网络基础、计算智能。

Intelligent information processing courses: Machine Learning, Artificial Neural Network Foundation, Computing Intelligence.

本专业的特色课程有人工智能基础、脑科学基础、认知计算导论、人工神经网络基础、机器学习、计算智能、遥感数据处理与分析等专业课程。详细课程设置请查看表 2-9。

The specialty courses of this major include Artificial Intelligence Foundation, brain science foundation, and introduction to cognitive computing, artificial neural network foundation, machine learning, computational intelligence, remote sensing data processing and analysis etc. The detailed curriculum is in table 2-9.

表 2-9 课程设置 (Curriculum)

课程类别 Course Type	课程名称 Course's Name	课程类型 Course Category	学时 Credit Hours	学分 Credits	开课学期 Semester
公共基础课 Public Basic Course	随机过程 Random Process	必修 Compulsory course	48	3	春季 Spring
	矩阵论 Matrix Theory	必修 Compulsory course	48	3	秋季 Autumn
学科基础课 Basic Disciplinary Courses	人工智能基础 Fundamentals of Artificial Intelligence	必修 Compulsory course	32	2	秋季 Autumn
	脑科学基础 Brain Science Foundation	必修 Compulsory course	32	2	秋季 Autumn
	认知计算导论 Introduction to Cognitive Computing	必修 Compulsory course	32	2	春季 Spring
	人工神经网络基础 Neural Networks-A Comprehensive Foundation	必修 Compulsory course	48	3	秋季 Autumn
	计算生物信息学导论 Introduction to Computational Bioinformatics	选修 Elective course	48	3	春季 Spring
专业课 Professional Courses	算法分析与设计 Design and Analysis of Algorithms	必修 Compulsory course	48	3	秋季 Autumn

续表

课程类别 Course Type	课程名称 Course's Name	课程类型 Course Category	学时 Credit Hours	学分 Credits	开课学期 Semester
专业课 Professional Courses	机器视觉 Machine Vision	限选 Limitative course	48	3	秋季 Autumn
	可编程逻辑器件原理、应用与实验 Principle, Application and Experimentation of Programmable Logic Device	必修 Compulsory course	32	2	秋季 Autumn
	计算智能 Computational Intelligence	必修 Compulsory course	16	1	春季 Spring
	机器学习 Machine Learning	必修 Compulsory course	48	3	秋季 Autumn
	多媒体安全与处理 Multimedia Security and Processing	限选 Limitative course	48	3	春季 Spring
	面向人工智能的图算法 Graph Algorithm for Artificial Intelligence	限选 Limitative course	16	1	秋季 Autumn
	人工智能与认知科学 Artificial Intelligence and Cognitive Science	限选 Limitative course	16	1	秋季 Autumn
	遥感数据处理与分析 Processing and Analysis of Remote Sensing Data	限选 Limitative course	16	1	春季 Spring
	计算机视觉 Computer Vision	限选 Limitative course	16	1	春季 Spring
	课程名未定 The course name is not yet determined	限选 Limitative course	16	1	秋季 Autumn
教学实践 Teaching Practice	教学实践 Teaching Practice	必修 Compulsory course	24	1	秋季 Autumn

人工智能相关专业硕/博留学生培养方案 (Training Scheme for Foreign Master's and Doctor's Degree Students Majoring in AI)

2.5.1 人工智能相关专业全英文授课硕士留学生培养方案 (Full-English Training Scheme for Foreign Master's Degree Students Majoring in AI)

1. 培养模式与目标 (Training Model and Objectives)

本专业旨在培养品学兼优，了解并尊重中国的法律法规及民俗文化传统，能够参与并促进中国与其所在国之间的友好交流与合作，掌握坚实的电子信息、计算机和脑认知的多学科融合的基础理论，系统的专业知识和基本技能，从事教学、科研和管理的高水平新工科国际人才。

This major is designed to cultivate high-level international talents in Neo-engineering Major engaged in teaching, scientific research and management, who have both excellent academic and moral qualities; understand and respect China's laws and regulations as well as its folk culture and tradition; participate in and promote friendly exchanges and cooperation between China and its own countries; master the solid basic theory of multidisciplinary integration of electronic information, computer and brain cognition, systematic professional knowledge and basic skills.

本专业的培养目标：应具备熟练的汉语水平，能熟练地阅读本专业中文资料；掌握电子信息、计算机和脑认知方面的坚实理论；具备本领域分析问题解决问题的能力与一定的工程实践能力；具有良好综合素质和通识型知识结构；培养在学习过程中，能自己分析问题和解决问题的能力，并具有较强的实践能力和创新能力；能独立承担自己专业方向的教学、科研和社会服务工作。

The training objectives of this major are: being skilled in Chinese, reading the Chinese materials for this major skillfully; mastering the solid theory of electronic information, computer and brain cognition; having the abilities to analyze and solve problems in this field and engineering practice; having a good comprehensive quality and general knowledge structure; analyzing problems dependently in the learning process with strong practical and innovative ability; be able to independently undertake teaching, scientific research and social services in his own major.

2. 基本要求 (Basic Requirements)

了解中国的文化、政治与法律，掌握汉语，在听、说、读、写、译五个方面达到较高水平。

Understand Chinese culture, politics and law and master Chinese with a high level in listening, speaking, reading, writing and translation.

掌握计算机领域坚实的基础理论，系统的专业知识和基本技能，对本专业有系统完整的了解。

Master the solid basic theory, the professional knowledge and basic skills in the field of computer, and have a systematic and complete understanding of the major.

掌握文献检索、资料查询的基本方法，具有较强的实际工作能力。

Master the basic methods of literature search and data query, and have strong practical ability.

掌握两门语言 (英语和汉语)，能较熟练地阅读本专业的汉语资料和撰写论文摘要；具有研究、开发新系统、新技术的能力。

Master two languages (English and Chinese) and read Chinese materials and write abstracts of papers skillfully, and have the ability to research and develop new systems and technologies.

通过学习和研究，培养和形成从事人工智能领域研究和实践工作的综合能力。

Through study and research, cultivate and form the comprehensive ability to engage in research and practice in the field of AI.

具有较宽的知识面，正确的学术倾向和科学的研究方法，具有从事智能科学与技术类专业研究，教学或独立担负专门技术工作的能力。

Have a wide range of knowledge, correct academic orientation and scientific research methods, with the abilities to engage in professional research on intelligence science and technology, and teach or independently undertake specialized technical work.

具有较高的语言和专业知识运用能力，具有一定的学术研究能力，组织能力、管理能力。

Have a high ability to use language and professional knowledge, with certain academic abilities of research, organization and management.

了解体育养生健身知识，熟悉至少 1 项运动项目，掌握锻炼身体的基本技能，养成科学锻炼身体的习惯，具有健康的体魄。

Understand the knowledge of physical fitness, master at least one sport and the basic skills of physical exercise,and develop the habit of scientific physical exercise for a healthy body.

3. 学分要求 (Credit Requirements)

总学分不得低于 30 学分。

The total credit should not be less than 30.

4. 学制与学位 (Educational System and Academic Degree)

本学科基本学制为 2—3 年，授予学位为工学硕士

The fundamental educational system of this subject is 2-3 years, and the degree is awarded as Master of Engineering.

5. 主干课程设置 (Main Courses)

课程均为必修课。详细课程设置见表 2-10。

All the following courses are compulsory. The detailed curriculum is in table 2-10.

数学基础类：随机过程、算法设计与分析

Basic courses of mathematics: Random Process, Design and Analysis of Algorithms

学科基础类：计算智能、机器学习、数字信号处理、无线通信、信息论基础

Basic courses of Subject: Computational Intelligence, Machine Learning,Digital Signal Processing, Wireless Communication, Elements of Information Theory

特色专业课：可编程逻辑器件原理、应用与实验、通信系统综合实验、面向人工智能的图算法、人工智能与认知科学、遥感数据处理与分析、计算机视觉、专用集成电路设计、天线与电波传播、自动控制技术

Special professional courses: Principle, Application and Experimentation of Programmable Logic Device, Comprehensive Experiments of Communication System, Graphic Algorithms for Artificial Intelligence, Artificial Intelligence and Cognitive Science, Processing and Analysis of Remote Sensing Data, Computer Vision, Application-Specific Integrated Circuit Design, Antenna and Propagation, Auto-control Technology

2.5.2 人工智能相关专业全英文授课博士留学生培养方案 (Full-English Training Scheme for Foreign Doctor's Degree Students Majoring in AI)

1. 培养模式与目标 (Training Model and Objectives)

本专业旨在培养品学兼优，了解并尊重中国的法律法规及民俗文化传统，能够参与并促进中国与其所在国之间的友好交流与合作，掌握坚实的电子信息、计算机和脑认知的多学科融合的基础理论，系统的专业知识和基本技能，从事教学、科研和管理的高水平、高层次新工科国际人才。

This major is designed to cultivate high-level international talents in Neo-engineering Major engaged in teaching, scientific research and management, who have both excellent academic and moral qualities; understand and respect China's laws and regulations as well as its folk culture and tradition; participate in and promote friendly exchanges and cooperation between China

表 2-10 课程设置 (Curriculum)

类别 Type	课程编号 Course Number	课程名称 Course's Name	课程类型 Course Category	学时 Credit Hours	学分 Credit	开课学期 Semester	任课教师 Teacher	开课单位 School of Offering Course	备注 Note
公共 基础课 Public Elementary Courses	GETAI1030	随机过程 Stochastic Process	必修 Compulsory	48	3	春季 Spring	刘波 Liu Bo	人工智能学院 School of Artificial Intelligence	必修 Compulsory
	GETAI1031	算法分析与设计 Design and Analysis of Algorithms	必修 Compulsory	48	3	秋季 Autumn	刘静 Liu Jing	人工智能学院 School of Artificial Intelligence	
	GETAI1001	综合汉语 1 Comprehensive Chinese Ⅰ	必修 Compulsory	64	4	秋季 Autumn	潘颖楠 Pan Yingnan 郭九毓 Guo Jiuyu	人文学院 School of Humanities	必修 Compulsory
	GETAI1002	综合汉语 2 Comprehensive Chinese Ⅱ	必修 Compulsory	64	4	春季 Spring	潘颖楠 Pan Yingnan 郭九毓 Guo Jiuyu	人文学院 School of Humanities	必修 Compulsory
	GETAI1003	中国概况 A Survey of China	必修 Compulsory	32	2	春季 Spring	桂一星 Gui Yixing	人文学院 School of Humanities	必修 Compulsory
学科 基础课 Basic Elementary Courses	XETAI1001	数字信号处理 Digital Signal Processing	必修 Compulsory	48	3	秋季 Autumn	张子敬 Zhang Zijing	电子工程学院 School of Electronic Engineering	至少选 2 门 Select 2 courses at least
	XETAI1002	计算智能 Computational Intelligence	必修 Compulsory	16	1	春季 Spring	王晗丁 Wang Handing	人工智能学院 School of Artificial Intelligence	

续表一

类别 Type	课程编号 Course Number	课程名称 Course's Name	课程类型 Course Category	学时 Credit Hours	学分 Credit	开课学期 Semester	任课教师 Teacher	开课单位 School of Offering Course	备注 Note
学科基础课 Basic Elementary Courses	XETAI1003	机器学习 Machine Learning	必修 Compulsory	48	3	秋季 Autumn	安玲玲 An Lingling 焦昶哲 Jiao Changzhe	人工智能学院 School of Artificial Intelligence	至少选2门 Select 2 courses at least
	XETAI1004	无线通信 Wireless Communication	必修 Compulsory	48	3	秋季 Autumn	田斌 Tian Bin	通信工程学院 School of Communication Engineering	
	XETAI1005	信息论基础 Elements of Information Theory II	必修 Compulsory	48	3	秋季 Autumn	车书玲 Che Shuling	通信工程学院 School of Communication Engineering	
专业课 Professional Courses	ZETAI1900	可编程逻辑器件原理、应用与实验 Principle, Application and Experimentation of Programmable Logic Device	必修 Compulsory	32	2	秋季 Autumn	田小林 Tian Xiaolin	人工智能学院 School of Artificial Intelligence	
	ZETAI1901	通信系统综合实验 Comprehensive Experiments of Communication System	必修 Compulsory	72	4	秋季 Autumn	韩宝彬 Han Baobin	通信工程学院 School of Communication Engineering	

续表二

类别 Type	课程编号 Course Number	课程名称 Course's Name	课程类型 Course Category	学时 Credit Hours	学分 Credit	开课学期 Semester	任课教师 Teacher	开课单位 School of Offering Course	备注 Note
专业课 Professional Courses	ZETAI1201	人工智能与认知科学 Artificial Intelligence and Cognitive Science	必修 Compulsory	16	1	秋季 Autumn	熊田 Xiong Tian 孝恒 Xiao Heng	人工智能学院 School of Artificial Intelligence	至少选2门 Select 2 courses at least
	ZETAI1202	遥感数据处理与分析 Processing and Analysis of Remote Sensing Data	必修 Compulsory	16	1	秋季 Autumn	贾秀萍 Jia Xiuping	人工智能学院 School of Artificial Intelligence	
	ZETAI1203	计算机视觉 Computer Vision	必修 Compulsory	16	1	春季 Spring	周挥宇 Zhou Huiyu	人工智能学院 School of Artificial Intelligence	
	ZETAI1204	专用集成电路设计 Application-Specific Integrated Circuit Design	必修 Compulsory	48	3	春季 Spring	杨刚 Yang Gang	电子工程学院 School of Electronic Engineering	
	ZETAI1205	天线与电波传播 Antenna and Propagation	必修 Compulsory	32	2	春季 Spring	杨晓东 Yang Xiaodong	电子工程学院 School of Electronic Engineering	
	ZETAI1206	自动控制技术 Autocontrol Technology	必修 Compulsory	48	3	春季 Spring	石光明 Shi Guangming 王勇 Wang Yong	人工智能学院 School of Artificial Intelligence	
教学实践 Teaching Practice	PETAI1900	教学实践 Teaching Practice	必修 Compulsory	16	1	秋季 Autumn	导师认定 Advisor identification	相关学院 Related School	必修 Compulsory

and its own countries; master the solid basic theory of multidisciplinary integration of electronic information, computer and brain cognition, systematic professional knowledge and basic skills.

本专业的培养目标：应具备熟练的汉语水平，能熟练地阅读本专业中文资料；掌握电子信息、计算机和脑认知方面的坚实理论；具备本领域分析问题解决问题的能力与一定的工程实践能力；具有实事求是、独立思考、勇于探索和敢于创新的科学精神，在科学研究工作中积极进取、不断开拓创新；对本学科前沿、相关领域及交叉学科方面的有关知识有敏锐深入的认识，具备独立从事科研工作的能力和创造性解决技术难题的创新能力，能在科学研究或技术开发上做出创造性的成果。

The training objectives of this major are: being skilled in Chinese, reading the Chinese materials of this major skillfully; mastering the solid theory of electronic information, computer and brain cognition; having the abilities to analyze and solve problems in this field and engineering practice; having the scientific spirit to seek truth, think independently, explore bravely, dare to innovate and be active and innovative in scientific research; having a keen and in-depth understanding of the frontier, related fields and interdisciplinary knowledge of this major with the ability to independently engage in scientific research and creative ability to solve technical problems, and making creative achievements in scientific research or technological development.

2. 基本要求 (Basic Requirements)

具备良好的思想道德品质、社会公德修养，文化素质，在理论学习、科研工作、社会实践和交往上得到全面综合发展。

Have good ideological and moral qualities, social ethic and culture qualities, and achieve a comprehensive development in theoretical study, scientific research, social practice and communication.

具有良好的汉语听、说、读、写、译能力，熟练阅读本专业的英文和汉语文章并撰写出高水平的学术论文。

Have abilities of listening, speaking, reading, writing and translating in Chinese, be skilled in reading English and Chinese articles of this major and write high-level academic papers.

掌握计算机领域坚实宽广的基础理论，系统深入的专业理论，把握专业领域发展的最新动态。

Master the solid and broad basic theory, systematically and thoroughly professional theory, and the latest developments in the field of Computer.

掌握文献检索、资料查询的基本方法，具有较强的实际工作能力。

Master the basic methods of literature search and data query, and have strong practical ability.

具有思维活跃、勤奋研究、勇于开拓、不断创新的精神，具备独立地分析研究问题、解决问题，独立从事科学研究的能力，在理论与应用研究上有所创新和有所贡献。

Have the spirits of active thinking, diligent research, pioneering and continuous innovation, the ability to analyze and solve problems and to engage in scientific research independently, has made innovations and contributions in theory and application research.

具备主动性、积极性和创造性以及社会交往能力及合作精神，自我保护能力和应对突发事件能力。

Have the spirits of initiative, activity and creativity as well as social interaction and cooperation, and abilities of self-protection and dealing with emergencies.

了解一定的体育运动知识，掌握锻炼身体的基本技能，养成科学锻炼身体的习惯。

Understand certain sports knowledge, master the basic skills of physical exercise, and develop the habit of scientific physical exercise.

3. 学分要求 (Credit Requirements)

总学分不得低于 19 学分。

The total credits should not be less than 19.

4. 学制与学位 (Educational System and Academic Degree)

本学科基本学制为 3 年，授予学位为工学博士。

The fundamental educational system of this subject is 3 years, and the degree is awarded as Doctor of Engineering.

5. 主干课程设置 (Main Courses)

课程均为必修课。详细课程设置见表 2-11。

All courses are compulsory. The detailed curriculum is in table 2-11.

数学基础类：随机过程、算法设计与分析。

Basic courses of mathematics: Random Process, Design and Analysis of Algorithms.

学科基础类：计算智能、机器学习、数字信号处理、无线通信、信息论基础。

Basic courses of subject: Computational Intelligence, Machine Learning, Digital Signal Processing, Wireless Communication, Elements of Information Theory.

特色专业课：可编程逻辑器件原理、应用与实验、通信系统综合实验、面向人工智能的图算法、人工智能与认知科学、遥感数据处理与分析、计算机视觉、专用集成电路设计、天线与电波传播、自动控制技术。

Special professional courses: Principle, Application and Experimentation of Programmable Logic Device, Comprehensive Experiments of Communication System, Graphic Algorithms for Artificial Intelligence, Artificial Intelligence and Cognitive Science, Processing and Analysis of Remote Sensing Data, Computer Vision, Application-Specific Integrated Circuit Design, Antenna and Propagation, Auto-control Technology.

表 2-11 课程设置 (Curriculum)

类别 Type	课程编号 Course Number	课程名称 Course's Name	课程类型 Course Category	学时 Credit Hours	学分 Credit	开课学期 Semester	任课教师 Teacher	开课单位 School of Offering Course	备注 Note
公共基础课 Public Elementary Courses	GETAI0030	随机过程 Random Process	学位课 Degree course	48	3	春季 Spring	刘波 Liu Bo	人工智能学院 School of Artificial Intelligence	必修 Compulsory
	GETAI0031	算法分析与设计 Design and Analysis of Algorithms	学位课 Degree course	48	3	秋季 Autumn	刘静 Liu Jing	人工智能学院 School of Artificial Intelligence	
	GETAI0001	综合汉语 1 Comprehensive Chinese Ⅰ	学位课 Degree course	64	4	秋季 Autumn	潘颖楠 Pan Yingnan 郭九毓 Guo Jiuyu	人文学院 School of Humanities	至少选1门 Select at least 1 course
	GETAI0002	综合汉语 2 Comprehensive Chinese Ⅱ	学位课 Degree course	64	4	春季 Spring	潘颖楠 Pan Yingnan 郭九毓 Guo Jiuyu	人文学院 School of Humanities	
	GETAI0003	中国概况 A Survey of China	学位课 Degree course	32	2	春季 Spring	桂一星 Gui Yixing	人文学院 School of Humanities	必修 Compulsory
学科基础课 Basic Elementary Courses	XETAI0001	数字信号处理 Digital Signal Processing	学位课 Degree course	48	3	秋季 Autumn	张子敬 Zhang Zijing	电子工程学院 School of Electronic Engineering	至少选1门 Select at least 1 course
	XETAI0002	计算智能 Computational Intelligence	学位课 Degree course	16	1	春季 Spring	王晗丁 Wang Handing	人工智能学院 School of Artificial Intelligence	

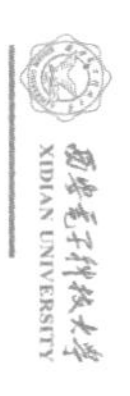

续表一

类别 Type	课程编号 Course Number	课程名称 Course's Name	课程类型 Course Category	学时 Credit Hours	学分 Credit	开课学期 Semester	任课教师 Teacher	开课单位 School of Offering Course	备注 Note
学科基础课 Basic Elementary Courses	XETAI0003	机器学习 Machine Learning	学位课 Degree course	48	3	秋季 Autumn	安玲玲 An Lingling 焦昶哲 Jiao Changzhe	人工智能学院 School of Artificial Intelligence	至少选1门 Select at least 1 course
	XETAI0004	无线通信 Wireless Communication	学位课 Degree course	48	3	秋季 Autumn	田斌 Tian Bin	通信工程学院 School of Communication Engineering	
	XETAI0005	信息论基础 Elements of Information Theory II	学位课 Degree course	48	3	秋季 Autumn	车书玲 Che Shuling	通信工程学院 School of Communication Engineering	
专业课 Professional Courses	ZETAI0900	可编程逻辑器件原理、应用与实验 Principle, Application and Experimentation of Programmable Logic Device	学位课 Degree course	32	2	秋季 Autumn	田小林 Tian Xiaolin	人工智能学院 School of Artificial Intelligence	
	ZETAI0901	通信系统综合实验 Artificial Intelligence and Cognitive Science	学位课 Degree course	72	4	秋季 Autumn	韩宝彬 Han Baobin	通信工程学院 School of Communication Engineering	
	ZETAI0201	人工智能与认知科学 Artificial Intelligence and Cognitive Science	学位课 Degree course	16	1	秋季 Autumn	熊田 Xiong Tian 孝恒 Xiao Heng	人工智能学院 School of Artificial Intelligence	

续表二

类别 Type	课程编号 Course Number	课程名称 Course's Name	课程类型 Course Category	学时 Credit Hours	学分 Credit	开课学期 Semester	任课教师 Teacher	开课单位 School of Offering Course	备注 Note
专业课 Professional Courses	ZETAI0202	遥感数据处理与分析 Processing and Analysis of Remote Sensing Data	学位课 Degree course	16	1	秋季 Autumn	贾秀萍 Jia Xiuping	人工智能学院 School of Artificial Intelligence	至少选1门 Select at least 1 course
	ZETAI0203	计算机视觉 Computer Vision	学位课 Degree course	16	1	春季 Spring	周挥宇 Zhou Huiyu	人工智能学院 School of Artificial Intelligence	
	ZETAI0204	专用集成电路设计 Application-Specific Integrated Circuit Design	学位课 Degree course	48	3	春季 Spring	杨刚 Yang Gang	电子工程学院 School of Electronic Engineering	
	ZETAI0205	天线与电波传播 Antenna and Propagation	学位课 Degree course	32	2	春季 Spring	杨晓东 Yang Xiaodong	电子工程学院 School of Electronic Engineering	
	ZETAI0206	自动控制技术 Autocontrol Technology	学位课 Degree course	48	3	春季 Spring	石光明 Shi Guangming 王勇 Wang Yong	人工智能学院 School of Artificial Intelligence	
教学实践 Teaching Practice	PETAI0900	教学实践 Teaching Practice	必修 Compulsory	16	1	秋季 Autumn	导师认定 Advisor identification	相关学院 Related School	必修 Compulsory

2.6 特色课程培养大纲

2.6.1 神经网络基础与应用

课程中文名称：神经网络基础与应用
课程英文名称：Basic and Application of Neural Network
开课单位：人工智能学院
课程学分：3
课内学时：48
课程性质：学位
授课方式：线下
考核方式：考试
适用学科：计算机科学与技术、电子科学与技术
先修课程：概率论与数理统计、线性代数
推荐教材：
马锐．人工神经网络原理．北京：机械工业出版社，2010.
焦李成，赵进，杨淑媛，等．深度学习、优化与识别．北京：清华大学出版社，2017.

1. 课程的教学目标与任务

1) 中文简介

人工神经网络是一种模仿生物神经网络的计算模型，它能够根据外界信息的变化改变内部人工神经元连接的结构并进行计算。人工神经网络在语音识别、图像分析、智能控制等众多领域得到了广泛的应用。通过本课程的学习，使学生系统掌握人工神经网络基本概念、了解各种人工神经网络模型的结构、特点、典型学习算法，同时，通过大作业使学生了解基本网络模型的软件实现方法，以及人工神经网络在图像处理、文本分析、视频检测等领域的应用，有助于学生综合能力和整体素质的提高。

2) 英文简介

Artificial neural network is a computational model that mimics the biological neural network. It can change the structure of internal artificial neuron connections and calculate according to the change of external information. Artificial neural networks have been widely used in many fields such as speech recognition, image analysis, and intelligent control.

2. 课程具体内容与基本要求

1) 人工神经网络绪论 (3 学时)

① 人工智能。

② 人工智能的研究领域。

③ 人工神经网络的概念。

④ 人工神经网络的特点。

⑤ 人工神经网络的历史。

⑥ 人工神经网络的应用领域。

⑦ 人工智能与社会主义核心价值观。

(1) 基本要求：

① 了解人工神经网络的概念。

② 掌握人工神经网络的特点、了解人工神经网络国内外发展。

③ 了解人工神经网络应用。

④ 人工智能正在影响社会生活，介绍社会主义核心价值观，培养学生爱国、爱校、家国情怀。

(2) 重点及难点：

重点：人工神经网络特点。

难点：人工神经网络方法。

(3) 作业及课外学习要求：

查资料，找文献，结合自己研究方向，在学校“图书馆”的“期刊网”(中国知识网 cnki) 搜索中文有关“人工神经网络”的综述；用 Google 搜索英文有关“人工神经网络”综述；查阅思政教育相关内容，提高政治思想觉悟。

2) 人工神经网络基础 (3 学时)

① 生物神经元。

② 人工神经元模型及数学建模。

③ 人工神经网络的结构建模。

④ 人工神经网络的学习。

(1) 基本要求：

① 了解生物神经元机理。

② 掌握 MP 模型、激活函数。

③ 了解人工神经网络基本要素和学习方式。

(2) 重点及难点：

重点：人工神经网络模型。

难点：人工神经网络的学习方式。

3) 感知器 (6 学时)

① 感知准则函数。

② 感知器的结构与功能。

③ 感知器的学习算法。

④ 感知器的局限性。

⑤ 多层感知器。

(1) 基本要求：

① 掌握单层和多层感知器结构与功能。

② 了解感知器的学习算法。

③ 了解单层感知器的局限性和多层感知器的非线性能力。

(2) 重点及难点：

重点：感知器学习算法。

难点：单层感知器的局限性。

4) 反向传播 (BP) 网络 (6 学时)

① BP 网络模型。

② 梯度下降算法。

③ BP 网络学习算法。

④ BP 网络的问题与改进。

(1) 基本要求：

① 掌握梯度下降算法。

② 掌握反向传播网络的设计与学习。

③ 了解 BP 网络存在的问题及改进。

(2) 重点及难点：

重点：BP 反向传播算法。

难点：BP 反向传播算法。

5) 径向基函数 (RBF) 网络 (3 学时)

① RBF 网络结构。

② RBF 网络的作用。

③ RBF 网络的学习算法。

④ 支撑矢量机 (SVM)。
⑤ RBF 网络的特点。
(1) 基本要求:
① 掌握 RBF 网络结构。
② 了解 RBF 网络的学习算法。
③ 了解 RBF 网络和 SVM 的区别。
(2) 重点及难点:
重点:RBF 网络的结构。
难点:RBF 网络和 SVM 的区别。
6) 自组织映射神经网络 (3 学时)
① 竞争学习的概念与原理。
② 自组织特征映射神经网络。
(1) 基本要求:
① 掌握自组织神经网络的典型结构。
② 了解竞争学习的概念与原理。
③ 了解自组织特征映射神经网络的运行原理。
(2) 重点及难点:
重点:掌握自组织神经网络的典型结构。
难点:自组织特征映射神经网络的运行原理。
7) Hopfield 网络 (3 学时)
① Hopfield 网络结构。
② 离散型的 Hopfield 网络。
③ 连续型的 Hopfield 网络。
(1) 基本要求:
① 掌握 Hopfield 网络结构。
② 了解离散型的 Hopfield 网络能量函数及应用。
③ 了解连续型的 Hopfield 网络的应用。
(2) 重点及难点:
重点:掌握 Hopfield 网络结构。
难点:连续型的 Hopfield 网络。
8) 深度自编码网络 (6 学时)
① 自编码器。
② 稀疏自编码器。
③ 栈式自编码网络。

④ 去噪自编码网络。

(1) 基本要求：

① 掌握自编码网络结构。

② 掌握自编码网络学习方式。

③ 了解各种自编码网络的变型。

(2) 重点及难点：

重点：自编码网络学习方式。

难点：自编码网络的变型。

9) 卷积神经网络 (6 学时)

① 卷积神经网络基础。

② 卷积神经网络模型。

③ 各种卷积神经网络变型。

(1) 基本要求：

① 掌握卷积神经网络各个模块。

② 了解各种卷积神经网络变型，例如 LeNet、VGG、ResNet 等。

③ 了解卷积神经网络应用。

(2) 重点及难点：

重点：掌握卷积神经网络。

难点：各种卷积神经网络变型。

10) 生成对抗网络 (6 学时)

① 生成对抗网络简介。

② 典型生成对抗网络模型。

③ 生成对抗网络模型变体。

(1) 基本要求：

① 掌握生成对抗网络模型。

② 了解 GAN 网络学习方式。

③ 了解各种 GAN 网络变体。

(2) 重点及难点：

重点：掌握生成对抗网络模型。

难点：各种 GAN 网络变体。

11) 开放课题讨论 (3 学时)

介绍研究生期间正确的人生观、价值观，开展相关爱国爱党教育，围绕深度学习在图像分类、语音识别、文本分类、目标检测、视频跟踪等方面的应用和学生进行互动交流讨论。

3. 教学大纲（见表 2-12）

写明各章节主要教学内容和学时分配，

神经网络基础与应用总学时 48 学时，其中，讲授 45 学时，讨论 3 学时。

表 2-12 教学大纲

序号	课程内容	学时	教学方式
1	人工神经网络绪论 人工智能与社会主义核心价值观	3	讲授
2	人工神经网络基础	3	讲授
3	感知器	6	讲授
4	BP 神经网络	6	讲授
5	径向基神经网络	3	讲授
6	自组织映射神经网络	3	讲授
7	Hopfield 神经网络	3	讲授
8	栈式自编码网络	6	讲授
9	卷积神经网络	6	讲授
10	生成对抗网络	6	讲授
11	正确的人生观、价值观，开展相关爱国爱党教育；开放课题讨论	3	讨论

4. 教材及参考书目

[1] 马锐．人工神经网络原理．3 版．北京：机械工业出版社，2010.

[2] 焦李成，赵进，杨淑媛，等．深度学习、优化与识别．7 版．北京：清华大学出版社，2017.

5. 分析报告

阐述本课程授课内容对本学科研究生培养的作用，以及分析所采用的授课方式和考核评价方式的可行性、必要性、科学性和合理性，探讨提升课程教学质量的方法等。

本课程以课堂教学为主，结合大作业、自学、撰写小论文等教学手段和形式完成课程教学任务。在课堂教学中，通过讲授、提问、讨论、演示等教学方法和手段，课后充分利用网络资源，进行学习讨论、答疑、解题指导等方式让学生理解人工神经网络基础与应用课程的框架、基本概念，主要内容、原理和方法，为学生学习专业知识和从事工程技术工作打好理论和实践基础，并使学生得到必要的基本技能的训练。人工神经网络基础与应用课程知识覆盖面广，理论严密，逻辑性强，有广阔的应用背景。学习人工神经网络基础与应用课程，对培养学生辩证思维能力，树立理论联系实际的观点，提高分析问题、解决问题的能力等，都有着重要的作用。

在完成大作业和撰写小论文教学环节中，通过启发式教学、讨论式教学培养学生初步运用所学的人工神经网络基础知识和方法分析问题的能力。培养学生自主学习能力、与其他同学合作解决问题的能力、发现问题与解决问题的能力、获取和整理信息的能力，以及运用计算机编程语言实现所学内容的能力、准确运用语言文字的表达能力，激发学生的创新思维。

在自学教学环节中，对课程中某些有助于进一步拓宽人工神经网络基础知识的内容，通过教师的指导，由学生自学完成。通过自学这一教学手段培养学生的自主学习能力。

2.6.2 SAR 图像处理与解译

课程中文名称：SAR 图像处理与解译
课程英文名称：SAR Image Processing and Interpretation
开课单位：人工智能学院
课程学分：2
课程学时：32
课程性质：学位
授课方式：线上线下结合
考核方式：考试 + 考查
适用学科：计算机科学与技术、电子科学与技术
先修课程：线性代数、数字图像处理
推荐教材：
焦李成．智能 SAR 影像变化检测．北京：科学出版社，2017.
焦李成．遥感影像深度学习智能解译与识别．西安：西安电子科技大学出版社，2019.

1. 教学目标

学生通过本课程的学习，在知识和能力等方面达到以下要求：

理论、知识目标：掌握 SAR 图像处理的基本知识，掌握主要处理方法的基本原理，熟悉重要处理方法的主要步骤和计算过程。

达成目标：本课程对应人才培养方案中毕业要求的专业知识、专业技能、写作能力和创新性思维。

能力目标：培养学生分析和解决 SAR 图像处理有关单元操作的能力及运用基础理论分析和解决实际问题发能力。

2. 英文简介

This course is a professional core course for the disciplines of electronic, computer, and control at Xi'an University of Electronic Science and Technology. The course focuses on the basic theory and practical application problems in SAR image processing. While explaining basic concepts and principles, the course combines with SAR image processing practical applications. Through this course, students will understand the basic principles of SAR image processing, master the general process and basic methods of SAR image processing, and have a certain understanding of the cutting-edge fields and future development trends of SAR technology. The course requires students to understand the basic theory and research methods of SAR image processing, initially master the basic techniques of SAR image processing, have certain practical processing abilities and skills, improve their comprehensive processing, analysis and understanding of SAR images, and lay a theoretical and technical foundation for in-depth research in SAR image processing.

3. 课程主要内容

本课程为西安电子科技大学电子、计算机、控制学科的专业核心课。课程针对SAR图像处理中的基本理论与实际应用问题，在讲解基本概念与原理的同时，结合课程的内容进行SAR图像处理实践应用。通过本课程的学习，使学生了解SAR图像处理的基本原理、掌握SAR图像处理的一般流程和基本方法，并对SAR技术的前沿领域和未来发展趋势有一定的了解。课程要求学生理解SAR图像处理的基本理论与研究方法，初步掌握进行SAR图像处理的基本技术，具备一定的实际处理能力与技巧，提高综合处理、分析与理解SAR图像的能力，奠定开展SAR图像处理深入研究的理论和技术基础。

4. 教学大纲(见表2-13)

写明各章节主要教学内容和学时分配。

SAR图像处理与解译总学时32学时，其中，讲课22学时，翻转课堂10学时。

表2-13 教学大纲

序号	课程内容	学时	教学方式
1	第一章 概论 课程介绍(研究内容，对象，特点，学习方法)； SAR图像、SAR图像处理等基本概念； 基础理论和基本知识要求	2	讲课
2	第二章 SAR图像相干斑噪声抑制 SAR图像相干斑噪声形成机理； SAR图像相干斑噪声数学建模； SAR图像相干斑噪声抑制方法； 学生自选相干斑噪声抑制方法，进行翻转课堂	3	讲课2学时， 翻转课堂1学时

续表一

序号	课 程 内 容	学时	教学方式
3	第三章　SAR 图像目标检测与识别 目标检测与识别理论知识介绍； SAR 图像目标检测与识别难点问题； SAR 图像典型地物目标特性介绍； 学生自选目标检测与识别方法，进行翻转课堂	3	讲课 2 学时， 翻转课堂 1 学时
4	第四章　SAR 图像目标检测算法介绍 基于统计模型的 SAR 图像目标检测与识别算法； 基于机器学习的 SAR 图像目标检测与识别算法； 基于深度网络的 SAR 图像目标检测与识别算法； 学生自选某一目标检测与识别算法，进行翻转课堂	3	讲课 2 学时， 翻转课堂 1 学时
5	第五章　SAR 图像分割 图像分割理论知识介绍； SAR 图像分割难点问题； SAR 图像分割的典型应用； 学生自选分割方法，进行翻转课堂	3	讲课 2 学时， 翻转课堂 1 学时
6	第六章　SAR 图像分割算法介绍 基于数据聚类的 SAR 图像分割算法； 基于图学习的 SAR 图像分割算法； 基于深度学习的 SAR 图像分割算法； 学生自选某一 SAR 图像分割算法，进行翻转课堂	3	讲课 2 学时， 翻转课堂 1 学时
7	第七章　SAR 图像分类 图像分类理论知识介绍； SAR 图像分类难点问题； SAR 图像分类的典型应用； 学生自选分类方法，进行翻转课堂	3	讲课 2 学时， 翻转课堂 1 学时
8	第八章　SAR 图像分类算法介绍 基于距离度量的 SAR 图像分类算法； 基于概率统计分布的 SAR 图像分类算法； 基于深度学习的 SAR 图像分类算法； 学生自选某一 SAR 图像分类算法，进行翻转课堂	3	讲课 2 学时， 翻转课堂 1 学时

续表二

序号	课 程 内 容	学时	教学方式
9	第九章　SAR 图像融合介绍 图像融合基本知识介绍； SAR 图像融合难点问题； SAR 图像融合经典算法介绍； 学生自选某一 SAR 图像融合算法，进行翻转课堂	3	讲课 2 学时， 翻转课堂 1 学时
10	第十章　SAR 图像检索 图像检索基本知识介绍； SAR 图像检索难点问题； SAR 图像检索经典算法介绍； 学生自选某一 SAR 图像检索算法，进行翻转课堂	3	讲课 2 学时， 翻转课堂 1 学时
11	第十一章　SAR 图像变化检测 图像变化检测基本知识介绍； SAR 图像变化检测难点问题； SAR 图像变化检测经典算法介绍； 学生自选某一 SAR 图像变化检测算法，进行翻转课堂	3	讲课 2 学时， 翻转课堂 1 学时

5. 参考书目

[1]　焦李成．遥感影像深度学习智能解译与识别．西安：西安电子科技大学出版社，2021.

6. 分析报告

由于 SAR 图像的信息表达方式与光学图像有很大的差异，还受到相干斑噪声及阴影、透视收缩、迎坡缩短、顶底倒置等几何特征的影响，使得 SAR 图像的自动处理比光学图像困难得多。早期的遥感影像处理和分析都是通过目视，依靠人工在相片上解译，随着 SAR 技术的不断发展，需要通过目标特征提取和自动目标识别技术来加快数据的处理和提高目标识别的精度。后来，随着人机交互方式的发展，技术产生了相应调整，如应用一系列图像处理方法进行影像增强，提高影像的视觉效果，利用图像的影像特征 (色调或色彩，及波谱特征) 和空间特征 (形状、大小、阴影、纹理、图形、位置和布局) 与多种非遥感信息资料 (地形图，各种专题图) 组合，并运用相关规律，进行由此及彼、由表及里、去伪存真的综合分析和逻辑推理的思维过程进行 SAR 图像理解。

在课程内容设置中，此项目拟以目前的课程内容为基础，结合近些年高速发展的人工智能技术，拓展相应的SAR图像理解智能方法讲授。首先介绍SAR成像原理，以及具有不同散射特性的地物在SAR图像的展示，让学生对SAR图像有一个初步的认识，当见到一幅SAR图像时，学生能从视觉上感知到图像中存在的地物。教师应从SAR图像的应用实例讲起，引出对SAR图像处理和理解的各部分内容，先给出系统框架，让学生有一个整体认识，在此基础上以专题的形式对其中的各模块展开深入、全面的讨论，具体包括SAR图像相干斑抑制、目视检测、融合、分割、分类、检索、目标识别等内容。

进一步，针对研究生的教学实际，借鉴开设遥感类特色课程的国内外高校，例如北京大学、国防科学技术大学、杜克大学等的经验，对照省级、国家级遥感处理类精品课程标准，邀请校内外该领域的教学研究专家一起研讨，对课程重新开发，使课程以研究生培养目标为基础，以研究生教学目标为主体，以知识结构为组织形式，覆盖遥感图像处理方面的内容。

例如对SAR图像分割则选择与图像分割专业或方向相关的学生，采用不同的方式，比如实例展示，小组讨论等，可以让学生提前准备PPT、展板、讨论资料等方法加以展示，这样可以让学生不断地对自己学习的内容进行复习和总结，通过这种展示和交流加深对问题的理解，促进学生不断地思考和探索。

2.6.3 复杂网络与群体智能

课程中文名称：复杂网络与群体智能

课程英文名称：Complex Networks and Swarm Intelligence

开课单位：人工智能学院

课程学分：2

课程学时：32

课程性质：非学位

授课方式：线下

考核方式：考查

适用学科：控制科学与工程、计算机科学与技术、系统工程、模式识别与智能系统、智能信息处理、电子与通信工程、计算机技术

先修课程：高等数学，线性代数，人工智能、算法设计

1. 教学目标

复杂网络与群体智能是一门为拓宽研究生对复杂系统与群体智能知识的理论基础课程，可作为相应专业的学位课或者选修课。开设本课程的目的是给相关专业硕士生介绍复杂网络、图神经网络、知识图谱、强化学习方面的基础理论及其工程应用，以及具有代表性的典型问题及求解算法。在扩宽学生知识面的同时，通过各种不同类型小课题的形式，使学生加深理解复杂网络、图神经网络、知识图谱、强化学习方面的基本原理，并提高学生的软件开发和动手能力。

2. 英文简介

Complex Networks and Swarm Intelligence is a theoretical foundation course aimed at expanding graduate students' knowledge of complex systems and group intelligence. It can be used as a degree course or elective course in corresponding majors. The purpose of offering this course is to introduce the basic theories and engineering applications of complex networks, graph neural networks, knowledge graphs, reinforcement learning, as well as representative typical problems and solving algorithms to relevant master's students. While expanding students' knowledge, various types of small topics are used to deepen their understanding of the basic principles of complex networks, graph neural networks, knowledge graphs, and reinforcement learning, and to improve their software development and hands-on abilities.

3. 课程主要内容

主要内容包括复杂网络基础理论 (复杂网络基本概念、相似性计算、链路预测、社团检查、图分类等)、群体智能、图神经网络、知识图谱、强化学习。

重点：复杂基础理论、图神经网络，知识图谱。

难点：节点分类，链路预测，知识图谱构建与补全，图分类。

通过学习复杂网络及群体智能的基础理论，理解实际的工程问题如何转化成可以用复杂网络及群体智能描述的可以求解的具体问题；通过大作业及研讨的形式，培养学生建立起解决实际工程问题的思路、步骤、方法和能力，同时提升学生的编程能力。融入课程思政元素，培养学生树立正确的价值观和人生观。

4. 教学大纲 (见表 2-14)

写明各章节主要教学内容和学时分配。

复杂网络与群体智能总学时 32 学时，其中，讲课 23 学时，线下实验辅导、答疑、讨论 9 学时。

表2-14 教学大纲

序号	课程内容	学时	教学方式
1	第一章 前言 图理论发展历程，复杂网络发展历程，博弈论发展历程，群体智能发展历程	2	线下教学
2	第二章 图理论介绍 树，二分图，有向图，加权图，最短路径问题，图着色问题	2	线下教学
3	第三章 复杂网络理论 复杂网络拓扑结构，节点相似性，社区检测，链路预测、拓扑重构、节点重要度分析、推荐算法、网络搜索算法	6	线下教学4课时，线下实验辅导、答疑、讨论2课时
4	第四章 群体智能 群体智能理论及群体智能算法，网络演化；从群体智能的视角出发，穿插讲解社会主义优越性，介绍西方大国推销的所谓民主的虚伪性，以及民主的双重标准	4	线下教学3课时，线下答疑、讨论1课时
5	第五章 图神经网络 几种图神经网络模型，网络表示学习，图神经网络应用	6	线上教学4课时，线下答疑、讨论2课时
6	第六章 知识图谱 知识图谱构建，知识图谱补全，知识图谱应用	6	线下教学4课时，线下答疑、讨论2课时
7	第七章 强化学习 强化的基本概念，强化学习分类，强化学习的主要算法；从强化学习的角度穿插介绍社会主义制度自信、文化自信	6	线下教学4课时，线下实验辅导、答疑、讨论2课时

5. 参考书目

[1] 陈关荣，汪小帆，李翔．复杂网络引论：模型、结构与动力学．2版．北京：高等教育出版社，2015.

[2] 孙家泽，王曙燕．群体智能优化算法及其应用．北京：科学出版社，2017.

[3] 吴渝，唐红，刘洪涛．网络群体智能与突现计算．北京：科学出版社，2012.

[4] 周瑞红．基于群智能优化理论的若干聚类改进方法及应用研究．北京：科学出版社，2019.

6. 分析报告

复杂网络与多智能体系统课程的授课方式以课堂讲授引导为主，辅以小课题研究和大作业，注重内容的学习、知识的掌握、学生独立思考和动手能力。课堂讲授和小课题相辅相成，教学中强调学生的参与性、积极性和创造性灵活性。讲授和小课题结合的授课方式能够通过重点内容的讲授，引导学生进入这个领域，并通过小课题研究使学生深入个别感兴趣的领域，是可行和必要的，避免了满堂灌输的授课方式，也能够照顾不同学生的兴趣点的不同，教学方法是科学合理的。

2.6.4 非线性信号与图像处理

课程中文名称：非线性信号与图像处理
课程英文名称：Nonlinear Signal and Image Processing
开课单位：人工智能学院
课程学分：2
课程学时：32
课程性质：学位
授课方式：线上线下结合
考核方式：考查
适用学科：信息与通信工程、电子科学与技术、计算机科学与技术
先修课程：现代信号处理；电路基础；数字图像处理；矩阵论
推荐教材：
焦李成，赵进，杨淑媛，等．深度学习、优化与识别．北京：清华大学出版社，2017.

1. 教学目标

“非线性信号与图像处理”是计算机与电子工程专业一门重要的专业理论课，它提出了突破传统采样理论极限的可能性。通过本课程的学习，使学生了解非线性信号处理方法的范围和基本原理，掌握一些基本的非线性模型在信号和图像中的应用，为后续智能信息处理相关课程的学习与从事相关科学研究做准备。

2. 英文简介

Nonlinear Signal and Image Processing is an important professional theory course for course for computer science and electrical engineering by suggesting that it may be possible to surpass the traditional limits of sampling theory. By studying this course, students can understand the scope and fundamental of the methods dealing with Nonlinear Signal and grasp some basic Nonlinear Signal model in the application of image, to make a preparation for the subsequent study of related intelligent information processing courses.

3. 课程主要内容

课程主要内容包括非线性的概念，线性表征、非线性表征、深度网络建模与优化等。

4. 教学大纲 (见表 2-15)

写明各章节主要教学内容和学时分配。

非线性信号与图像处理总学时 32 学时。

表 2-15　教 学 大 纲

序号	课 程 内 容	学时	教学方式
1	介绍非线性科学的概念、现象和主要研究方法	4	讲授
2	介绍信号与图像处理领域常见的非线性处理方法	6	讲授
3	介绍神经网络在信号与图像处理中的应用	6	讲授
4	结合调和分析的发展，介绍信号与图像的非线性表示方法	4	讲授
5	介绍非线性多尺度分析方法在信号检测与滤波、图像去噪、增强、分割、压缩、融合与信息隐藏等领域的应用	6	讲授
6	介绍多尺度几何分析理论、工具与实现，以及在图像处理中的应用	4	讲授
7	结合示例程序，演示上述工具加深学生理解	2	讲授

5. 教材及参考书目

[1]　焦李成．非线性传递函数理论与应用．西安：西安电子科技大学出版社，1992.

[2]　焦李成．神经网络计算．西安：西安电子科技大学出版社，1993.

[3]　(法) 马拉特 (Mallat,S.)．信号处理的小波导引．2 版．北京：机械工业出版社，2003.

[4]　焦李成，慕彩红，王伶．通信中的智能信号处理．北京：电子工业出版社，2006.

6. 分析报告

本课程为学习智能信息处理相关课程奠定必要基础，是一门重要的专业理论课，所以本课程的教学质量具有很高的要求，同时本课程涉及信号与信息处理，电路与系统，模式识别与智能控制等多个专业的学生，这些学生的理论基础不同，专业侧重点也不同，而且本课程涉及内容广泛，理论基础要求高，怎样针对这些现状在短时间内完成本门课程的高质量教学是一个艰巨的任务。因此本课程目前采用讲授的授课方式。该授课方式能充分发挥老师的主导作用，达到由浅入深、由易到难的教学，利于学生接受，同时能根据学生基础控制所传递的内容，提高单位时间的效率，是适用于该课程的一种科学合理的授课方式。

本课程采用专题研究和实践报告相结合的考核评价方式，既督促学生在平常的课堂教学中积极思考，同时又发挥学生的主观能动性，鼓励其自己查找文献、思考课堂教学之外的一些理论及应用，结合自己的科研工作进行相关的仿真实验。在研究专题和完成实践报告的过程中，使学生逐步地对非线性信号与图像处理的概念、原理与应用方法等具有深入的了解。配合课后的仿真实验，以期达到更好的教学效果。该评价方式对“非线性信号与图像处理”课程的学习有很好的促进作用，相对于传统的闭卷考试的考核方式，是一种更合理的考核评价方式。

2.6.5　自然计算

课程中文名称：自然计算
课程英文名称：Natural Computation
开课单位：人工智能学院
课程学分：2
课程学时：32
课程性质：学位
授课方式：线下
考核方式：考试 + 考查
适用学科：信息与通信工程、电子科学与技术、计算机科学与技术
先修课程：高等数学、概率论、C 语言程序设计
推荐教材：
尚荣华．计算智能导论．西安：西安电子科技大学出版社，2019.

1. 教学目标

通过本课程的学习让学生了解并掌握进化计算、群智能、神经计算等的智能模型。使学生在掌握计算智能领域相关的知识后，应用高等数学、物理学的基本概念、原理和智能科学与技术的专业知识对复杂工程问题进行识别和有效分解，初步具备用自然计算方法解决一些简单实际问题的能力。进一步，让学生具备使用实验设备、计算机软件和现代信息工具对复杂工程问题进行模拟或仿真的能力，理解其使用要求、运用范围和局限性。提高知识创新和技术创新能力，为今后的更高级课程的学习、为将来在人工智能领域的进一步研究工作和软件实践奠定良好的基础。

2. 英文简介

Through the studying of this course, students are required to master the basic content of natural computation and its main application. The main contents include: overview of natural computation, evolutionary computation, neural computing, fuzzy Computation, simulated annealing algorithm, and some new natural computation including immune clone evolutionary, swarm intelligence, quantum computing, collaborative computing etc.

3. 课程主要内容

通过本课程的学习，要求学生系统地掌握自然计算的基本内容和应用范畴与方法，了解自然计算的主要应用领域。本课程主要内容包括：自然计算的概述、进化计算、群智能、神经计算、模糊计算、模拟退火算法、新型自然计算(包括免疫克隆选择进化、量子计算、协同计算等)。

自然计算是模拟自然以实现对复杂问题求解的科学，是生物学、神经科学、认知科学、计算机科学、免疫学、哲学、社会学、数学、信息科学、非线性科学、工程学、音乐、物理学等众多学科相互交叉融合的结果，是人们对自然智能认识和模拟的最新成果。目前，自然计算已经成为智能与信息科学中最活跃的研究领域之一，它的深入发展将极大地改变人们认识自然，求解现实问题的能力和水平。通过本课程的学习，要求学生了解并掌握进化计算、计算群体智能、人工免疫系统等模型。

4. 教学大纲(见表2-16)

写明各章节主要教学内容和学时分配。

自然计算总学时32学时，讲课32学时。

表2-16　教 学 大 纲

序号	课 程 内 容	学时	教学方式
1	第一章　绪论	2	讲授
2	第二章　自然计算概述	2	讲授
3	第三章　进化算法	2	讲授
4	第四章　改进的进化算法	2	讲授
5	第五章　进化算法在组合优化中的应用	2	讲授
6	第六章　进化算法在约束优化中的应用	2	讲授
7	第七章　进化算法在多目标优化中的应用	2	讲授
8	第八章　进化策略与进化规划	4	讲授
9	第九章　群体智能优化算法	4	讲授
10	第十章　神经计算及应用	2	讲授
11	第十一章　模糊计算及应用	2	讲授
12	第十二章　免疫克隆选择进化	2	讲授
13	第十三章　模拟退火算法	2	讲授
14	第十四章　自然计算研究的前沿领域与最新进展	2	讲授

5. 教材及参考书目

[1] 徐宗本,张讲社,郑亚林. 计算智能中的仿生学：理论与算法. 北京：科学出版社，2003.
[2] 焦李成. 免疫优化计算、学习与识别. 北京：科学出版社，2006.
[3] 焦李成，慕彩红，王伶. 通信中的智能信号处理. 北京：电子工业出版社，2006.
[4] 王正志，薄涛. 进化计算. 长沙：国防科技大学出版社，2000.

6. 分析报告

自然计算 (Natrue Inspired Computation) 具有模仿自然界的特点，通常是一类具有自适应、自组织和自学习能力的模型与算法。其内容一般包括：遗传算法，免疫算法，粒子群算法、人工神经网络等。其应用领域包括优化、控制、设计、识别等。如何让学生对本门课程产生浓厚的兴趣，培养科研兴趣和科研能力，成为我们教师首先注重的问题。

作为一门研究生课程，自然计算的发展日新月异，其应用领域也越来越宽广。在自然计算这门课程的教学实践中，除了让学生掌握基本的概念和理论，我们更加重视学生动手能力、科研兴趣及科研能力的培养。我们给学生讲授经典的方法，展示最新的应用方向，鼓励学生探索自然计算在自己的研究方向上的应用，启发学生针对具体问题，利用先验知识，设计合适的方法。从而达到培养学生科研兴趣，提高学生科研能力，进而达到提高教学质量的目的。

2.6.6 视觉感知与目标跟踪

课程中文名称：视觉感知与目标跟踪
课程英文名称：Visual Perception and Objects Tracking
开课单位：人工智能学院
课程学分：2
课内学时：32
课程性质：非学位
授课方式：线上线下授课
考核方式：考查
适用学科：计算机科学与技术、控制科学与工程
先修课程：数字信号处理、概率论
推荐教材：
焦建彬，叶齐祥，韩振军，等. 视觉目标检测与跟踪. 北京：科学出版社，2016.

1. 教学目标

理解人的视觉系统对于图像分析理解有重要的价值。本课程将系统地介绍人眼的感知机理，以及大脑中的相关机制。在此基础上介绍目标检测与跟踪的技术。通过对本课程的学习，学生能够深入地理解视觉感知与视频目标跟踪的基本概念、原理与实践方法。通过本课程的学习，不但可以提高学生解决实际问题能力，而且可以培养学生的国际视野、创造性思维以及终身学习能力。

在学生素养方面，通过介绍近年来我国科学家与研究人员在相关领域的成果，培养学生的科技强国意识与文化自信。同时介绍并引导学生思考智能算法在实际应用中可能涉及的法律与伦理问题。

2. 英文简介

It is of special importance to understand the human visual system for visual content analysis: this course will systematically introduce the mechanism of visual perception and related structures in the human brain. The visual object detection and tracking techniques will be introduced. By learning this course, students will deeply understand the basic concepts, principles, and practical solutions to visual perception and object tracking. It is expected to improve the capability of students to solve real-world problems and to cultivate students' international perspective, creative thinking, and lifelong learning ability.

In terms of students' literacy, by introducing the achievements of Chinese scientists and researchers in related fields in recent years, this course will cultivate students' awareness of strengthening the country through science and technology and cultural self-confidence. At the same time, it introduces and guides students to think about the legal and ethical issues that may be involved in the practical application of intelligent algorithms.

3. 课程主要内容

1) 成像原理及成像方法概述 (2 学时)

介绍主观感知过程、光电成像原理及成像方法。主要介绍主观感知视觉内容过程及特性、成像原理及成像方式，分析主观感知与光电成像间的关联及启发。

重点：成像原理及成像方法。

难点：主观感知与客观成像间的关联及启发。

2) 人眼感知特性分析及建模 (6 学时)

介绍人眼视觉关注、视觉分辨能力等特性及其建模。主要介绍人眼结构及组成、视网膜结构特点、视觉关注机理、视觉显著性建模等；讨论人眼的亮度自适应性、对比度掩膜效应、视觉掩盖效应等，介绍视觉恰可识别差阈值估计建模方法。

重点：视觉关注及视觉掩膜效应。

难点：显著性度量及恰可识别差阈值估计建模。

3) 视觉内容分析及建模 (8 学时)

讨论大脑内在感知、解读过程及数学建模。主要讨论大脑的记忆功能、生物神经元的连接可塑性、基于连接可塑性的人工神经网络基本结构；讨论视觉感受野感知特性、卷积特性及卷积神经网络；讨论视皮神经元特性、神经功能柱特性、基于视皮层特性的视觉内容提取及表征建模。注意突出国内研究者的贡献。

重点：大脑记忆、视觉感受野及神经功能柱特性。

难点：脑启发式神经网络构建。

4) 视觉目标检测 (4 学时)

介绍图像与视频中的视觉目标检测原理与方法。内容包括基于 AdaBoost 的人脸检测算法；介绍基于现代深度学习的视觉目标检测算法；以及面向视频监控的背景估计与消除方法。人脸检测与识别应用中的隐私保护问题。

重点：基于区域建议的目标检测。

难点：目标检测的深度学习系列方法。

5) 状态空间理论 (6 学时)

介绍序列状态估计的状态空间理论与目标跟踪的基础知识。主要目标跟踪的状态空间框架，线性系统的序列状态估计的 Kalman 滤波方法以及由 Kalman 滤波衍生出来的跟踪门的概念与方法；介绍多目标跟踪的概念以及数据关联的概念与方法；介绍粒子滤波器的原理以及相关的条件密度估计跟踪方法。

重点：序列估计的状态空间理论，Kalman 滤波算法。

难点：数据关联的概念与方法，粒子滤波跟踪。

6) 现代目标跟踪 (6 学时)

介绍现代目标跟踪系统与算法。主要包括相关滤波跟踪与核相关滤波跟踪方法；目标跟踪的 Tracking-Learning-Detection (TLD) 框架；基于深度学习的目标跟踪方法；以及面向视觉监控的目标跟踪应用案例。注意突出国内研究者的贡献。

重点：相关目标跟踪；基于深度学习的目标跟踪。

难点：目标跟踪的 TLD 框架。

4. 教学大纲

教学大纲应写明各章节主要教学内容和学时分配，具体课时安排如表 2-17 所示。

表 2-17　教学大纲

序号	课程内容	学时	教学方式
1	(一) 成像原理及成像方法概述 第 1 次课：介绍主观感知过程、光电成像原理及成像方法	2	讲授
2	(二) 人眼感知特性分析及建模 第 2 次课：介绍人眼结构及组成、视网膜结构特点、视觉关注机理； 第 3 次课：介绍决定视觉关注的特征及图像显著性建模； 第 4 次课：讨论人眼的亮度自适应性、对比度掩膜效应、视觉掩盖效应等，介绍视觉恰可识别差阈值估计建模方法	6	讲授
3	(三) 视觉内容分析及建模 第 5 次课：讨论大脑内在感知特性、大脑的记忆功能，介绍人工神经网络基本结构； 第 6 次课：讨论视觉感受野感知特性，介绍卷积特性； 第 7 次课：介绍深度卷积网络的结构、组成及用途； 第 8 次课：讨论视皮神经元功能特性，介绍视觉内容提取及表征方法	8	讲授
4	(四) 状态空间理论 第 9 次课：介绍状态空间理论，讨论 Kalman 滤波器及其在序列状态估计中的应用； 第 10 次课：介绍跟踪门的概念和实现，以及多目标跟踪的数据关联问题； 第 11 次课：讨论粒子滤波算法，以及基于活动轮廓模型与粒子滤波的目标跟踪方法。讨论目标跟踪的 Tracking-Learning-Detection 框架	6	讲授
5	(五) 视觉目标检测 第 12 次课：介绍静态图像中的视觉目标检测的原理与方法；介绍视频中的视觉目标检测方法，以及面向监控视频的目标跟踪系统； 第 13 次课：介绍基于深度学习的视觉目标检测方法，包括 RCNN、Fast-RCNN、Faster-RCNN 以及 YOLO、SSD 等算法	4	讲授
6	(六) 现代目标跟踪 (6 学时) 第 14 次课：介绍相关跟踪与核相关跟踪算法。介绍基于孪生网络的视觉目标跟踪算法； 第 15 次课：介绍基于强化学习的深度目标跟踪算法，介绍基于深度特征关联的多目标跟踪算法； 第 16 次课：介绍基于深度注意机制的目标跟踪算法	6	讲授

5. 教材及参考书目

[1] 黄小平，王岩，缪鹏程. 目标定位跟踪原理及应用. 北京：电子工业出版社，2018.

[2] Yaakov Bar Shalom, Li X Rong. Estimation with applications to tracking and navigation. New York: John Wiley & Sons Inc, 2001.

6. 分析报告

本课程为综合运用程序设计、机器学习以及图像处理等课程所学知识提供了一个良好的平台，能够使学生更深刻理解所学知识如何在解决现实问题中进行应用，同时也能够使学生更深刻地了解现实问题中的技术挑战，从而激发学生的学习兴趣与探索精神。

2.6.7 智能感知与先进计算新进展

课程中文名称：智能感知与先进计算新进展
课程英文名称：Progress in Intelligent Perception and Advanced Computing
开课单位：人工智能学院
课程学分：2
课程学时：32
课程性质：学位
授课方式：线上线下结合
考核方式：考查
适用学科：计算机科学与技术、电子科学与技术
先修课程：模式识别、机器学习
推荐教材：
焦李成，侯彪，唐旭，等. 人工智能、类脑计算与图像解译前沿. 西安：西安电子科技大学出版社，2020.

1. 教学目标

人工智能、类脑计算与图像解译前沿的教学目标包括以下几个方面：
(1) 了解人工智能、类脑计算和图像解译的基本概念和原理。
(2) 掌握人工智能、类脑计算和图像解译的前沿技术和应用。
(3) 学习人工智能、类脑计算和图像解译的发展历程和趋势。

(4) 培养学生分析和解决人工智能、类脑计算和图像解译问题的能力。

(5) 培养学生对人工智能、类脑计算和图像解译领域的研究兴趣和探索精神。

(6) 培养学生的创新和团队合作能力，能够应用人工智能、类脑计算和图像解译技术解决实际问题。

2. 英文简介

The course Progress in Intelligent Perception and Advanced Computing covers cutting-edge knowledge in fields such as Artificial Intelligence, brain like computing, and image interpretation. This course aims to enable students to understand and master the latest developments and research results in these fields by teaching relevant concepts, principles, technologies, and applications. The course content includes the basic concepts of Artificial Intelligence, techniques such as machine learning and deep learning, as well as related knowledge such as brain like computing models, neural networks, and brain computer interfaces. At the same time, the course will also introduce the basic principles and methods of image interpretation, including research content in fields such as image processing, computer vision, and pattern recognition. In the course, students will learn the development history and trends of Artificial Intelligence, brain like computing, and image interpretation, and understand the application examples of related technologies in various fields. Through practice and case analysis, students will develop the ability to analyze and solve problems, and master the application methods of artificial intelligence, brain like computing, and image interpretation technology in practical applications.

3. 课程主要内容

陈述本课程对人才培养的作用。列出课程主要讲述的知识点、重点和难点。

人工智能、类脑计算与图像解译前沿是一门涵盖人工智能、类脑计算和图像解译等领域的前沿知识的课程。该课程旨在通过讲授相关概念、原理、技术和应用，使学生了解和掌握这些领域的最新进展和研究成果。课程内容包括人工智能的基本概念、机器学习和深度学习等技术，以及类脑计算模型、神经网络和脑机接口等相关知识。同时，课程还会介绍图像解译的基本原理和方法，包括图像处理、计算机视觉和模式识别等领域的研究内容。在课程中，学生将学习人工智能、类脑计算和图像解译的发展历程和趋势，了解相关技术在各个领域的应用实例。通过实践和案例分析，学生将培养分析和解决问题的能力，掌握人工智能、类脑计算和图像解译技术在实际应用中的应用方法。

4. 教学大纲

教学大纲写明各章节主要教学内容和学时分配，本课程具体学时分配见表 2-18。

表2-18 教学大纲

序号	讲授内容	学时	教学方式
1	第一讲(上) 人工智能概述	2	讲授
2	第一讲(下) 物理启发的AI	2	讲授
3	第二讲 生物启发的AI	4	讲授
4	第三讲 人脑的特性	4	讲授
5	第四讲 类脑启发的AI	4	讲授
6	第五讲 图像处理前沿概述	4	讲授
7	第六讲 图像目标解译	4	讲授
8	第七讲 遥感视频解译	4	讲授
9	第八讲 医学图像解译	2	讲授
10	第八讲 学生汇报交流	2	讲授

5. 教材及参考书目

[1] (美)斯图尔特·罗素，(美)彼得·诺维格. 张博雅等译. 人工智能：现代方法. 4版：上下册. 北京：人民邮电出版社，2022.

6. 分析报告

阐述本课程授课内容对本学科研究生培养的作用，以及分析所采用的授课方式和考核评价方式的可行性、必要性、科学性和合理性，探讨提升课程教学质量的方法等。

人工智能、类脑计算与图像解译前沿的研究是当代研究的热点内容，具体如下：

(1) 课程内容广泛且前沿：《人工智能、类脑计算与图像解译前沿》涵盖了人工智能、类脑计算和图像解译等领域的知识。学生将学习到人工智能的基本概念和技术，如机器学习和深度学习，了解类脑计算模型和神经网络的原理，掌握图像解译的基本方法和应用。课程内容广泛且涉及到当前研究的前沿领域，使学生能够跟上相关领域的最新进展。

(2) 强调实践和案例分析：课程注重学生的实践能力培养，通过实践和案例分析，学生将能够应用所学知识解决实际问题。这种实践性教学方法可以帮助学生将理论知识与实际应用相结合，提高学生的问题分析和解决能力。

(3) 培养创新和团队合作能力：课程着重培养学生的创新和团队合作能力。通过小组项目和讨论，学生将有机会与同学合作，共同解决复杂问题，培养创造性思维和团队协作能力。这对于学生未来从事相关领域的研究和工作具有重要意义。

(4) 关注伦理、社会和法律问题：课程强调对人工智能、类脑计算和图像解译领域的伦理、社会和法律问题的思考和分析。这有助于培养学生的批判性思维和科学精神，使他们能够在实践中遵循道德和法律规范，充分考虑技术应用的社会影响。

通过以上几个方面的学习，培养了学生人工智能领域的综合素质，适应人类社会的发展。

2.6.8　雷达图像处理与理解

课程中文名称：雷达图像处理与理解
课程英文名称：Understanding Radar Image
开课单位：人工智能学院
课程学分：2
课程学时：32
课程性质：非学位
授课方式：线下
考核方式：考查
适用学科：计算机科学与技术、电子科学与技术、模式识别、智能信息处理
先修课程：数字图像处理
推荐教材：
焦李成，侯彪，王爽，等．雷达图像解译技术．北京：国防工业出版社，2017.

1. 教学目标

使学生在雷达影像理解方面掌握基本的理论和一定的研究能力。

2. 英文简介

With the development of synthetic aperture radar technology, radar image understanding has become a frontier and hot topic in the field of remote sensing and radar processing in recent years. In this field, new algorithms, new technologies, and new theories are emerging, but at the same time there are still difficulties to be overcome and issues worth exploring. This course focuses on the basic theory and concepts as well as the latest developments and achievements in radar image understanding. Through this course, students are required to master the basic principles and techniques of radar image processing, to understand the basic knowledge of radar operation and current major synthetic aperture radar platform, to learn the mathematical model of radar signals and special image processing methods in radar image understanding . The goal of this course is to enable students to understand basic theories and to acquire certain research capabilities in radar image understanding.

3. 课程主要内容

陈述本课程对人才培养的作用。列出课程主要讲述的知识点、重点和难点。

近年来随着合成孔径雷达技术的发展，雷达影像理解已成为了遥感和雷达处理领域的

前沿领域和热门课题。在这一领域中，新算法、新技术、新理论正在不断涌现，但同时也还存在着重重困难，需要艰难地探索工作。本课程主要学习雷达图像理解的基础理论、基础概念，以及最新进展与成果。通过对本课程的学习，要求学生掌握有关雷达图像处理的基本原理和技术，了解雷达运行及当前主要的合成孔径雷达平台的基本知识，学习雷达信号的数学模型和雷达影像理解中的专门图像处理方法。

4. 教学大纲

写明各章节主要教学内容和学时分配。本课程具体学时分配如表 2-19 所示。

表 2-19　教 学 大 纲

序号	课 程 内 容	学 时	教学方式
1	(一) 合成孔径雷达基本知识 课程简介；遥感技术概述；合成孔径雷达的发展历史；合成孔径雷达技术应用	4	讲授
2	(二) 合成孔径雷达图像的物理基础 合成孔径的基本原理；SAR 数据基本类型；SAR 图像的几何特征	4	讲授
3	(三) 极化 SAR 数据处理 电磁波的极化及其表征；目标极化散射特性；极化 SAR 技术应用；SAR 技术发展新进展	4	讲授
4	(四) 合成孔径雷达斑点噪声抑制技术 讨论课 SAR 图像相干斑产生机理；相干斑的统计分布与模型；SAR 图像相干斑抑制评价准则；SAR 图像斑点噪声抑制方法；极化 SAR 斑点噪声抑制方法；SAR 图像斑点噪声抑制新进展	4	讲授
5	(五) 合成孔径雷达图像配准技术 讨论课 图像配准的概念、意义和应用；SAR 图像配准的传统步骤；SAR 图像配准的特征提取基本方法及其改进算法；基于特征学习的图像匹配方法；SAR 图像配准领域新进展	4	讲授
6	(六) 合成孔径雷达图像变化检测技术 讨论课 变化检测的概念、意义和应用；SAR 图像变化检测的传统步骤；SAR 图像变化检测差异图生成方法；SAR 图像变化检测差异图分割方法；SAR 图像变化检测领域新进展	4	讲授

续表

序号	课 程 内 容	学 时	教学方式
7	(七) SAR 图像地物分类技术 讨论课 SAR 图像地物分类传统步骤；SAR 和极化 SAR 数据分布特性；SAR 图像分类评价标准；SAR 图像地物分类方法；极化 SAR 特征提取；极化 SAR 图像地物分类方法	4	讲授
8	(八) 基于机器学习新技术的 SAR 图像处理技术 (4 学时) 讨论课 深度学习基本原理；基于深度学习的遥感图像处理技术发展；基于深度学习的 SAR 图像目标检测和地物分类；基于深度学习的 SAR 图像样本生成技术；基于深度学习的 SAR 图像处理技术新进展	4	讲授

5. 教材及参考书目

[1] (法) 麦特尔．合成孔径雷达图像处理．孙洪译．北京：电子工业出版社，2013.

[2] (英) 奥利弗，(英) 奎根．合成孔径雷达图像理解．丁赤飚译．北京：电子工业出版社，2009.

[3] 焦李成，张向荣，侯彪．智能 SAR 图像处理与编译．北京：科学出版社，2008.

[4] 孙洪，夏桂松，桑成伟，等．合成孔径雷达图像信息解译与应用技术．北京：科学出版社，2020.

6. 分析报告

阐述本课程授课内容对本学科研究生培养的作用，以及分析所采用的授课方式和考核评价方式的可行性、必要性、科学性和合理性，探讨提升课程教学质量的方法等。

雷达影像理解是遥感领域中的热点和难点问题，相关技术可以应用于灾情监测、农业估产调查、空难搜救、土地利用规划等方方面面。了解和掌握本领域问题和背景知识对于研究生未来服务社会经济发展需求十分必要，课程设置也是以行业领域和国家社会对高层次人才培养需求为牵引的。此外，本课程采用讲授和讨论相结合方式，讨论课程环节主要围绕雷达影像理解的几个关键问题，由任课教师提供讨论大纲和资料，学生主讲，小组讨论方式实施。这种讲授和讨论相结合的方式，一方面课程讨论内容会随着学科发展不断更新，可以使学生通过课程学习了解学科发展前沿；另一方面，以学生为主的讨论方式，可以提升学生分析问题的能力和沟通交流能力。

2.6.9 图像表征学习与重建

课程中文名称：图像表征学习与重建
课程英文名称：Image Representation Learning and Reconstruction
开课单位：人工智能学院
课程学分：1
课程学时：16
课程性质：非学位
授课方式：线上线下结合
考核方式：考查
适用学科：计算机科学与技术、控制科学与工程
先修课程：线性代数、概率论
推荐教材：

Michael Elad. Sparse and redundant representations: from theory to applications in signal and image processing. Springer, 2010.

1. 教学目标

图像表征和建模对于图像计算成像、图像降噪、去模糊和超分辨率、计算重建等逆问题具有至关重要的作用。本课程面向图像表征和建模，从图像逆问题求解出发，引出图像的稀疏性，介绍基于稀疏性的压缩感知图像重建理论。在此基础上，介绍几种常用的l1范数稀疏恢复优化算法，探讨图像稀疏基 / 字典的学习方法。然后针对现有拉普拉斯等概率模型难以准确刻画图像分布的问题，介绍结合图像自相似性的结构稀疏模型以及高斯尺度混合模型；探讨结构稀疏模型与矩阵低秩之间的关联关系，并介绍相关应用。最后，结合机器学习方法，介绍基于学习的图像稀疏表征方法以及基于模型引导的深度神经网络，并介绍其在图像恢复方面的应用。

2. 英文简介

Image representation is critical for many image processing problems, e.g., image denoising, deblurring, super-resolution and computational imaging. Focusing on image representation and modeling, this course will start from the introduction of the inverse problem and its sparse solution, followed by the algorithm for solving l1-norm based minimization problem. Based on the sparse representation theory, this course will introduce the dictionary learning based image representation theory and algorithms. Sparsity-based image reconstruction algorithms will also be introduced. We will also discuss the drawbacks of the l1-norm based image representation methods and then introduce the structured sparse representation methods by exploiting the nonlocal self-similarity. Next, we will also discuss the connections between the structured sparse representation and the low-rank approximation models, and describe some applications of the low-rank model, e.g., image restoration and foreground objects estimation. Last, we will introduce the learning-based sparse optimization methods, which solve the sparse representation problem with end-to-end optimization. Based on this idea we will talk about the model-based deep neural network construction and learning with applications to image restoration.

3. 课程主要内容

通过本课程学习，让学生了解过去20年图像表征和建模领域的主要进展，掌握利用图像统计建模的基本思路和方法，引导学生对问题深入钻研的学习方法，培养学习理论联系实际、解决复杂问题的能力。

列出课程主要讲述的知识点、重点和难点。

1) 图像稀疏表示理论与算法 (4 学时)

介绍欠定线性问题并列举相关应用，重点介绍基于信号稀疏性的欠定线性问题求解理论，介绍基于11范数的欠定线性问题稀疏优化求解算法。

重点：11范数稀疏优化算法。

难点：欠定线性问题求解理论。

2) 图像稀疏表示与重建算法 (4 学时)

介绍图像稀疏表示理论和方法，并讨论传统稀疏表示模型的局限。在此基础上，介绍结合图像非局部自相似性的结构稀疏表征模型与求解方法，介绍基于高斯尺度混合模型的图像稀疏编码模型，并在图像降噪、去模糊和超分辨率等应用上进行算法验证。

重点：图像结构稀疏表示方法。

难点：图像结构稀疏表示建模与求解。

3) 图像低秩逼近建模 (4 学时)

介绍矩阵低秩建模理论与求解算法，重点介绍基于矩阵低秩逼近的图像恢复模型与求解方法；介绍基于矩阵低秩逼近的监控视频背景建模方法与求解算法。

重点：矩阵低秩逼近模型与优化求解算法。

难点：基于低秩模型的监控视频背景建模。

4) 模型引导的深度学习 (4 学时)

介绍基于端到端优化的稀疏模型求解算法，重点介绍将迭代优化算法展开成深度神经网络的方法，并介绍基于模型引导的深度神经网络构建思路与推导过程，并在图像恢复任务上进行验证。

重点：基于端到端优化的图像稀疏表征与图像重建。

难点：模型引导的深度神经网络构建。

4. 教学大纲

写明各章节主要教学内容和学时分配，本课程具体课时安排如表2-20所示。

表2-20 教学大纲

序号	课程内容	学时	教学方式
1	第一章　概论 课程介绍(研究内容，对象，特点，学习方法)； SAR图像、SAR图像处理等基本概念； 基础理论和基本知识要求	2	讲课
2	第二章　SAR图像相干斑噪声抑制 SAR图像相干斑噪声形成机理； SAR图像相干斑噪声数学建模； SAR图像相干斑噪声抑制方法； 学生自选相干斑噪声抑制方法，进行翻转课堂	3	讲课2学时， 翻转课堂1学时
3	第三章　SAR图像目标检测与识别 目标检测与识别理论知识介绍； SAR图像目标检测与识别难点问题； SAR图像典型地物目标特性介绍； 学生自选目标检测与识别方法，进行翻转课堂	3	讲课2学时， 翻转课堂1学时
4	第四章　SAR图像目标检测算法介绍 基于统计模型的SAR图像目标检测与识别算法； 基于机器学习的SAR图像目标检测与识别算法； 基于深度网络的SAR图像目标检测与识别算法； 学生自选某一目标检测与识别算法，进行翻转课堂	3	讲课2学时， 翻转课堂1学时
5	第五章　SAR图像分割 图像分割理论知识介绍； SAR图像分割难点问题； SAR图像分割的典型应用； 学生自选分割方法，进行翻转课堂	3	讲课2学时， 翻转课堂1学时
6	第六章　SAR图像分割算法介绍 基于数据聚类的SAR图像分割算法； 基于图学习的SAR图像分割算法； 基于深度学习的SAR图像分割算法； 学生自选某一SAR图像分割算法，进行翻转课堂	3	讲课2学时， 翻转课堂1学时

续表

序号	课程内容	学时	教学方式
7	第七章　SAR 图像分类 图像分类理论知识介绍； SAR 图像分类难点问题； SAR 图像分类的典型应用； 学生自选分类方法，进行翻转课堂	3	讲课 2 学时， 翻转课堂 1 学时
8	第八章　SAR 图像分类算法介绍 基于距离度量的 SAR 图像分类算法； 基于概率统计分布的 SAR 图像分类算法； 基于深度学习的 SAR 图像分类算法； 学生自选某一 SAR 图像分类算法，进行翻转课堂	3	讲课 2 学时， 翻转课堂 1 学时
9	第九章　SAR 图像融合介绍 图像融合基本知识介绍； SAR 图像融合难点问题； SAR 图像融合经典算法介绍； 学生自选某一 SAR 图像融合算法，进行翻转课堂	3	讲课 2 学时， 翻转课堂 1 学时
10	第十章　SAR 图像检索 图像检索基本知识介绍； SAR 图像检索难点问题； SAR 图像检索经典算法介绍； 学生自选某一 SAR 图像检索算法，进行翻转课堂	3	讲课 2 学时， 翻转课堂 1 学时
11	第十一章　SAR 图像变化检测 图像变化检测基本知识介绍； SAR 图像变化检测难点问题； SAR 图像变化检测经典算法介绍； 学生自选某一 SAR 图像变化检测算法，进行翻转课堂	3	讲课 2 学时， 翻转课堂 1 学时

5. 教材及参考书目

[1] Elad M. Sparse and redundant representations: from theory to applications in signal and image processing, Springer, 2010。

[2] Wright John, Ma Yi. High-Dimensional Data Analysis with Low-Dimensional Models: Principles, Computation, and Applications, Cambridge University Press, 2022.

6. 分析报告

本课程为综合线性代数、概率论、机器学习以及图像处理等课程所学知识提供了一个良好的平台，能够使学生更深刻理解所学知识如何在解决现实问题中进行应用，同时也能够使学生更深刻地了解现实问题中的技术挑战，从而激发学生的学习兴趣与探索精神。

2.6.10 复杂数字系统设计方法

课程中文名称：复杂数字系统设计方法
课程英文名称：The Modern Complex Digital System Design
开课单位：人工智能学院
课程学分：2
课程学时：32
课程性质：学位
授课方式：线上线下结合
考核方式：考查
适用学科：控制、计算机
先修课程：数字电路、微机原理
推荐教材：
戴维•A•帕特森，约翰•L•亨尼斯. 计算机组成与设计. 北京：机械工业出版社，2015.

1. 教学目标

通过对包括基本处理单元电路结构、硬件有限状态机设计技术、基于指令集架构 (ISA) 的设计技术、并行处理体系架构及 SoC 设计技术等的系统性学习，使学生了解并初步掌握包括数字信号处理和数字通信等完整、复杂的数字电路系统的设计与实现技术。

2. 英文简介

This course is a comprehensive study of the modern complex digital system design techniques, including the design of basic processing unit structure; the hardware implementation of finite state machine (FSM); the Instruction Set Architecture (ISA) based circuit design; the architecture of parallel computing, and system on chip (SoC) design techniques, etc. The study of this course will bring the students the capability of designing and implementing basic digital systems, for the tasks like digital signal processing, digital communication, etc.

3. 课程主要内容

本课程涵盖的主要知识点有复杂数字系统的设计与实现流程，典型数字运算单元电路、典型数字交换与传输关键电路，硬件有限状态机、微码状态机，基于微码状态机的复杂指令集处理器体系结构与设计，精简指令集体系架构、指令流水线技术及设计；基于 IP 的 SoC 设计技术；基于 ISA 的并行处理结构及其设计技术。

4. 教学大纲 (见表 2-21)

表 2-21　教 学 大 纲

序号	课 程 内 容	学时	教学方式
1	第一章　复杂数字系统的设计与实现技术 主要内容是复杂数字系统设计要求、设计与实现之间的关系以及必须遵循的设计方法与流程	4	讲授
2	第二章　基本运算单元电路结构与设计 主要包括加减法器、桶形移位器、指令控制的算术逻辑运算单元、串行与并行乘法器、乘法 - 累加单元、浮点数加减法器、浮点数乘法器；多端口存储器、先进先出存储器 FIFO、数字复接电路、码速率调整电路与高级数据链路层协议处理电路	4	讲授
3	第三章　复杂数字系统控制电路——状态机 内容包括系统状态转移图、Moore 和 Mealy 有限状态机；微码状态机与微程序控制器	4	讲授
4	第四章　基于指令集体系架构 (ISA) 的系统设计 内容包括基于微码状态机的复杂指令集处理器 (CISC) 体系架构及其设计，精简指令集计算机 (RISC) 体系结构的特点、典型 MIPS 精简指令集机器代码格式、精简指令集处理器结构与设计、指令流水线技术及设计	6	讲授
5	第五章　基于 IP 的 SoC 系统设计 内容包括 SoC 系统的特点及设计要求、电路 IP 的定义及可复用设计准则、硬软件联合设计方法、可重构设计及典型 SoC 系统结构介绍	4	讲授
6	第六章　并行处理体系结构 内容包括指令级并行计算机体系架构——超长指令字 (VLIW) 与传输触发体系架构 (TTA)；并行处理阵列结构及处理内核间的数据交换、多指令流 - 多数据流 (MIMD) 与单指令流 - 多数据流 (SIMD) 并行结构及提高 SIMD 并行系统中处理单元指令自主能力的设计技术	6	讲授

5. 教材及参考书目

[1]　孙肖子．CMOS 集成电路设计基础．北京：高等教育出版社，2008.
[2]　(美) 罗文 (Rowen,C)．复杂 SOC 设计．吴武臣译．北京：机械工业出版社，2006.
[3]　(美) 戴维 • 莫尼 • 哈里斯．数字设计和计算机体系结构．2 版．北京：机械工业出版社，2019.

6. 分析报告

通过本课程的学习，可以使学生了解并初步掌握包括数字信号处理和数字通信等完整、复杂的数字电路系统的设计与实现技术，使其能够具备一定的复杂数字系统的工程设计能力。课程授课采用通行方式进行，课程考核采用综合设计实验报告的形式，重点考核学生实际的电路系统设计能力及设计报告的撰写能力，因此具有可行性、合理性与科学性。

2.6.11　量子计算优化与学习

课程中文名称：量子计算优化与学习
课程英文名称：Quantum Computing Optimization and Learning
开课单位：人工智能学院
课程学分：2
课程学时：32
课程性质：非学位
授课方式：线上线下结合
考核方式：考查
适用学科：工科各专业
先修课程：计算智能、最优化理论、算法设计与分析
推荐教材：
焦李成，李阳阳，刘芳．量子计算、优化与学习．北京：科学出版社，2017.

1. 教学目标

通过本课程的学习，要求学生系统地掌握量子计算基础，量子搜索与优化，量子学习，量子智能算法及其在各类优化与学习问题中应用，理解量子计算智能国内外发展的最新研究成果，并能将所学内容用于实际工程问题的求解。

2. 英文简介

Through the study of Quantum Computational Intelligence(QCI), students are required to systematically study quantum computing, searching and optimization, quantum learning and their application in various optimization problems, know the latest research progress of quantum computational intelligence, and apply the methods to the practical engineering problems.

3. 课程主要内容

课程包括知识点如下：量子计算基础，量子搜索与优化，量子学习，量子粒子群优化及其在数据分类中的应用(重点)，量子聚类及量子进化聚类算法(重点)，基于量子进化的组播路由(重点)，图像分割(难点)，图像变化检测(难点)及社区检测等算法(难点)。

4. 教学大纲(见表2-22)

本课程总学时32学时，讲授32学时。

表2-22 教 学 大 纲

序号	课 程 内 容	学 时	教学方式
1	量子计算基础	2	讲授
2	量子搜索与优化	2	讲授
3	量子粒子群优化及其在数据分类中的应用	4	讲授
4	量子聚类及量子进化聚类算法	4	讲授
5	基于量子进化的组播路由	4	讲授
6	图像分割和图像变化检测	4	讲授
7	社区检测等算法	4	讲授
8	典型算法讨论	8	讲授

5. 教材及参考书目

[1] 李士勇，李盼池. 量子计算与量子优化算法. 哈尔滨：哈尔滨工业大学出版社，2008.

[2] (日)佐川弘幸，(日)吉田宣章. 突破经典信息科学的极限——量子信息论. 大连：大连理工大学出版社，2007.

[3] (英)斯蒂芬·巴内特. 量子信息(英文版). 北京：世界图书出版公司，2023.

[4] (美)克里斯·伯恩哈特. 人人可懂的量子计算. 邱道文，周旭，萧利刚，等译. 北京：机械工业出版社，2020.

6. 分析报告

本课程主要对量子计算智能领域的主要算法进行介绍，重点讨论各种算法的思想来源、主要流程以及最新改进，这些都为研究生的开展后续科研工作的开展提供思路。目前采用线上线下相结合的授课方式，线上主要讲解各类算法的流程和参数设置，线下主要探讨各类算法的思想来源和实践最新改进思路，考核评价方式采用口头答辩和大报告形式的考查方式，主要考查学生对基本概念和算法流程的掌握情况，在后续的教学过程中将尝试使用信息化手段，加强课程过程性考核，提高学生学习的主动性。

2.6.12 统计学习理论应用

课程中文名称：统计学习理论应用

课程英文名称：Statistical Learning Theory and Application

开课单位：人工智能学院

课程学分：2.0

课程学时：32

课程性质：非学位

授课方式：线上线下结合

考核方式：考查

适用学科：计算机科学与技术

先修课程：高等数学、线性代数和概率统计等，良好的数学基础和编程能力有助于更好地掌握本课程内容。

推荐教材：

李航．统计学习方法．2版．北京：清华大学出版社，2019.

1. 课程的教学目标

1) 中文简介

在人们对机器智能的研究中，希望能够用机器(计算机)来模拟从实例中学习的能力。而统计学在解决机器学习问题时，起着基础性的作用。统计学习理论建立于20世纪70年代，系统地研究了机器学习的问题，尤其是在有限样本的情况下的学习。本课程的教学目标是使学生通过对本课程的学习，了解统计学习理论最为核心的内容和思想，深入地理解基于统计分析的经典学习理论、经典算法模型和应用场景，提升学生自主学习及追踪最新研究进展，培养学生分析和解决问题的能力，为后续深入研究奠定良好的基础。

2) 英文简介

Statistical Learning Theory and Applications is a professional course in the field of Artificial Intelligence. It is a comprehensive interdisciplinary field that involves multiple disciplines such as statistics, mathematical modeling, and machine learning. It is a comprehensive discipline with methodology as the core and mathematical theory as the foundation, emphasizing the cultivation and training of students' practical and innovative abilities. This course mainly discusses the methods of statistical machine learning, systematically and concisely explaining the theories, algorithms, and applications of these methods. For each method, the basic principles, basic theories, and practical algorithms are introduced in detail. By providing detailed mathematical deductions and specific examples, students can deeply grasp and understand the basic principles of these learning methods, and also cultivate their ability to discover and solve problems.

2. 课程主要内容与基本要求

统计学习理论与应用是人工智能领域的专业课程，它是一门综合性交叉学科，涉及到统计学、数学建模、机器学习等多门学科，是一门以方法论为核心，以数学理论知识为基础，注重学生实践创新能力培养和训练的综合学科。本课程主要讲述统计机器学习的方法，系统全面又简明扼要地阐述这些方法的理论、算法和应用，针对每个方法，详细介绍其基本原理、基础理论、实际算法，通过给出细致的数学推导和具体实例，使得学生能够深刻掌握和理解这些学习方法的基本原理，同时也培养学生发现问题、解决问题的能力。

1) 第一章　概论 (4 学时)

概论主要介绍统计机器学习的定义、研究对象与方法，叙述机器学习的分类，机器学习方法的三要素，监督学习的几个重要概念。

(1) 基本要求：

① 掌握统计机器学习的基本概念。

② 掌握统计学习方法的分类、三要素。

③ 掌握监督学习的几个重要概念：模型评估与模型选择、正则化与交叉验证、学习的泛化能力、生成模型与判别模型。

④ 熟悉机器学习相关顶级期刊和会议。

(2) 课程实践作业：

实践作业：选择任意一个研究内容，从机器学习顶级会议或期刊上整理该研究近两年的研究成果，熟练掌握论文查阅和检索方法。

2) 第二章　经典有监督学习方法 (4 学时)

经典有监督学习方法主要介绍有监督学习的基本框架和经典有监督学习方法的基本原理：逻辑回归、支持向量机、Adaboost。

(1) 基本要求：

① 了解有监督学习的基本框架。

② 掌握几种经典有监督学习方法的原理。

(2) 重点及难点：

重点：支持向量机的基本原理，Adaboost 算法的基本原理。

难点：最大间隔理论；PAC 学习理论。

3) 第三章 自监督学习方法 (4 学时)

自监督学习方法主要介绍自监督学习的基本概念，经典距离测度及度量学习算法，自监督学习最新算法及应用。

(1) 基本要求：

① 了解自监督学习的基本概念。

② 掌握经典的距离测度方法和度量学习算法。

③ 掌握经典的自监督学习方法。

(2) 重点及难点：

重点：自监督学习基本框架、经典自监督学习算法、经典度量测度学习方法。

难点：自监督学习方法中相似性度量损失设计。

(3) 课程实验作业：

选择任意分类问题和数据，使用自监督学习模型构建预训练网络提升分类模型性能，采用 Python 语言编程实现，完成实验并撰写对应实验报告。

4) 第四章 图学习理论及方法 (4 学时)

图学习理论及方法主要介绍概率图模型基本概念，概率图模型的学习理论，无向概率图模型学习，PageRank 算法。

(1) 基本要求：

① 掌握概率图模型的基本概念。

② 理解图模型的学习理论。

③ 掌握 PageRank 算法的基本原理。

(2) 重点及难点：

重点：图模型的基本概念和学习理论，无向概率图模型学习，PageRank 算法。

难点：图的构建，PageRank 算法的基本原理。

5) 第五章 贝叶斯决策理论及信息熵 (4 学时)

贝叶斯决策理论及信息熵主要介绍统计机器学习中的经典理论贝叶斯决策理论和信息熵。

(1) 基本要求：

① 了解朴素贝叶斯理论的基本原理及信息熵的基本概念。

② 掌握机器学习中基于贝叶斯理论的分类模型：朴素贝叶斯法。

③ 掌握机器学习中基于信息熵理论的分类模型：决策树。

(2) 重点及难点：

重点：朴素贝叶斯法的基本原理，经典决策树方法的基本原理。

难点：如何利用信息增益选择分裂属性。

(3) 课程实验作业：

选择任意分类问题和数据，使用贝叶斯分类器或决策树实现对其分类，撰写实验报告。

6) 第六章　期望最大化方法 (4 学时)

期望最大化方法主要介绍期望最大化方法的引入，期望最大化方法的基本原理，期望最大化方法的收敛性。

(1) 基本要求：

① 掌握期望最大化方法的基本原理。

② 理解期望最大化方法的收敛性分析。

③ 理解高斯混合模型的学习。

(2) 重点及难点：

重点：期望最大化方法的基本原理，期望最大化算法的收敛性。

难点：期望最大化算法的收敛性分析。

7) 第七章　弱监督机器学习 (4 学时)

弱监督机器学习主要介绍其基本概念，弱监督学习的基本分类，经典的弱监督学习方法，弱监督学习应用。

(1) 基本要求：

① 掌握弱监督学习的基本概念及分类。

② 理解经典学习方法：多示例学习。

③ 了解弱监督学习的典型应用。

(2) 重点及难点：

重点：弱监督学习的基本概念，弱监督学习的分类，多示例学习的基本原理和经典方法。

难点：多示例学习的基本原理。

8) 第八章　应用案例分析及翻转课堂 (4 学时)

应用案例分析及翻转课堂主要以实际案例的形式对统计机器学习在图像处理、情感计算、医学图像处理等应用场景进行分析探讨。

(1) 基本要求：

了解机器学习方法的应用。

(2) 综合实践任务 (翻转课堂)：

结合实际应用问题，分享使用机器学习方法解决实际应用问题的最新研究成果。

3. 教学大纲 (见表 2-23)

统计学习理论应用总学时 32 学时，其中，讲授 32 学时，实践 0 学时。

表 2-23 教学大纲

序号	课 程 内 容	学时	教学方式
1	统计学习概论	4	讲授
2	经典有监督学习方法	4	讲授
3	自监督学习方法	4	讲授
4	图学习理论及方法	4	讲授
5	贝叶斯决策理论及信息熵	4	讲授
6	期望最大化方法	4	讲授
7	弱监督机器学习	4	讲授
8	应用案例分析 + 翻转课堂	4	讲授

注：教学方式填写“讲授、实验或实践、上机、综合练习、多种形式”。

4. 教材及参考书目

[1] 清华大学出版社《机器学习方法》；清华大学出版社《统计学习理论 (第一版)》.

[2] Murphy, Kevin P. Machine learning: a probabilistic perspective. MIT press, 2012.

5. 分析报告

本课程是人工智能领域的专业课程，它是一门综合性交叉学科，涉及到统计学、数学建模、机器学习等多门学科，是一门以方法论为核心，以数学理论知识为基础，注重学生实践创新能力培养和训练的综合学科。

2.6.13 压缩感知理论与应用

课程名称：压缩感知理论与应用

课程英文名称：Compressed Sensing Theory and Application

开课单位：人工智能学院

课程学分：2

课内学时：32

课程性质：学位 / 非学位

授课方式：讲授

考核方式：考查 + 综合报告

适用专业：电路与系统、信号与信息处理、电子与通信工程

先修课程：现代信号处理、优化理论、矩阵论、数字图像处理

推荐教材：

Yonina Eldar, Gitta Kutyniok. Compressed Sensing: Theory and Applications. Cambridge University Press, 2012.

1. 教学目标

通过压缩感知中三个基本组成部分：稀疏编码、压缩观测与非线性优化理论的学习，使学生掌握压缩感知理论、原理与在信号与图像处理中的典型应用。

2. 英文简介

Compressed Sensing: Theory and Applications is an important professional theory course for computer science and electrical engineering by suggesting that it may be possible to surpass the traditional limits of sampling theory. Compressed Sensing builds upon the fundamental fact that we can represent many signals using only a few non-zero coefficients in a suitable basis or dictionary. Nonlinear optimization can then enable recovery of such signals from very few measurements. it's aimed to make the students understand the scope and fundamental of Compressed Sensing, and grasp some basic Compressed Sensing model to make a preparation for the subsequent study of related intelligent information processing courses or the researches they are interested in.

3. 课程主要内容

① 介绍压缩感知的基本概念、原理和主要研究方法。(4 课时)

② 介绍压缩感知的数学模型。(6 课时)

③ 介绍压缩感知三个关键因素。(6 课时)

a. 稀疏编码

b. 压缩观测

c. 非线性优化理论

④ 介绍压缩感知的经典理论与算法模型。(6 课时)

⑤ 结合压缩感知与稀疏分析，介绍其在图像去噪、超分辨、增强、分割、压缩、融合与信息隐藏等领域的应用。(6 课时)

⑥ 结合 MATLAB、Python 编写的示例程序，演示上述工具加深学生理解。(4 课时)

4. 教学大纲(见表2-24)

表2-24 教学大纲

序号	课程内容	学时	教学方式
1	介绍压缩感知的基本概念、原理和主要研究方法	4	讲授
2	介绍压缩感知的数学模型	6	讲授
3	介绍压缩感知三个关键因素：稀疏编码、压缩观测、非线性优化理论	6	讲授
4	介绍压缩感知的经典理论与算法模型		讲授
5	结合压缩感知与稀疏分析，介绍其在图像去噪、超分辨、增强、分割、压缩、融合与信息隐藏等领域的应用	4	讲授
6	结合Matlab、Python编写的示例程序，演示上述工具加深学生理解	4	讲授

5. 教材及参考书目

[1] Michael Elad. Sparse and Redundant Representations. New York: Springer-Verlag New York Inc. 2010.

6. 分析报告

本课程为现代信息处理相关课程奠定必要基础，是一门新型的专业理论课，所以该课程的教学质量具有很高的要求，同时本课程涉及信号与信息处理，图像处理，智能信息处理等多个专业的学生，这些学生的理论基础不同，专业侧重点也不同，而且本课程涉及内容极其广泛，理论基础要求较高，怎样针对这些现状在短时间内完成本门课程的高质量教学是一个艰巨的任务。因此本课程目前采用讲授的授课方式。该授课方式能充分发挥老师的主导作用，达到由浅入深、由易到难的教学，利于学生接受，同时能根据学生基础控制所传递的内容，提高单位时间的效率，是适用于本课程的一种科学合理的授课方式。本课程采用学习报告为主，课堂测试为辅的考核评价方式，既督促学生在平常的课堂教学中积极思考，同时又发挥学生的主观能动性，鼓励他们自己查找文献、思考课堂教学之外的一些理论及应用。三份研究报告内容为：

① 压缩感知技术的具体应用：仿真与分析。

② 对压缩感知理论或应用领域的综述。

③ 结合科研任务，探索压缩感知技术的实际应用。

在完成三个研究报告的过程中，使学生逐步地对压缩感知理论的概念、原理与应用方法等具有深入的了解。配合课后的仿真实验，以期达到更好的教学效果。该评价方式对“压缩感知理论与应用”课程的学习有很好的促进作用，相对于传统的闭卷考试的考核方式，是一种更合理的考核评价方式。

但是目前授课中介绍某些具体模型与实例时无法与学生互动，如果借助计算机辅助教学，通过学生的参与将使其对内容达到更好的理解。目前考核都是纸面的形式，有时无法真实掌握学生对课程内容掌握的优劣。如果在考核采用上述方式+答辩的形式，将更加合理。

2.6.14 视觉信息度量与评价

课程中文名称：视觉信息度量与评价

课程英文名称：Visual Information Measurement and Assessment

开课单位：人工智能学院

课程学分：2

课程学时：32

课程性质：非学位

授课方式：线下

考核方式：考查

适用学科：计算机科学与技术、人工智能、计算机技术等

先修课程：高等数学、线性代数、概率与统计

推荐教材：

王周，阿兰•博维克．现代图像质量评价．北京：国防工业出版社，2015.

1. 教学目标

本课程重点讲解以数字图像和视频为代表的视觉信息表示与度量、感知质量评价中的基本理论与方法及其在实际生产生活中的应用。通过本课程的学习，学生可以系统地掌握图像与视频等视觉媒体中感知信息的表示、视觉质量与视觉美学等人类感知信息的定量化评价方法，以及它们在成像系统的优化、图像/视频编码、图像/视频处理算法的设计与优化、智慧摄影等代表性领域中的应用。通过理论、方法与实际应用相结合的教学方式，帮助学生深刻理解课程的内容，激发学生的学习兴趣，提升学习效果。同时，通过课程报告的考查环节，引导学生将最先进的人工智能、机器学习与计算机视觉等技术与自身的研究方向有机结合，独立完成一个实际课题的构思、设计、实验与报告撰写，培养学生面向实际应用发现问题、分析问题与解决问题的能力。

2. 英文简介

This course focuses on the basic theories and methods of visual information representation and measurement, perceptual quality evaluation, represented by digital images and videos, and their applications in real-world industrial areas and our daily life. Through the study of this course, students can systematically master the representation of perceptual information in visual media, the quantitative evaluation methods of human perceptual information including visual quality and visual aesthetics, as well as their applications in the representative fields such as the optimization of imaging systems, image/video coding, the design and optimization of image/video processing algorithms, and smart photography, etc. Through the combination of theory, method and practical application, it can help students understand the content of the course deeply, stimulate students' interest in learning, and improve the learning effect. At the same time, the coursework is expected to guide students to organically combine the most advanced artificial intelligence, machine learning, computer vision technologies with their own research topic, independently complete the conception, design, experiment and report writing of a practical project, and cultivate students' ability to find, analyze and solve problems facing practical applications.

3. 课程主要内容

陈述本课程对人才培养的作用。列出课程主要讲述的知识点、重点和难点。

1) 对人才培养的作用

视觉质量评价是图像与视频信息处理中的基本性技术之一，主要通过对图像内容的分析，定量评价图像质量的优劣。在新的成像技术不断涌现、先进的图像与视频处理技术飞速迭代的背景下，高效的视觉信息度量与客观评价方法对于成像系统的优化和改善用户体验至关重要。本课程可以帮助学生深刻理解传统的计算机视觉问题与视觉质量评价的深层次关系，培养学生系统性的思维能力。在本课程的学习过程中，会频繁涉及机器学习与深度学习、人脑与视觉科学、认识与视觉心理学等相关领域的前沿内容，以及产业界的相关技术需求和发展，对于扩宽学生的学术视野、锻炼学生的工程实践能力有着很大的帮助。

2) 知识点

第一章：图像中信息量的表示与度量，视觉质量评价的定义与分类，视觉质量评价的应用与优化。

第二章：人眼视觉系统特性，图像处理基础理论与方法实现，深度神经网络理论与应用。

第三章：主观质量评价的标准与实施，客观质量评价的性能衡量，全参考/半参考/

无参考图像质量评价的定义与发展，图像质量评价相关应用研究。

第四章：视频质量评价研究概述，全参考 / 无参考视频质量评价的定义与发展，视频质量评价相关应用研究。

第五章：色调映射图像质量评价研究，屏幕内容图像质量评价研究，图像修复质量评价研究，虚拟视角合成质量评价研究，全景视频质量评价研究。

第六章：图像美学评价研究概述，图像美学分类研究，图像美学分类研究，图像美学分布预测研究，图像美学属性预测研究，图像美学评论研究，个性化图像美学评价研究，图像美学评价相关应用研究。

第七章：视觉质量评价泛化性研究，视觉质量评价可解释性研究，视觉质量评价模型部署问题研究。

3) 重点及难点

重点：视觉质量评价的概念、无参考型视觉质量评价方法、大众化与个性化图像美学评价、视觉质量评价的主要应用领域、前沿研究方向。

难点：信号与信息、视觉失真与视觉质量的关系、与人眼感知一致的客观质量评价、视觉美学中的主观性、个性化图像美学评价、感知质量驱动的图像 / 视频修复与增强。

4. 教学大纲 (见表 2-25)

表 2-25　教 学 大 纲

序号	课 程 内 容	学　时	教学方式
1	第一章　绪论 1.1　视觉信息的表示与度量 1.2　视觉质量评价的概念 1.3　视觉质量评价的应用领域	2	讲授
2	第二章　视觉信息处理基础 2.1　人眼视觉系统 2.2　数字图像处理 2.3　深度视觉基础	6	讲授
3	第三章　图像质量评价 3.1　概述 3.2　全参考图像质量评价 3.3　部分参考图像质量评价 3.4　无参考图像质量评价 3.5　图像质量评价的应用	6	讲授

续表

序号	课 程 内 容	学 时	教学方式
4	第四章 视频质量评价 4.1 概述 4.2 全参考视频质量评价 4.3 无参考视频质量评价 4.4 视频质量评价的应用	4	讲授
5	第五章 新型媒体质量评价 5.1 色调映射质量评价 5.2 屏幕内容质量评价 5.3 图像修复质量评价 5.4 虚拟视角合成质量评价 5.4 全景视频质量评价	4	讲授
6	第六章 图像美学评价 6.1 概述 6.2 图像美学分类 6.3 图像美学回归 6.4 图像美学分布预测 6.5 图像美学属性分析 6.6 图像美学评论 6.7 个性化图像美学评价 6.8 图像美学评价的应用	8	讲授
7	第七章 前沿进展与未来方向 7.1 视觉质量评价的泛化性 7.2 视觉质量评价的可解释性 7.3 多模态视觉质量评价	2	讲授

5. 教材及参考书目

[1] 李雷达．图像质量评价中的特征提取方法与应用．5版．徐州：中国矿业大学出版社，2015.

[2] Giuseppe Valenzise, Chen Kang, Frédéric Dufaux. Human perception of visual information: psychological and computational perspectives. Springer International Publishing, 2022.

6. 分析报告

阐述本课程授课内容对本学科研究生培养的作用，以及分析所采用的授课方式和考核评价方式的可行性、必要性、科学性和合理性，探讨提升课程教学质量的方法等。

本课程重点讲解以数字图像和视频为代表的视觉信息表示与度量、感知质量评价中的基本理论与方法，对于培养学生在图像处理领域中进行算法分析比较、系统性能评估等方面有着重要的作用。课程授课通过理论、方法与实际应用相结合的教学方式，帮助学生深刻理解课程的内容，激发学生的学习兴趣，提升学习的效果。同时，课程考查报告环节引导学生将最先进的人工智能、机器学习与计算机视觉等技术与自身的研究方向有机结合，独立完成一个实际课题的构思、设计、实验与学术报告撰写，培养学生面向实际应用发现问题、分析问题与解决问题的能力。在提升课程教学质量方面，通过课堂演示，提升学生对课程的兴趣；结合授课教师自身在图像 / 视频质量评估、计算美学等方向的学术研究成果，以及与华为、腾讯、OPPO、优必选等著名企业的产学研合作，开展案例教学，加深学生对相关知识的理解。

2.6.15　现代可编程逻辑器件原理与应用

课程中文名称：现代可编程逻辑器件原理与应用

课程英文名称：The Principle and Application of Modern Programmable Logic Device

开课单位：人工智能学院

课程学分：1

课内学时：16

课程性质：非学位 (半实验课)

授课方式：线下

考核方式：大作业，课内实验验收

适用学科：全校电子类

先修课程：数字电路基础、微机原理与接口技术

推荐教材：自编讲义

1. 教学目标

通过本课程的学习，掌握新型复杂可编程逻辑器件 (CPLD) 的基本结构和工作原理；学会利用相关软件，对计算机外围硬件、通信设备、工业控制、智能仪表以及各类电子产品等有关数字电路与系统进行开发和灵活设计。

2. 英文简介

By taking this course, students should master the basic structure and working principle of the new complex programmable logic device (CPLD), and learn to use the software related to CPLD. Furthermore, students should be able to design the digital circuit and system of the computer peripheral hardware, communication equipment, industrial control, smart instrumentation and other electronic products.

3. 课程主要内容

随着可编程逻辑器件的发展，硬件电路设计的软件化是现代电路与系统设计的主流；本课程将着重学习在系统可编程技术及其器件原理与应用

4. 教学大纲 (见表 2-26)

集中讲授 4 学时，实验从 6 个题目中任选 3 个，并完成一个自拟题目实验，每次实验 4 学时。

表 2-26　教 学 大 纲

序号	课 程 内 容	学时	教学方式
1	可编程逻辑器件基本构成原理	1	课堂讲授
2	在系统可编程技术中的 VHDL	1.5	课堂讲授
3	在系统可编程技术中的 VERILOG-HDL	1.5	课堂讲授
4	主要完成在计算机上进行设计和仿真，最后下载到实验板上进行测试和验证。在以下实验中 6 选 3 1) 序列检测器的设计与实现 检测器有一个输入端 X，被检测的信号为二进制序列串行输入，检测器有一个输出端 Z，当二进制序列连续有四个 1 时，输出为 1，其余情况均输出为 0。如： X：1101111110110， Z：0000001110000。 2) 变模计数器的设计 设计模为 9，11，13，15 的可变模计数器，能在键盘的控制下实现变模计数	4	实验
5	3) 流水灯设计 设计实验使发光二极管循环点亮，使实验板上 7 个发光二极管 LD～LD7 每隔 3 秒点亮一个，依次循环点亮。 4) 交通灯设计 设计简易交通灯，信号灯交互关闭和开启	4	实验

续表

序号	课 程 内 容	学时	教学方式
6	5) 出租车自动计费设计 设计自动计费模块，按键后开始计费，再次按键时停止计费，并显示计费结果。 6) 简易电子时钟设计 设计一个简易电子时钟，实现分、秒计时功能，控制实验板上液晶输出分、秒数值	4	实验
7	自拟一个较复杂的数字电路或系统，用可编程器件实现	4	实验

5. 教材及参考书目

[1] 侯伯亨，刘凯，顾新．VHDL 硬件描述语言与数字逻辑电路设计．4 版．西安：西安电子科技大学出版社，2009.

[2] 蔡觉平，何小川，李逍楠．Verilog HDL 数字集成电路设计原理与应用．2 版．西安：西安电子科技大学出版社，2016.

[3] 刘笃仁．用 ISP 器件设计现代电路与系统．西安：西安电子科技大学出版社，2002.

[4] 宋万杰，罗丰，吴顺君．CPLD 技术及其应用．西安：西安电子科技大学出版社，1999.

6. 分析报告

本课程的理论教学为学生进入实验室进行实验打下理论基础，使学生在实验时有一个清晰的框架，能够有的放矢。考核评价方式主要考查学生的实验效果，实验报告，以及学生自拟题目的实现情况。

2.6.16 高性能智能计算实验

课程中文名称：高性能智能计算实验

课程英文名称：High Performances Intelligent Computing Experiment

开课单位：人工智能学院

课程学分：1

课程学时：16

课程性质：非学位

授课方式：线下

考核方式：考查

适用学科：工科、理科
先修课程：编程语言类
推荐教材：无

1. 教学目标

通过本课程的学习，使学生对高性能计算的基本理论和技术发展趋势有比较全面的了解，并初步具备运用高性能计算技术解决实际问题的能力。学生能掌握并行计算的基本理论并理解集群计算机和 GPU 等并行计算的硬件架构，初步掌握 OpenMP、MPI、CUDA、OpenCL 和 SYCL 等并行编程框架，熟悉并行算法设计等技术，能够灵活结合和运用高性能计算的模型和方法，开展围绕高性能计算的理论、模型、技术和应用的研究，特别是基于高性能计算的人工智能系统开发技术。学生通过本课程了解到我国在高性能计算领域的最新进展，比如天河超级计算机和神威超级计算机曾经获得世界超算排名第一，增强学生对我国科技实力的理解，加强学生的爱国意识。

2. 英文简介

This course is an introductory course on high-performance computing. High-performance computing refers to a specialized use and programming of (parallel) supercomputers, computer clusters, Graphic Processing Unit(GPU), and everything from software to hardware to speed up computations. The CPU clock speed of desktop and commodity processors has reached a maximum range, due to physical limitations. As a result, more advanced use of software and parallel hardware is required to further speed up processing. In this course students will learn how to write parallel code that is highly optimized for modern multi-core processors, clusters and GPU, using modern software development tools, performance profilers, specialized algorithms, parallelization strategies, and advanced parallel programming constructs in MPI, OpenMP, CUDA, Open Computing Language and SYCL.

3. 课程主要内容

① 掌握高性能计算的基本理论，会使用高性能计算系统。

② 熟悉集群计算机和图形处理器 GPU 的硬件架构。

③ 重点：初步掌握 MPI、OpenMP、CUDA、OpenCL 和 SYCL 等并行计算框架及其性能优化方法。

④ 难点：熟悉基本的并行算法设计方法。

⑤ 难点：将所学高性能计算知识应用于图像处理和人工智能等具体应用。

4. 教学大纲(见表 2-27)

表 2-27 教 学 大 纲

序号	课 程 内 容	学时	教学方式
1	第 1 章 概述 高性能计算的意义，国内外研究进展；能够解决的科学和工程问题	2	讲授
2	第 2 章 高性能计算平台 高性能计算机硬件体系结构介绍；集群软件环境的组成，GPU	2	讲授
3	第 3 章 并行程序设计模型与性能评价 并行程序设计方法 PCAM，Amdahl 定律，Gustafson 定律，加速比、OpenMP 等	2	讲授
4	第 4 章 基于消息传递编程 (MPI) 的并行程序开发 MPI 并行程序设计开发，点对点通信，阻塞和非阻塞通信，聚合通信	2	讲授
5	第 5 章 CUDA (2 学时) CUDA 的基本概念及其并行计算模型	2	讲授
6	第 6 章 CUDA 基于 CUDA 的矩阵与矢量乘法、矩阵乘法与优化	2	讲授
7	第 7 章 开放计算语言 OpenCL 与 SYCL 平台模型、存储器模型、执行模型以及编程模型	2	讲授
8	第 8 章 高性能计算与 AI 系统 深度神经网络的并行化设计方法与性能分析	2	讲授
9	熟悉高性能计算机运行环境	1	实验
10	练习消息传递编程的通信方式	2	实验
11	基于 OpenMP 的并行程序	1	实验
12	大规模异构并行矩阵计算程序开发	5	实验
13	基于 OpenCL 的并行程序与优化	3	实验
14	AI 系统并行化	4	实验

5. 教材及参考书目

[1] Jiao Licheng, Shang Ronghua, Liu Fang, et al. Brain and Nature-Inspired Learning, Computation, and Recognition．清华大学出版社，Elsevier(2020).

6. 分析报告

国家正在建设一流大学和一流学科，这对高校的人才培养提出了新的要求。高性能计算机是科学研究和工程应用最重要的平台之一，掌握高性能计算技术是利用好高性能计算机的基础。随着求解问题的日趋复杂和计算机技术的变革，高性能计算日趋重要。例如近年来，深度神经网络已成为机器学习领域的研究热点，并被广泛应用于语音识别、自动驾驶、图像分析等领域。特别是随着大模型的迅速发展，其训练和推理面临巨大的算力挑战，因此高性能计算平台成为增强大模型应用时效性的必要技术手段。高性能计算课程作为一门理论和实践结合紧密的交叉学科课程，在培养学生的创新、专业素养和综合实验能力等方面发挥着重要作用。

ACM和IEEE联合制定的2013计算机科学教学大纲中，共有18个知识模块，其中的并行与分布式计算模块(PD，Parallel and Distributed Computing)就是新增加的知识模块，特别强调了并行计算的重要性。国外知名大学已经开设了很多相关的课程。例如斯坦福大学开设的Parallel Computing，卡耐基梅隆大学开设的Parallel Computer Architecture and Programming课程，伯克利开设的Applications of Parallel Computers，MIT开设的Parallel and Heterogeneous Computer Architecture，加州理工开设的GPU Programming课程，康奈尔大学的Applications of Parallel Computers等。

本课程将参照国际知名大学的高性能计算相关课程建设内容，结合西安电子科技大学的学科优势，并利用先进的软硬件技术，最终建设国内领先的开放课程。

课程教学利用计算机课件进行多媒体教学。授课时多媒体课件与黑板粉笔同时使用，上机操作演示实验与多媒体演示相结合，有效地改进课堂教学效果。授课教师加强与国内外知名企业的合作交流，及时掌握高性能计算领域的最新进展，保证课程内容的实时性。介绍学院教授在本领域的最新研究成果，把研究性教学理念贯穿到教学过程中。

2.6.17 人工智能创新实验

课程中文名称：人工智能创新实验

课程英文名称：Experiment for Artificial Intelligence Innovation

开课单位：人工智能学院

课程学分：1

课内学时：16

课程性质：非学位(半实验课)

授课方式：线下

考核方式：大作业，课内实验验收

适用学科：全校电子信息类
先修课程：数字图像处理、机器学习
推荐教材：
焦李成，赵进，杨淑媛，等．深度学习、优化与识别．北京：清华大学出版社，2017.
周志华．机器学习．北京：清华大学出版社，2016.

1. 教学目标

通过本课程的学习，掌握 AI 处理器的基本结构和工作原理，学会利用相关软件实现基于该 AI 处理器的智能算法，完成图像分类、目标检测、目标跟踪等图像处理与机器视觉相关任务。

2. 英文简介

By taking this course, students should master the basic structure and working principle of AI processing chip, and learn to use the relevant software to implement the intelligent algorithm based on the AI chip, to complete image classification, target detection, target tracking and other tasks of image processing and machine vision.

3. 课程主要内容

人工智能研究的一个主要目标是使机器能够实现人类智能才能完成的复杂工作，近年来得到人们的广泛关注。本课程将着重学习 AI 处理器的组成和工作原理，并基于该 AI 处理器实现智能算法。

4. 教学大纲（见表 2-28）

写明各章节主要教学内容和学时分配，总学时 18 学时，其中，讲授 2 学时，实验课 16 学时。基于 AI 处理器完成实验：实验从 4 个题目中任选 3 个，并完成一个自拟题目实验，每次实验 4 学时。

表 2-28　教学大纲

序号	课程内容	学时	教学方式
1	AI 处理器的基本构成原理	1	讲授
2	AI 处理器操作流程	1	讲授
3	目标检测 识别静态的街道图像目标（如路灯、标志、杆子）以及动态的街道参与者（如汽车、行人、骑自行车的人）的个体实例，旨在推动实例分割的新方法和新技术	4	实验

续表

序号	课 程 内 容	学时	教学方式
4	交通流量分析 根据跟踪器的速度数据，利用插值函数对每一帧进行速度估计，需要实现视频测试集的车速测试。性能评估的主要依据是基准数据，评估将基于控制车辆检出率和预测的控制车辆速度的均方根误差来进行	4	实验
5	图像检索 希望通过不同算法进行图像检索时的同类型图像返回，以及根据返回的同类型图像所在位次进行评分。平均精度均值 (mAP) 是反映图像检索系统在全部相关 query 上的性能指标。系统检索出来的同类型图越多，同时越靠前，mAP 就越高	4	实验
6	城市区域功能分类 充分发挥移动大数据与遥感影像相结合的潜力。在技术方面，像深度学习等人工智能算法可以得到很好的利用。评价标准的准确性定义为正确分类的样本数与样本总数的比率	4	实验
7	完成一个自拟题目实验	4	实验

5. 教材及参考书目

[1] 焦李成，赵进，杨淑媛，等．深度学习、优化与识别．北京：清华大学出版社，2017.

[2] 李然．机器学习．北京：清华大学出版社，2021.

6. 分析报告

本课程的理论教学为学生进入实验室进行实验打下理论基础，使学生在实验时有一个清晰的框架，能够有的放矢。考核评价方式主要考查学生的实验效果、实验报告以及学生自拟题目的实现情况。

2.6.18　算法设计技巧与分析

课程中文名称：算法设计技巧与分析

课程英文名称：Algorithms Design Techniques and Analysis

开课单位：人工智能学院

课程学分：3

课程学时：48

课程性质：学位

授课方式：线上线下结合

考核方式：考查

适用学科：计算机科学与技术、智能科学与技术等

先修课程：数据结构、离散数学、C 语言等

推荐教材：

Alsuwaiyel M H. Algorithms: Design Techniques and Analysis. PUBLISHING HOUSE OF ELECTRONICS INDUSTRY, 2013.

1. 教学目标

通过本课程的学习，要求学生达到以下目标：

课程目标 1：掌握经典的算法设计技术，针对特定需求完成系统、模块的软件设计、硬件设计。(支撑毕业要求 3-4)

课程目标 2：掌握复杂性分析的方法，能够对智能科学与技术领域的软件、硬件模块进行理论分析。(支撑毕业要求 4-3)

课程目标 3：具备分析、推理和解决设计 / 开发解决方案的能力，以及自主学习能力，掌握跟踪学科前沿的基本方法。(支撑毕业要求 2-2 和 12-1)

课程目标与毕业要求观测点的支撑矩阵如表 2-29 所示。

表 2-29 课程目标与毕业要求观测点的支撑矩阵

课程目标	毕业要求指标点			
	2-2	3-4	4-3	12-1
课程目标 1		√		
课程目标 2			√	
课程目标 3	√			√

2. 英文简介

The course “Algorithm Design Techniques and Analysis” is a course that closely combines theory and practice for practical applications. It is one of the core textbooks for computer science courses and other related professional algorithm courses. It is especially suitable for those who have studied data structure and discrete mathematics courses. Subsequent algorithm course textbooks. In today’s big data era, combining courses with the background of the times is the current society’s demand for applied talents in colleges and universities. The goal of this course is to cultivate the comprehensive application of professional knowledge, independent analysis and problem-solving ability of international students in China by virtue of the theoretical analysis and practical exploration of the online and offline hybrid teaching mode. Through the study of this course, international students have been better improved in scientific research and innovation.

This course starts with explaining the basic concepts and methods of algorithm design and algorithm analysis, and systematically introduces some commonly used and classic algorithm design techniques and methods of complexity analysis. Key and difficult content includes recursive technology, divide and conquer, dynamic programming, greedy algorithm, graph traversal, and backtracking. It also explains random algorithms and approximation algorithms that have developed rapidly in recent years, as well as network flow and network matching problems with a wide range of application backgrounds. Through the study of this course, students will master the basic methods of algorithm analysis and various classic algorithm design techniques.

3. 课程主要内容

陈述本课程对人才培养的作用。列出课程主要讲述的知识点、重点和难点。

“算法分析与设计”课程是一门面向实际应用的理论和实践结合比较紧密的课程，是计算机学科以及其他相关专业算法课程的核心基础之一，尤其适宜于学过数据结构和离散数学课程、具有算法基础的学生。在现今大数据时代下，将课程与时代背景相结合是当前社会对高校理工类应用型人才的需求。本课程的教学目标是凭借线上线下结合的混合教学模式的理论分析和实践探索，培养来华留学生的综合应用专业知识、独立分析和解决问题的能力。通过这门课的学习，使得留学生在科学研究和创新等方面得到较好提升。

本课程从讲解算法设计和算法分析的基本概念和方法开始，系统地介绍一些常用的、经典的算法设计技术，及复杂性分析的方法。重点和难点内容有递归技术、分治、动态规划、贪心算法、图的遍历、回溯法。还讲解近年来发展迅速的随机算法与逼近算法，以及具有广泛应用背景的网络流与网络匹配问题。学生通过该课程的学习，将掌握算法分析的基本方法、各种经典的算法设计技术。

4. 教学大纲

写明各章节主要教学内容和学时分配。本课程内容主要为理论教学 (48 学时)，课程设置具体如表 2-30 所示。

表 2-30 课 程 设 置

实验	课 程 内 容	学时	教学方式
1	算法课程概述、二分搜索算法、合并已排序列表算法的概念、流程、复杂度	3	讲授
2	选择排序、插入排序、自底向上合并排序算法的概念、流程以及算法的复杂度	3	讲授

续表

实验	课 程 内 容	学时	教学方式
3	时间复杂度分析、空间复杂度分析	3	讲授
4	算法运行时间估计、最坏情况与平均情况分析、平摊分析	3	讲授
5	基数排序、产生排列、找主元素	3	讲授
6	分治范式、找中项与第 k 小元素、快速排序	3	讲授
7	最长公共子序列问题、动态规划范式	3	讲授
8	所有点对最短路径问题、背包问题	3	讲授
9	最短路径问题、最小耗费生成树、文件压缩	3	讲授
10	深度优先搜索、广度优先搜索	3	讲授
11	找图中关节点问题、图的 3 染色问题、8 皇后问题	3	讲授
12	分支限界法、测试串的相等性	3	讲授
13	模糊认知图学习、社团检测或网络鲁棒性优化	3	讲授
14	差界、相对性能界、模式匹配	3	讲授
15	Ford-Fulkerson 方法、Minimum path length augmentation 方法	3	讲授
16	二分图的网络匹配问题求解方法	3	讲授

5. 教材及参考书目

[1] (美) 迈克尔 • 西普塞. 计算理论导引. 3 版. 北京：机械工业出版社，2018.
[2] (沙特阿拉伯)AlsuWaiyel M H. 算法设计技巧与分析. 北京：电子工业出版社，2023.

6. 分析报告

阐述本课程授课内容对本学科研究生培养的作用，以及分析所采用的授课方式和考核评价方式的可行性、必要性、科学性和合理性，探讨提升课程教学质量的方法等。

本课程凭借线上线下结合的混合教学模式的理论分析和实践探索，培养来华留学生的综合应用专业知识、独立分析和解决问题的能力。通过这门课的学习，使得留学生在科学研究和创新等方面得到较好提升。

本课程采用的是线上线下结合的混合授课方式，“线上”的教学不是整个教学活动的辅助或者锦上添花，而是教学的必备活动；而“线下”的教学不是传统课堂教学活动的照搬，而是基于“线上”的前期学习成果而开展的更加深入的教学活动。它是一种将传统教学和网络教学的优点进行有机结合的新型教学模式，它使教师的教学和留学生的学习不受时间和空间的限制，提高了留学生学习的自主性和积极性，减轻了教师的教学压力，提高了留学生的学习效率。

第 3 章　西安电子科技大学人工智能学院简介

3.1 平台建设

西安电子科技大学人工智能团队在保铮院士与学校各级领导的大力支持下，1990 年成立了我国第一个交叉学科中心——神经网络研究中心，2003 年成立了智能信息处理研究所，2007 年获准成立智能感知与图像理解教育部重点实验室。三十余年间，平台与团队建设稳步推进，教育部重点实验室成立后的十年更是实现了跨越式发展，联合建立了智能感知与计算国际联合研究中心、智能信息处理科学与技术创新引智基地、“信息感知技术”2011 协同创新中心等 3 个国家级平台；建立了智能感知与图像理解教育部重点实验室、智能感知与计算国际合作联合实验室、陕西省大数据智能感知与计算 2011 协同创新中心、陕西省智能感知与计算国际联合研究中心、陕西省遥感大数据应用工程技术研究中心、智能信息处理科学与技术陕西省引进国外智力示范单位、“计算机科学”教育部基础学科拔尖学生培养计划 2.0 基地、陕西省智能科学与技术人才培养模式创新实验区、陕西省智能科学与技术教学团队、陕西省智能感知与计算教学示范中心等 10 个省部级科研平台和教学平台；形成了智能信息处理教育部创新团队、智能感知与图像理解教育部创新团队、视觉计算与协同认知教育部创新团队、影像处理与安全传输科技部重点领域创新团队、计算理论与影像信息学陕西省重点科技创新团队、智能感知与图像理解陕西省重点科技创新团队、深度学习与类脑智能陕西省重点科技创新团队、智能计算成像与图像重建陕西省重点科技创新团队、多模态认知计算与脑机智能陕西省重点科技创新团队等 9 个省部级创新团队。

团队面向世界科技前沿、面向经济主战场、面向国家重大需求、面向人民生命健康，围绕国家“互联网 +”发展战略、《新一代人工智能发展规划》、“十三五”规划、“十四五”规划和 2035 年远景目标的前沿重点领域，以及西安电子科技大学建设“特色鲜明的世界一流大学”的总体目标，充分利用团队在人工智能领域的深厚学术积淀和国际影响力，通过引进海内外高水平研究人才和团队，与海内外科研院所开展深层次合作交流等措施带动国内人工智能领域的持续发展，进而为国家国防智能信息化建设、区域经济社会发展做出更卓越的贡献。

《高等学校人工智能创新行动计划》提出了“深化产学合作协同育人”的要求，团队在人工智能人才培养的探索与实践中始终坚持产学合作协同育人，培养创新型人才的理念。产学合作离不开载体、更离不开平台，团队先后与惠普、华为、商汤、中国电科集团、中国航天集团、西咸新区、雁塔区等企业、院所、地方政府合作建立了近20个联合创新实验室，在科学研究、人才培养、海内外合作交流等方面开展多维度、全方位合作，为促进我国人工智能事业的发展、提升学生创新创业能力提供了有力的平台支持。

团队依托“人工智能研究院”陕西高校新型智库、智能感知与图像理解西安国家新一代人工智能开放创新平台、“一带一路”人工智能创新联盟、陕西省人工智能产业技术创新战略联盟、西安市人工智能产业发展联盟等聚集资源，促进人工智能领域成果转化和产教融合，服务政务咨询，为人工智能领域发展献智献策。

1. 平台清单

(1) 三个国家级平台 (联合建立)：

- 智能感知与计算国际联合研究中心
- 智能信息处理科学与技术创新引智基地
- “信息感知技术”2011 协同创新中心

(2) 十个省部级平台 / 中心：

- 智能感知与图像理解教育部重点实验室
- 智能感知与计算国际合作联合实验室
- 陕西省大数据智能感知与计算 2011 协同创新中心
- 陕西省智能感知与计算国际联合研究中心
- 陕西省遥感大数据应用工程技术研究中心
- 智能信息处理科学与技术陕西省引进国外智力示范单位
- “计算机科学”教育部基础学科拔尖学生培养计划 2.0 基地
- 陕西省智能科学与技术人才培养模式创新实验区
- 陕西省智能科学与技术教学团队
- 陕西省智能感知与计算教学示范中心

(3) 九个创新团队：

- 智能信息处理教育部创新团队
- 智能感知与图像理解教育部创新团队

- 视觉计算与协同认知教育部创新团队
- 影像处理与安全传输科技部重点领域创新团队
- 计算理论与影像信息学陕西省重点科技创新团队
- 智能感知与图像理解陕西省重点科技创新团队
- 深度学习与类脑智能陕西省重点科技创新团队
- 智能计算成像与图像重建陕西省重点科技创新团队
- 多模态认知计算与脑机智能陕西省重点科技创新团队

(4) 五个其他平台：

"人工智能研究院"陕西高校新型智库

- 智能感知与图像理解西安国家新一代人工智能开放创新平台
- "一带一路"人工智能创新联盟
- 陕西省人工智能产业技术创新战略联盟
- 西安市人工智能产业发展联盟

2. 智能感知与图像理解教育部重点实验室

该实验室前身为1990年成立的我国第一个神经网络研究中心。2003年成立智能信息处理研究所，2007年获批智能感知与图像理解教育部重点实验室，并于2006年获批国家创新引智基地（已进入2.0计划），2013年获批科技部国际联合研究中心和陕西省2011协同创新中心，2015年获批教育部国际合作联合实验室，2017年获批陕西省引进外国智力示范单位，2022年获批陕西省遥感大数据应用工程技术研究中心。分别于2006年、2012年和2013年获批智能信息处理、智能感知与图像理解、视觉计算与协同认知等3个教育部创新团队（其中智能感知与图像理解教育部创新团队获滚动支持），2014年获批影像处理与安全传输科技部重点领域创新团队。分别于2012年、2020年和2022年获批计算理论与影像信息学、智能感知与图像理解、深度学习与类脑智能、智能计算成像与图像重建、多模态认知计算与脑机智能陕西省重点科技创新团队。2019年"人工智能研究院"获批陕西高校新型智库，2020年获批建设"智能感知与图像理解"西安市新一代人工智能开放创新平台。2005年建立智能科学与技术本科专业，培养人工智能领域本科生，形成了完整的"国际化＋西电特色"的人工智能人才培养本、硕、博一体化培养体系；2017年11月，西安电子科技大学成立了教育部直属高校首个人工智能学院，是致力于人工智能领域高端人才培养、创新成果研发和高层次团队培育的实体性学院。目前，建设有智能科学与技术专业（国家级特色专业）和人工智能专业（全国首批)，两个专业双双入选国家级一流本科专业建设点，并在“软科中国大学专业排名”中获评 A+ 专业。

实验室的主要研究方向为智能感知与计算、图像理解与目标识别、深度学习与类脑计算，在人工智能领域获国家自然科学二等奖 3 项、省部级一等奖 10 余项，承担 300 余项国家有关科研任务，与海内外建立了长期友好的协作关系。同时，实验室配备了用于大数据感知与解译的高性能计算集群，这些硬件可满足高性能、高复杂度的海量数据计算及高速图像 / 视频处理的需要。为支撑我国智能感知与计算，遥感 / 医学影像、视频智能化处理，机器学习与模式识别，类脑计算等领域的研究提供了良好的科研平台。

实验室的发展目标是面向世界科技前沿、面向经济主战场、面向国家重大需求、面向人民生命健康，在已有优势和积累的基础上，开拓新的理论方法的研究和应用，重点围绕大数据的智能感知与类脑计算中的关键问题及其在网络、视频、遥感大数据领域中的应用，不断创新，取得基础性和系统化的示范性研究成果。我们的使命是在理论、应用和学术活动上取得原创性的与国际先进水平同步的研究成果。在未来几年内，把实验室建设成为以国际学术前沿和国家战略需求为导向的、具有国际综合创新能力的科研与高层次人才培养及社会服务的国家基地。

3.2 人才培养

西安电子科技大学在人工智能领域奋斗了三十余载，是教育部试点建设的“人工智能 + 教育”标杆大学之一。2017 年 11 月，西安电子科技大学成立了教育部直属高校首个人工智能学院，是致力于人工智能领域高端人才培养、创新成果研发和高层次团队培育的实体性学院。目前，建设有智能科学与技术专业 (国家级特色专业) 和人工智能专业 (全国首批)，两个专业双双入选国家级一流本科专业建设点，并在“软科中国大学专业排名”中获评 A+ 专业。团队构建了“国际化 + 西电特色”的本硕博一体化人才培养、“国际学术前沿 + 国家重大需求”科学研究 + 创新实践协同育人和“高水平平台 + 高层次人才”培养的育人体系。2018 年教育部新闻办组织的教育奋进之笔“1 + 1”系列发布采访活动在浙江大学召开新闻发布会，西安电子科技大学代表在发布会上介绍了我校人工智能人才培养和科技创新的新模式。

第一，注重链式思维，构建“国际化 + 西电特色”的本硕博一体化培养体系。

2004 年，西安电子科技大学智能科学与技术本科专业获批，开启了我校人工智能领域人才培养探索与实践之路，确立起了“国际化 + 西安电子科技大学特色”的本硕博一体化培养体系。本硕博一体化贯通的培养模式给了学生持续学习的动力，全方位开发学生创新创业思维、激发学生创新创业潜力、提升学生创新创业能力，将“创新创业”贯穿于学生成长全过程。2008 年智能科学与技术本科专业被评为国家级特色专业，2019 年智能科学与技术本科专业入选国家级一流本科专业建设点，同年获批全国首批人工智能专业，2020 年人工智能本科专业入选国家级一流本科专业建设点。

与此同时，我校一直注重拓展师生的国际视野，近五年，有百余名智能学科的本硕博学生出国交流学习，智能学科教学团队 90% 以上教师有海外留学或访学经历。

第二，拓展载体建设，厚植产学研协同化人才培养基础。

《高等学校人工智能创新行动计划》提出了“深化产学合作协同育人”的要求，我校在人工智能人才培养的探索与实践中同样始终坚持产学合作协同育人、培养创新型人才的理念。产学合作离不开载体、更离不开平台，西安电子科技大学在人工智能领域先后建立起 3 个国家级平台、10 个省部级科研和教学平台以及 9 个省级创新团队。团队还与惠普、华为、商汤、中国电科集团、中国航天集团、西咸新区、雁塔区等企业、院所、地方政府合作建立了近 20 个联合创新实验室，依托平台，从应用项目开发、应用性学术竞赛、创新项目研究三个方面引导和培养学生，让学生参与到具有实际应用意义的项目开发中去——实现“练中学”，让学生通过学术竞赛快速提升科研能力、加强学术交流——实现“赛中学”，让学生主持创新项目研究、充分挖掘自己的创新能力——实现“研中学”。

第三，突出研教融合，打造高精尖专业化科技创新团队。

西安电子科技大学人工智能师资队伍由欧洲科学院外籍院士、IEEE Fellow、全国模范教师、教育部创新团队首席科学家焦李成教授带领，队伍中有多位万人领军、杰出青年科学基金、长江学者、优秀青年科学基金、青年拔尖人才、中青年科技创新领军人才、吴文俊人工智能科学技术奖等获得者与入选者。这支队伍将科研与教学深度融合，让教师与学生共同成长，在人才培养的同时取得了一批科技创新的重要成果。在人工智能领域获 3 项国家自然科学二等奖、10 余项省部级科学技术一等奖和教学成果一等奖。成功研制了我国首套类脑 SAR 系统、首套基于面阵 CCD 的光谱视频成像系统、首个人脸画像识别系统、首个遥感预训练大模型“秦岭 · 西电遥感脑”等重大应用平台。

总之，根据国家对高等教育改革发展需求，以及《高等学校人工智能创新行动计划》的战略布局，我校将“全面实现教学 2.0，并向教学 3.0 迈进”，并以人工智能技术为驱动，结合人才培养模式的变革，探索建立新时代人才培养的标杆。我校将依托电子信息技术与计算机的学科优势，进一步确立“智能感知用”的专业特色，在人才培养中注重多学科交叉，将理论知识与实践完全融合、科技前沿与教学完全融合，培养适于“人工智能 +”时代的创新人才。

通过上述培养模式，培养了一批人工智能及相关领域的杰出人才，1 人获全国百优博士论文奖，1 人获全国百优博士论文提名奖，20 余人获陕西省 / 学会优秀博士论文奖。团队每年毕业研究生 200 余人，本科生 360 余人。

学院毕业生既有活跃在学术界的国防“973”首席科学家、国家高层次人才、学科带头人、教学名师等，又有活跃在产业界的知名企业公司首席科学家、联合创始人。目前活跃在学术界的领军人物有：空军军医大学少将、国家科技进步奖获得者罗二平教授，西北工业大学副校长、国家高层次人才、973 首席科学家张艳宁教授，鹏城实验室副主任、国家高层次人才、国家自然科学奖获得者石光明教授，973 首席科学家、西安电子科技大学李小平教授等；投身国防建设领域的杰出校友有：中国电子科技集团 14 研究所总师李青研究员，黄河集团总经理、总师凤宏晓研究员，中国兵器第 206 研究所首席专家强勇研究员，中国电科集团第 36 研究所院士助理、亿级项目课题负责人周华吉高级工程师等；活跃在产业界的知名企业家有：阿里达摩院 XR 实验室负责人薄列峰博士，商汤科技联合创始人技术执行总监马堃博士，思必驰 CTO、深聪智能 CEO 周伟达博士，阿里云 CTO 架构部高级专家、魔搭社区生态建设负责人石洪竺等；投身创新创业的优秀学子有：澎思科技创始人兼 CEO、2020 中国人工智能商业领军人物马原，维塑科技创始人兼 CEO、陕西省政协委员杨少毅，商汤科技元宇宙创新技术负责人、2021 年“全国向上向善好青年”孙其功，探知图灵科技 (西安) 有限公司创始人兼 CEO 徐巍等。

在国内外人工智能领域的各种创新大赛中，智能学子屡获大奖。近五年，获得包括 International Conference on Computer Vision(ICCV，计算机视觉国际大会)、IEEE Conference on Computer Vision and Pattern Recognition(CVPR，国际计算机视觉与模式识别会议)、European Conference on Computer Vision (ECCV，欧洲计算机视觉国际会议)、The International Geoscience and Remote Sensing Symposium(IGRASS，国际地球科学与遥感大会)、美国大

学生数学建模竞赛、“互联网 +”大学生创新创业大赛、挑战杯及中国研究生人工智能创新大赛等国内外竞赛奖项百余项。2023 年，团队参赛队伍在 ICCV 中获 26 项冠亚季军奖项，在 CVPR 中获 14 项冠亚季军奖项，在 IGARSS 中获 2 项亚军奖项，同时学院的多篇论文被人工智能领域顶级会议录用。

第 4 章　西电智慧教育

4.1 人工智能教育创新实验室

我国第一个人工智能教育创新实验室近日在西安电子科技大学(以下简称西电)建成，该实验室全部由西电人工智能学院设计构架并搭建完成，以提供优质的教学服务方案为核心，用人工智能技术助力传统教室与实验室，是集教室空间设计、AI 助教、课堂师生互动、跨校互动教学、课程管理平台、课堂情况实时分析为一体的创新型智慧教育解决方案，其突破了物理空间限制，可以全天候、任意地点、人人终端地实施创新实验与智慧教育，如图 4-1、图 4-2 所示。

图 4-1　英国莱斯特大学 Huiyu Zhou 教授在创新实验室授课

西电人工智能教育创新实验室的主要特点可以总结为“4321”:

“4”指的是“4 个 A”：Anyone，Anytime，Anywhere 和 Anything，即任何注册了账号的人可以随时、随地访问和登录智慧教室，没有物理空间和时间上的限制，并且通过智慧教室，学生既可以做创新实验，也能够学习国内外共享课程和教学视频等。

“3”指的是智慧教室的 3 个特点，即“云存储，云计算，云调度”，通过云平台达到“4 个 A”的目标，实现“5G+ 人工智能”的改革。

“2”指两方面潜力，即智慧教室的方式可以最大限度地调度、发挥和挖掘教师的潜力和学生的潜力，从“教师让学生学”变成“让学生自己学”，强调“人工智能的方式”而不仅仅是“人工智能的教室”。

图 4-2　异地学生远程听课

“1”指一体化模式，即人工智能的“西电模式”，将教育、创新和人工智能结合起来，用技术支撑智慧教学，用技术支撑创新。

教学过程中，AI 助教可利用语音识别系统帮助师生控制教室内软硬件设备，用更高效的人机交互方式节省教学时间。老师和学生在课堂上能通过互动教学系统对课程内容进行多屏协作，实现思维可视化分享。在课堂教学过程中，通过动态人脸识别系统进行学生签到，并通过多目标行为分析与情感判断分析学员听课状态，形成课堂效果的反馈报告以供研究，帮助教师进行教学计划的调整与改善。

创新实验室 (见图 4-1) 配套的云端教室系统突破了物理空间，将课堂内容及课件等资料以不同形式分享给其他教室或校区的听课学生。学生可通过实时语音系统或文字弹幕向讲师提问并进行线上互动，还可利用即时翻译功能消除语言障碍，诸多功能极大地提高了云端教室的教学效率与质量。学生不仅能在远程教室 (如图 4-2 所示) 或自习室听课，还能利用手机、平板电脑等移动设备随时随地完成学习计划并反复回顾课程内容，加深理解。此外，云端教室提供了学生从选课、听课、实验到查询成绩等一系列教学环节的智能化管理功能，极大地方便了教师的日常教学工作。

课程平台将课前备课、课中互动、课后作业等教学数据进行智能化分析，找出每个学生所需巩固的相关知识点，真正做到了因材施教，让教师能够针对性地完善教学设计，提升教学质量。学生还可远程访问并调用服务器集群来完成自己的实验项目或大作业，充分利用丰富的教学资源帮助自己完成学习任务。

西电人工智能教育创新实验室的构建不仅是新颖教育理念的落地，同时也是我校人才培养的验证。创新实验室所有的软硬件系统都由智能感知与图像理解教育部重点实验室培养的学生联合实验室共同研发、建设完成的。其主要参与人员除重点实验室老师以外，还包括 13 级学生徐巍、11 级学生孙其功博士和 89 级学生贾颖博士，如图 4-3、图 4-4、图 4-5 所示。

图 4-3　徐巍

(西安电子科技大学智能科学与技术专业 2013 级本科生，探知图灵科技 (西安) 有限公司创始人、CEO)

图 4-4　孙其功

（西安电子科技大学智能科学与技术专业 2011 级本科生，人工智能学院 2015 级博士生；商汤科技元宇宙创新技术负责人，西电 - 商汤智能大健康联合创新实验室执行主任；秦创原高端创新团队带头人）

图 4-5　贾颖

（博士，西安电子科技大学 1989 级校友；常州迪锐特电子科技有限公司创始人、总经理，原 Intel 中国研究院主任研究员）

4.2 人工智能实验课程虚拟教研室

为贯彻落实国家发展和改革委员会、教育部和财政部联合印发的《关于加强经济社会发展重点领域急需学科专业建设和人才培养的指导意见》，自 2020 年起，教育部启动重点领域教学虚拟教研室的组建工作。

2022 年 9 月，我国第一个针对人工智能实践领域的“人工智能实验课程虚拟教研室”，由西安电子科技大学人工智能学院董伟生教授牵头组建成立。人工智能实验课程虚拟教研室由来自国内多所知名高校人工智能学院或专业的教师，以及来自知名企业的产教融合专家共同组成。教研室充分利用互联网平台技术，整合人工智能专业在全国范围内的优势教学资源，通过共享共建，实现优质的人工智能实验资源课程的建设，为我国人工智能实践人才的培养提供支持。人工智能实验课程虚拟教研室启动会现场如图 4-6 所示。

图 4-6　人工智能实验课程虚拟教研室启动会

人工智能实验课程虚拟教研室的主要特点如下：

1) 实验教学知识图谱完善

结合人工智能领域学术前沿和最新科研进展，面向实践教学构建科学准确和系统完整的知识图谱内容。基于人工智能实践教学知识，丰富知识图谱的节点及关系，完善图谱构建，帮助学生全面理解知识特性，助力教师分析并掌握学生学习成效。

2) 虚拟教研室面向范围广

面向全国开设人工智能专业的院校，广泛拓展虚拟教研室的参与范围，吸引更多地方院校人工智能专业参与到虚拟教研室和重点领域教学资源建设项目的知识图谱建设、教学资源共享、新型课程建设、示范教学应用等工作中来，未来可为各高校服务。

3) 聚焦导论课、公开课、混合式课程建设

人工智能实验课程虚拟教研室大力开展协同研讨和培训交流活动，依托“知谱空间”平台组织开展导论课、线上公开课以及混合式课程建设，逐步形成多样化、层次化、高质量的课程体系，强化示范引领，带动更多高校教师加入虚拟教研室并参与课程建设和应用。人工智能实验课程建设及教学研讨会现场如图 4-7 所示。

(1) 导论课。人工智能实验课程虚拟教研室负责人，基于实践领域涉及的知识点建设了导论课，导论课包括人工智能专业内涵特点、人才培养背景与基本要求、知识体系框架与教学资源建设成果等内容。

(2) 线上公开课。基于人工智能专业实践教学需求，加强教学研讨，汇聚多方智力与优质资源，建设了线上公开课。鼓励多所学校、多名教师协同共建。建设完成后，面向教研室成员及更多高校教师推广应用。

(3) 混合式课程。建设了线上线下混合式课程，课程与知识图谱紧密关联，体现了现代信息技术与教育教学深度融合，探索了基于知识图谱的数字化、智能化教学新模式。

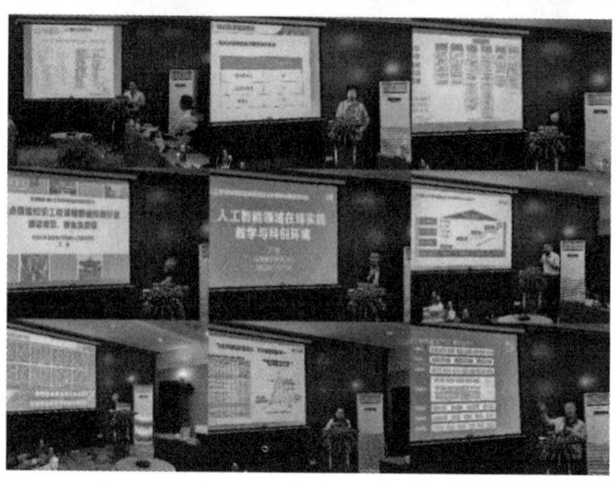

图 4-7　人工智能实验课程建设及教学研讨会

4) 积极开展人工智能实践教学方法研究

人工智能实验课程虚拟教研室积极开展高校教师的互动研讨，聚焦沉浸式教研环境及其支撑工具的研究，深入推进教学资源技术规范及应用指南编制、知识图谱智能化教学应用与教学方法的创新。虚拟教研室定期组织开展教学研讨会或教育技术交流会，邀请各重点领域专家共同参与，加强互动和沟通，支持重点领域高校开展资源、课程以及新形态教材建设等工作。

由西安电子科技大学牵头的人工智能实验课程虚拟教研室，通过各高校共同的建设，逐渐形成具有完善运行机制、定期开展实践教学活动等特色的虚拟教研室，并在国内高校人工智能实践类教学中起到了重要的支撑作用。

教育部印发《教育部关于公布 2018 年度普通高等学校本科专业备案和审批结果的通知》，西电获首批“人工智能”新专业建设资格，成为同时拥有人工智能专业和智能科学与技术专业的高校，全国仅有 35 所高校获此批“人工智能”新专业建设资格。经过建设，2023 年 6 月，软科发布“2023 软科中国大学专业排名”。西电的智能科学与技术专业及人工智能专业两个国家双一流专业，继 2022 年获评 A+ 专业后再次双双获评 A+。同时，中国工程教育专业认证协会发布《关于公布天津工业大学机械工程等 441 个专业认证结论的通知》，西电智能科学与技术专业通过工程教育专业认证，属国内首批智能科学与技术专业通过认证的 4 所高校之一。人工智能教育创新实验室和虚拟教研室的建成将为西电人工智能学院人工智能交叉领域学科的建设添砖加瓦。

附录1　研究生教育智能科学与技术学科专业简介及其学位基本要求

国务院学位办　2024年1月

为深入贯彻落实党的二十大精神，配合《研究生教育学科专业目录(2022年)》实施，国务院学位委员会第八届学科评议组、全国专业学位研究生教育指导委员会在《授予博士硕士学位和培养研究生的学科专业简介》《学位授予和人才培养一级学科简介》《一级学科博士、硕士学位基本要求》《专业学位类别(领域)博士、硕士学位基本要求》基础上，根据经济社会发展变化和知识体系更新演化，编修了《研究生教育学科专业简介及其学位基本要求(试行版)》。主要目的是为各级教育主管部门和学位授予单位开展学科专业管理、规范研究生培养、加强学科专业建设、制订培养方案、开展学位授予等提供参考依据，为社会各界了解我国学科专业设置、监督研究生培养质量提供渠道。

本次公布的《研究生教育学科专业简介及其学位基本要求》为试行版，有关内容将根据各学科专业建设、发展进程不断调整完善。

中文名称：智能科学与技术

英文名称：Intelligence Science and Technology

编写成员：智能科学与技术学科评议组

一、一级学科简介

（一）学科概况

“智能科学与技术”一级学科于2022年9月13日批准设置，属于“交叉学科”门类，代码为1405。主要研究智能形成、演化、实现的理论、技术和应用，及其伦理与治理，它是在计算机科学与技术、控制科学与工程、数学、统计学、系统科学、生物医学工程、基础医学、管理科学与工程、心理学等基础上建立起来的一门新兴交叉学科。智能科学与技术的起源可追溯到古希腊亚里士多德等提出的逻辑推理以探究人类思维和认知的本质，其中智能科学侧重对自然智能机理的基础研究，而智能技术则以机器为载体，侧重探索模拟/超越人类或其他生物的人工智能(Artificial Intelligence，AI)。智能科学与技术的近代研究始于1956年在美国达特茅斯学院 (Dartmouth College) 召开的“人工智能夏季研讨会”，并从智能系统的认知功能、内在结构和外在行为层面，派生出符号主义、连接主义和行为主义等代表性的学术思想，极大地促进了智能科学与技术的交叉融合和深入发展。

当今社会，智能科学与技术已经成为科技创新的一个重要领域。认知科学、脑科学和生命科学等领域的发展深化了人类对自然智能形成和演进机理的认知；对智能的实现技术——人工智能的研究和应用在人类生产和生活中扮演着日益重要的角色，深刻改变着社会和世界，也极大促进了如数学、物理、化学、生物、医学、天文等基础科学以及航空航天、制造、交通、金融等产业领域的进步。未来，智能科学与技术必将取得更大的发展，为开拓人类的认知空间提供更强大的手段与条件，为实现通用人工智能奠定坚实的理论基础，并对科学技术和经济发展做出更大的贡献。

（二）科学内涵

智能科学与技术学科为交叉学科，主要研究智能形成、演化、实现的理论、技术和应用，及其伦理与治理。该学科的理论体系包括智能基础理论、人工智能理论、智能系统与工程理论、人工智能伦理与安全理论、智能交叉与应用理论等。它的知识基础包括数学与统计、计算理论、控制论、信息论、神经科学、认知科学、心理学理论等。

在构建自身理论体系的同时，智能科学与技术的研究方法也在不断发展和完善。主要的研究方法包括以下三种：

(1) 理论建模与优化学习方法：运用脑科学、认知科学、数学、物理和信息科学等理论方法对智能行为与机理进行建模，研究智能产生与发展机理和智能模型优化学习方法，解决智能科学的基础理论问题。

(2) 系统与应用方法：运用自然语言处理、模式识别、计算机视觉、人机交互、知识表示、认知推理、决策规划、自主智能系统等技术和系统分析、设计与实现等方法，解决实际应用的系统问题。

(3) 学科交叉与综合方法：通过本学科与其他学科的交叉融合，为传统方法难以突破的学科领域带来了新的研究范式，推动传统技术与产业的提质升级。智能科学与技术是科学性与工程性并重的学科，强调理论与技术的结合、技术与系统的结合、系统与应用的结合以及与其他学科的交叉综合。

（三）学科范围

智能科学与技术一级学科包括智能基础理论、人工智能、智能系统与工程、人工智能安全与治理、智能交叉、人工智能应用六个主要二级学科。

1. 智能基础理论

1) 学科内涵

聚焦智能科学基础前沿问题，交叉融合脑科学、认知科学和心理学等领域，探索人类思维和认知的本质，研究智能的生物机理、数学建模和实现方法，涵盖认知和计算领域的基础数学理论和算法设计问题，为人工智能新的重大突破与创新奠定坚实基础。

2) 研究范围

研究认知神经科学、认知心理学、机器学习、自主决策与协同优化、类脑智能、大数据智能、跨媒体智能、混合增强智能、群体智能等相关基础理论。

3) 与其他二级学科的关系

智能基础理论是智能科学与技术一级学科的根基，为其他二级学科提供理论基础和模型支撑。

2. 人工智能

1) 学科内涵

聚焦当前人工智能的鲁棒性、可解释性、安全性、脆弱性等难点问题，建立集数据驱动、知识驱动、认知驱动于一体的鲁棒可解释人工智能理论与技术，为智能体与人交互、智能体与环境交互，以及单 / 多智能体完成特定任务提供技术支撑。

2) 研究范围

研究机器学习、模式识别、计算视觉、自然语言理解、知识工程与数据挖掘、认知推理与决策规划、人机交互与多智能体协同等技术和方法。

3) 与其他二级学科的关系

基于智能基础理论，研究智能体与复杂环境交互方法，为智能体在各种环境中完成智能任务打下基础。

3. 智能系统与工程

1) 学科内涵

智能系统与工程主要涉及智能实现所需的软硬件，构建能够完成智能任务的自主系统。瞄准智能感知与器件、自主智能与控制、智能协同与交互等技术瓶颈，研制人工智能软硬件与系统装备。研究内容包括：智能交互、智能感知、多智能体、可信智能系统、自主智能系统、工业智能系统等。

2) 研究范围

研究支撑智能系统的基础软硬件、智能机器人系统、多智能体集群等，探索和发展自主智能系统。

3) 与其他二级学科的关系

智能系统与工程是人工智能赋能应用的驱动力，将理论、技术和软硬件进行有机连接，为人工智能赋能千行百业提供技术支撑。

4. 人工智能安全与治理

1) 学科内涵

聚焦智能研究、实现和应用的潜在安全与伦理风险，研究与建立自主 / 智能系统安全与治理相关的技术、平台、规范与标准等，实现人和技术更高层级的信任。

2) 研究范围

研究可信、公平和安全的智能模型与方法，人工智能算法攻击与防守、可信智能测试与验证技术和手段，开发符合人类价值和伦理准则的人工智能和自主 / 智能系统。

3) 与其他二级学科的关系

人工智能安全与治理旨在为人与机、机与机以及人机共融形态社会中的人工智能应用提供保障，以确保其能够有效发挥作用，并符合伦理和法规要求。

5. 智能交叉

1) 学科内涵

面向特定基础科学领域、人文社科领域以及工程应用领域的问题，建立智能 +X 的交叉研究模式，促进形成基础科学、人文社科和工程技术等领域的新型研究范式。

2) 研究范围

研究人工智能与不同学科交叉、与不同技术融合的理论方法和技术手段。

3) 与其他二级学科的关系

智能交叉将推动智能科学与技术与其他学科之间的交叉与融合。同时，交叉学科的进展将进一步促进智能理论、技术和应用的发展，推动相关伦理和治理的进步。

6. 人工智能应用

1) 学科内涵

面向各个产业应用领域与国家重大需求，开展智能科学与技术的应用研究，促进智能应用和产业发展，赋能传统行业升级。典型应用场景包括智慧城市、智能交通、智能医疗、智能制造、智慧金融、智能农业、智能教育、智能设计等。

2) 研究范围

研究智能科学与技术和不同产业交叉结合中面临的理论与技术问题。

3) 与其他二级学科的关系

人工智能应用作为关键的“落脚点”，聚焦于智能科学与技术在不同行业中的应用。与此同时，人工智能应用中所产生的新需求、新问题也将为其他二级学科的研究提供重要方向和动力。

（四）培养目标

1. 硕士学位

掌握坚实的智能科学与技术的基础理论和系统的专门知识，了解学科的发展现状、趋势及研究前沿，较熟练地掌握一门外国语；具有严谨求实的科学态度和作风，能够运用智能科学与技术学科的方法、技术与工具从事该领域的基础研究、应用基础研究、应用研究、关键技术创新及系统的设计、开发与管理工作；具备从事本学科和相关学科领域的科学研究或独立担负专门技术工作的能力。

2. 博士学位

掌握坚实宽广的智能科学与技术的基础理论和系统深入的专门知识，深入了解学科的发展现状、趋势及研究前沿，熟练掌握一门外国语；具有严谨求实的科学态度和作风；对本学科相关领域的重要方法与技术有透彻的了解和把握，具备学术研究的洞察力，善于发现学科的前沿性问题，并能对之进行深入研究和探索；能运用智能科学与技术学科的理论、方法、技术和工具开展高水平基础研究和应用基础研究，进行关键技术创新，开展大型复杂智能系统的设计、开发与管理工作，取得创造性成果；在本学科和相关学科领域具备独立从事科学研究的能力。

（五）相关学科

控制科学与工程、计算机科学与技术、软件工程、网络空间安全、数学、物理学、电子科学与技术、集成电路科学与工程、信息与通信工程、系统科学、管理科学与工程、生物医学工程、社会学、新闻传播学、心理学等。

二、学位基本要求

（一）硕士学位基本要求

1. 获本一级学科硕士学位应掌握的基本知识

智能科学与技术学科的硕士生应掌握坚实的智能科学、信息论、计算视觉、自然语言理解、机器学习、认知推理与决策规划、单体与群体智能、人机混合智能等方面的基础理论，并在上述至少一个方面掌握系统的专门知识，了解学科的发展现状、趋势及研究前沿，熟练掌握一门外国语；具有严谨求实的科学态度和作风，能够运用本学科的方法、技术与工具从事智能领域和相关领域的基础研究、应用基础研究、应用研究、关键技术创新、系统设计开发与管理工作。

2. 获本一级学科硕士学位应具备的基本素质

1) 学术素养

具有良好的科学素养，诚实守信，严格遵守科学技术研究学术规范；具有科学严谨和求真务实的创新精神和工作作风；具有基本的知识产权意识。

具有良好的身心素质和环境适应能力，注重人文精神与科学精神的结合；具有积极乐观的生活态度和价值观，善于处理人与人、人与社会及人与自然的关系，能够正确对待成功与失败。

2) 学术道德

热爱祖国，遵纪守法，具有社会责任感和历史使命感，维护国家和人民的根本利益，推进人类社会的进步与发展。不以任何方式剽窃他人成果，不篡改、假造、选择性使用实验和观测数据，恪守学术道德与科技伦理。

3. 获本一级学科硕士学位应具备的基本学术能力

1) 获取知识的能力

本学科硕士生应具有本学科坚实的基础理论和系统的专业知识，应基本熟悉本学科某一特定领域或相关应用领域的科研文献，基本了解其前沿动态和主要进展，并有能力获得从事该领域研究所需要的背景知识。应了解所从事领域的科研成果，并基本了解取得该成果的科学理论和研究方法。有能力获取从事科学研究所需的部分原始论文及综述性文章。应具备通过互联网、电子文献数据库获取专业知识和研究方法的能力。

2) 科学研究能力

本学科硕士生应能在高等院校、科研院所、企业和生产部门从事本专业或相邻专业的科研、教学、技术开发和管理工作。硕士生应在有效获取相关专业知识的基础上，对所获得的文献进行科学总结，从中提取出有用和正确的信息，并能够利用获取的知识解决实际的工程问题。

3) 实践能力

本学科具有鲜明工程应用背景和实践动手能力的要求，硕士生应具备良好的动手能力，能熟练地掌握计算机和实验测试技术，并能独立完成智能系统软硬件设计、开发和实验测试技术，初步具有独立从事相关科学研究、技术应用和工程设计实现的能力，并能提出解决关键技术问题的方法。此外，随着学科分工越来越细，研究对象越来越复杂，一个人完成所有的设计实现已不可能，这要求本学科硕士生必须具备良好的团队协作能力。

4) 学术交流能力

学术交流能力是指学生表达自己学术见解和观点的能力，是本学科硕士生发现问题、获取信息、获得思路、掌握学术前沿动态的重要途径，是本学科硕士生的基本能力之一。

硕士生应具有良好的写作能力和表达能力，能够将自己的想法以清楚明白的方式表达和传递出去，善于倾听和采纳别人的意见；能够运用母语和英语等至少一门外国语，以书面和口头方式较为清楚地表达学术思想和展示学术成果；能够对自己的研究结果及其解释进行陈述和答辩，有能力参与对实验技术方案和科学问题的讨论。

5) 其他能力

硕士生应熟悉常用的办公软件和相应的专业软件；应具备一定的组织能力、管理能力和协调能力；应具备良好的职业道德和较强的科技伦理意识；应具备较好的交流能力，特别是能够与同行进行通畅交流并获取所需信息。

4. 学位论文基本要求

1) 规范性要求

硕士学位论文应是硕士生在某个具体研究领域进行系统研究工作的总结。学位论文是衡量硕士生培养质量和学术水平的重要标志。开展系统的研究工作并撰写合格的学位论文是对硕士生进行本学科科学研究或承担专门技术工作的全面训练，是培养硕士生科学素养和从事本学科及相关学科研究工作能力的主要环节。学位论文应反映作者在本学科上已具有坚实的基础理论并掌握系统的专门知识，体现作者初步掌握本研究方向的科学研究方法和实验技术，并具有独立从事科学研究工作的能力。学位论文应包括标题、中英文摘要、引言 (或绪论)、正文、结论、参考文献等内容。

2) 质量要求

(1) 研究成果应具有一定的理论意义或应用价值，了解国内外研究动态，对文献资料的评述得当。

(2) 学位论文具有新的见解，基本观点正确，论据充分，数据可靠，研究开发或实验工作充足。

(3) 学位论文反映出作者已掌握本学科，特别是本研究方向上的基础理论和专门知识，初步掌握本学科特定方向上的科学研究方法和实验技能，具有独立进行科研或承担工程技术工作的能力。

(4) 学位论文行文流畅，逻辑性强，符合科技写作规范，表明作者已具备学术论文写作的能力。

（二）博士学位基本要求

1. 获本一级学科博士学位应掌握的基本知识及结构

智能科学与技术学科的博士生应掌握坚实宽广的智能科学、信息论、计算机视觉、自然语言理解、机器学习、认知推理与决策规划、单体与群体智能、人机混合智能等方面的基础理论，并在上述至少一个方面掌握系统而深入的专门知识，深入了解学科的发展现状、趋势及研究前沿，熟练掌握一门外国语；具有严谨求实的科学态度和作风；对本学科相关领域的重要理论、方法与技术有透彻的了解和把握，善于发现学科的前沿性问题，并能对之进行深入研究和探索；能运用智能科学与技术学科的理论、方法、技术和工具，开展高水平的基础研究与应用基础研究，进行理论与技术创新，或开展大型复杂智能系统的设计、开发与运行管理工作，取得创造性成果；在本学科和相关学科领域具备独立从事科学研究的能力。

2. 获本一级学科博士学位应具备的基本素质

1) 学术素养

崇尚科学、追求真理，对学术研究怀有浓厚的兴趣且具有批判性思维。具备良好的科学素养，诚实守信，严格遵守科学技术研究的学术规范；具备科学严谨的科研作风和求真务实的科研精神，坚持实事求是、勤于学习、勇于创新，富有合作精神和团队意识。掌握本学科相关的知识产权和科研伦理知识。

智能科学与技术学科具有较强的交叉性和实践性，博士生应掌握相关学科或领域的知识；具备科学的思维方式，掌握智能科学与技术学科的科学思想和研究方法；具备从工程实践中凝练科学技术问题的能力，能够综合问题并提出方法来解决理论问题和技术领域的实际问题；注重人文精神与科学精神的结合，具备良好的身心素质和环境适应能力。

2) 学术道德

热爱祖国，遵纪守法。具有社会责任感和历史使命感，维护国家和人民的根本利益，为中国特色社会主义现代化建设服务，推进人类社会的进步与发展。不以任何方式剽窃他人成果，不篡改、假造、选择性使用实验和观测数据，恪守学术道德与科技伦理。

3. 获本一级学科博士学位应具备的基本学术能力

1) 获取知识能力

本学科博士生应熟悉相关领域的科研文献，具备及时有效地了解前沿动态和主要进展的能力，以及获得在本学科相关领域开展研究所需背景知识的能力。

本学科博士生获取的知识应达到专业水平，这些知识必须建立在对本学科基本原理或实验方法的深刻了解之上。要求博士生不但熟悉相关领域的研究结果，而且能够理解已有的推理、实验策略、对实验方法与材料的描述、结果的讨论、对已有假说的评价，以及在相关知识基础上提出的模型和方法等。

本学科博士生应具备相关专业文献的获取、阅读和理解能力，具有主动探究本学科及相关学科专业知识来源的意识，并能熟练地推导复现相应的研究过程，有能力获取、阅读和理解相关科学理论及发表在本学科及相关学科学术期刊和会议上的文献资料。

2) 学术鉴别能力

在充分获取相关专业知识的基础上，本学科的博士生应能够对所获得的文献进行归纳和总结，并以批判性思维评价文献内容，从中提取出有用和正确的信息，判断哪些问题已经研究过，哪些问题仍需进一步研究，以及对哪些结果或解释还存在争论，最终在本研究领域中发现并提出需要解决的科学问题。这要求博士生在获得和评价相关参考文献或数据的同时，理解这些数据的科学含义，并加强对已有知识的利用和扩充的能力。

该项能力部分源于对本学科相关领域文献的广泛熟悉和批判性思维。它需要博士生知识面宽广、创造性和想象力强，能够鉴别有意义的科学问题、提出可通过合适的对照实验进行验证的科学假说，这些能力的获得是博士生在科学研究中从被动到主动角色转变的主要标志。

3) 科学研究能力

本学科博士生应能胜任高等院校、科研院所、企业和生产部门等的教学、科研和技术开发等工作。博士生在了解本学科研究前沿的同时，应有能力从工程实践中提炼并解决基本科学问题。所提出的问题应能反映本学科的先进性和前瞻性，适应和引导学科的发展和社会的需求，涉及工程应用的研究应具有明显的工程使用价值，并在技术上具有先进性和创新性。

博士生是教学和科研的高层次创新型人才，应当具备在本专业领域独当一面的能力，即能够独立从事科研活动或担任本学科科研带头人的角色，具备解决理论和工程实际问题的能力，并具备良好的组织管理能力、较强的交流沟通、环境适应和良好的团队协作能力。

本学科是一个有着鲜明工程应用背景的学科，博士生应具备良好的动手能力，具有一定的工程实践经验或新系统研发能力，有能力对理论结果进行实验验证及应用。

4) 学术创新能力

博士生是本学科从事基础理论和工程问题研究的核心力量，其研究内容应反映本学科及相关学科的先进性和前瞻性。本学科博士生应具备战略性思维、创新性思维和系统性思维，在所从事的研究领域具有强烈的好奇心和求知欲望，以及自我学习和勇于探索未知领域的能力。应具有综合运用所学科学理论、分析与解决问题的方法和技术手段，独立解决复杂科学问题的能力。博士生要有能力开展创新性科学研究并取得创新性成果。

学术创新包含三个方面的内容，一是对现有知识的创新性运用，即利用已有知识解决新问题；二是用新知识解决现有科学问题并取得明显成果，即用新知识解决旧问题；三是运用原创性的科学思维或创新性的研究方法创建新理论、新技术、新系统，解决新问题，开创新的研究领域，丰富人类文明的知识库，即用新知识解决新问题。应鼓励本学科博士生针对国际学术前沿问题和国家重大需求问题，积极开展原始创新、技术革新和集成创新，提升学术创新能力，培养学术创新素养。

5) 学术交流能力

学术交流是本学科博士生发现问题、获取信息、获得思路、掌握学术前沿动态、表达学术思想、展示学术成果的重要途径。熟练进行学术交流是本学科博士生的基本能力之一。

本学科博士生应善于运用母语和至少一门外语(如英语),能通过口头和书面形式准确、清晰、富有逻辑地表达学术思想和展示研究成果。能够对自己的研究计划、研究结果及其解释进行陈述和答辩,对他人的工作进行评价和评议,并参与实验技术和科学问题的讨论。

本学科博士生应具备良好的写作和表达能力,能够运用母语和至少一门外语(如英语)在本学科的专业学术会议和学术期刊上发表科研成果,并能够准确反映该成果的创新性,接受同行的评议和评价。

6) 其他能力

博士生应具备一定的组织能力、管理能力、协调能力乃至领导能力,具有宽阔的国际视野和跨文化环境下的交流、竞争与合作能力;具备良好的职业道德和强烈的科技伦理意识。

4. 学位论文基本要求

1) 选题与综述的要求

本学科博士生的科学研究和学位论文可以涵盖基础研究、应用基础研究、技术工程及其应用研究,同时也鼓励开展学科前沿和学科交叉领域的研究。本学科博士学位论文的相关研究工作应着眼于面向世界科技前沿、面向经济主战场、面向国家重大需求、面向人民生命健康,致力于解决其中涉及的重大理论、技术和工程问题,提出新概念、新理论、新方法与新技术。博士生在读期间应广泛阅读本学科及相关学科的专业文献,其中包括一定比例的外文文献。综述部分应清晰阐述相关研究的背景与意义、现状与动态及其评价。

2) 规范性要求

博士学位论文是博士生在特定研究领域进行系统深入研究的结晶与总结,是衡量博士生培养质量和学术水平的重要标志。开展系统深入的研究工作并撰写合格的学位论文是对博士生进行本学科科学研究或承担专门技术工作的全面训练,是培养博士生创新能力,综合运用所学知识发现问题、分析问题和解决问题能力的主要环节。学位论文应反映作者在本学科上已具备坚实宽广的基础理论知识,并掌握系统深入的专门知识;应展现作者熟练掌握本研究方向的科学研究方法和实验技术,并具备独立从事科学研究工作的能力。此外,学位论文还应强调研究工作的深度和广度,及其在理论上的重要性或在应用上的价值。

论文应包括标题、中英文摘要、引言(或绪论)、正文、结论、参考文献等内容。文中缩略语应在第一次出现时注明全称,全文缩略语用单独列表形式排出,列在正文前或参考文献后。论文的排版印刷应符合格式规范,对公式、图表、算法及源代码等的排版应符合正式出版物的一般要求。学位论文中的计量单位、图表、公式、缩略词、符号等须遵循国家规定的标准。

3) 成果创新性要求

博士学位论文应在学科或专门技术上取得了创造性成果。凡属下列情况之一，可认为属于创造性成果：

(1) 发现智能科学与技术领域的新问题，并给出具有参考价值的解决方案。

(2) 发现有价值的新现象、新规律，提出新的合理假说、观点、理论，证明前人提出的假说等。

(3) 对前人提出的理论、技术及方法有重要改进或革新，或者在智能系统及算法设计、实验技术、交叉学科研究上有重要的创造或革新。

(4) 提出具有一定科学水平的新方法和新工艺，在生产中有望获得较大的经济效益。

(5) 创造性地运用现有知识，解决前人未曾解决过的科学技术、工程技术或社会科学等方面的关键问题。

博士学位论文的创新性研究成果的体现方式包括发表本专业领域的国内外学术期刊、学术会议或学位授予权单位规定的其他刊物上的学术研究论文，登记授权的发明专利、软件著作权以及国家接受或颁布的标准等著作权成果。

附录2 人工智能领域研究生指导性培养方案(试行)

教育部 2023年4月

一、培养目标

适应新科技与产业革命发展趋势，服务国家重大战略和经济社会发展特别是智能化发展转型的需求，面向原始创新、产业升级和技术革新的实际需要，以立德树人为根本，在德智体美劳全面发展的基础上，培养在人工智能领域相关学科掌握坚实宽广的理论基础和系统深入的专门知识，具备从事基础前沿研究、解决实际问题和开展交叉创新应用的能力，具有高度社会责任感的高层次复合型人才。

(1) 品德素质方面。热爱祖国、热爱人民，拥护党的路线、方针和政策，树立和践行社会主义核心价值观。遵纪守法，具有较强的社会责任感和事业心，具备良好的道德品质，恪守科研诚信与伦理，严守学术规范，具备国际化视野、创新意识和团队精神，愿为中国特色社会主义事业贡献力量。

(2) 知识水平方面。在相应硕士和博士层次所应有的自然和人文社会科学通识性知识基础上，具有坚实的人工智能领域相关学科基础理论知识和专业技能，深入了解本领域的发展方向，系统掌握人工智能学科相关研究领域的理论、技术和方法，具备多学科交叉的知识体系和学习能力。博士生突出广泛掌握人工智能国际前沿学术方向和行业先进技术趋势，了解国际前沿理论、技术以及需求热点；硕士生突出夯实本领域基础理论，快速获取跨学科知识和共性技术，并能够综合运用。

(3) 能力素质方面。具有独立的科学研究能力和自主学习能力，包括发现和提出问题、设计实验和分析处理数据、设计优化算法、设计开发软硬件、总结凝练与表达研究成果、开展学术交流等能力。博士生突出提高原始创新能力，具有较强的系统构建能力和一定的科研组织能力，能够在解决行业企业重大工程实践中凝练科学问题、创新研究方法、转化先进技术，深入开展多领域交叉创新应用和开展学术交流，能够承担高校及研究机构的教学科研工作、从事人工智能工程技术项目管理工作等。硕士生突出提高综合应用能力，具有人工智能系统的设计、实现、测试和应用验证能力，以及良好的职业素养和沟通协作能力，能够综合运用多学科理论技术解决行业企业智能化面临的实际问题。

(4) 适应国家发展需要与人工智能发展趋势、契合本校或本领域和相关技术方向高层次人才培养定位的具体目标。

二、培养方向

按照教育部、国家发展和改革委员会、财政部三部委文件关于“深化人工智能内涵，构建基础理论人才与‘人工智能＋X’复合型人才并重的培养体系，探索深度融合的学科建设和人才培养新模式”和“以产业行业人工智能应用为导向，拓展核心技术和创新方法，实现人工智能对相关学科的赋能改造，形成‘人工智能＋X’的复合发展新模式”的要求，与本领域发展定位、学校学科布局和师资结构相适应的具体培养方向，可参考如下设置：

(1) 人工智能基础理论研究相关方向，如：人工智能模型与理论、人工智能数学基础、优化理论学习方法、机器学习理论、脑科学及类脑智能等。

(2) 人工智能共性技术相关研究方向，如：智能感知技术、计算机视觉、自然语言理解、智能控制与决策等。

(3) 人工智能支撑技术研究方向，如：人工智能架构与系统、人工智能开发工具、人工智能框架和智能芯片等。

(4) 人工智能应用技术相关研究方向，包括但不限于：智能制造、机器人、无人驾驶、智能网联汽车、智慧交通、智慧医疗、机器翻译和科学计算等，充分发挥人工智能对各个学科或领域的赋能作用，形成特色培养方向。

(5) 人工智能与智能社会治理相关研究方向，如基于人工智能技术属性与社会属性紧密结合特征的人工智能伦理与治理，以及可信安全、公平性和隐私保护等方面相关技术方向。

三、培养方式

人工智能具有多学科交叉融合、渗透力和支撑性强的特点。培养单位要按照推进“人工智能与实体经济深度融合”的要求，结合本单位优势，以改革为动力，打破学科壁垒，加强内部教育教学资源整合共享，积极推进校企、校校和国内外交流合作，鼓励各校在学科交叉、跨界融合、加强实践、个性化培养等方面，积极探索人工智能领域研究生培养新模式，积累新经验。

(1) 在培养计划方面，鼓励师生共同制订个性化培养计划，给予学生较多的选课、选题等方面的主动权。深入推动科教融合、产教融合，坚持理论联系实际，加强实践和应用环节的训练。

(2) 在课程设置方面，加强研究生学位核心课程建设，夯实研究生基础知识和专业知识，在深化人工智能核心知识学习的同时，注重人工智能理论与技术向相关学科的延伸。实现跨层次、跨学科、跨高校的课程资源共享，探索不同学科教师共同开设跨学科课程。实践类课程要积极与企业联合，探索产业案例教学。要将有关的科技伦理纳入教学。相关文件附件延伸类课程由培养单位根据人才培养的特色方向设置。

(3) 在教学方式方面，积极开展项目引导的研讨式、案例式、实践式教学，鼓励企业专家参与案例教学、实践教学等。探索学生以自修等方式学习，经过严格考核获得学分的课程学习模式。鼓励科研成果与教学成果的转化、科研方法与教学方法的渗透、教学问题与科研问题的双向延伸等。

(4) 在导师指导方面，积极推进导师组、导师团队指导方式。鼓励采取多学科导师联合指导方式开展复合型人才培养。根据实际情况，组建导师团队时积极聘请企业导师、外校及研究院所专家。

(5) 在科研训练方面，鼓励研究生积极参与前瞻性理论问题、关键技术突破问题和重大应用实践问题研究，培养研究生的问题意识，扩大研究生学术视野。确保基本科研训练强度，夯实研究生科研能力。

(6) 在实习实践方面，突出产教融合，加强校企合作，注重真刀真枪地解决实际问题。在培养方案中设置专门的实习实践环节，提高实践训练强度和比重。

(7) 在考核评价方面，要突出对创新科技前沿、解决实际问题所作实质性贡献的考察，打破学科壁垒和“唯学术论文”评价方式，探索多元评价和学科交叉评价。把跨学科思维与科研能力提升作为对博士生的重要考查内容。

(8) 在培养环境方面，积极构建跨学科、宽领域、科研方向长期稳定的培养环境，鼓励硕博连读、直攻博，和跨学科本、硕、博一体化培养的创新模式。

培养单位要根据有关要求，在研究生培养的各个方面，积极探索、分类明确具体的改革举措，力求以人工智能人才培养为抓手，推动研究生教育改革的新突破。

四、质量保障与支持机制

着重从以下方面完善质量保障制度与支撑体系建设，制订具体的质量监督与支持措施。

(1) 建立适合人工智能领域研究生培养的严格而多元的质量观，形成活跃而卓越的质量文化，把质量管理贯穿于全部培养过程。

(2) 以智能化管理保障人工智能领域人才培养，建立反映研究生学籍、学分、培养方案、课程学习、实验记录、学术交流、专题报告、调研实践等各关键环节信息的数据库，利用互联网与大数据技术实现培养质量预警、教学科研辅助等。

(3) 实行以学生成长成才为中心的教育质量评价，在引导学生德智体美劳全面发展的同时，结合人工智能基础前沿创新和复合型人才培养的特点，优化完善学位论文答辩制度、学位评定委员会评议制度、交叉学科学位论文评议制度、学位论文跟踪制度，加强培养过程的选优分流，保证学位授予质量。

(4) 建立学缘结构多样、理论功底深厚、学科交叉实践经验丰富、有积极性和责任心强的评价专家队伍，为开展学科多元评价提供支撑。

(5) 加强研究生思想政治教育、科研诚信和科学伦理教育，加大对学术不端行为的处罚力度。

(6) 构建奖励激励机制和荣誉体系，加大对品学兼优的、取得优秀成果和贡献突出学生的奖励力度。

(7) 建立开放教育资源联盟，加强内部教学实验设施设备及数据安全共享。

(8) 积极拓展企业合作资源，充分利用网络、地域的优势，探索多种模式的合作机制，建立持久务实的合作关系。通过人才推荐、科研成果转化等机制，提高产业界培养人才积极性，联合企业优化教材和系列课程，积极吸引企业开放产业案例与数据集。

(9) 根据学科发展的最新趋势和人才培养的需求变化，及时调整培养方案。